量子

THE QUANTUM UNIVERSE

and why anything that can happen, does

クオンタムユニバース

すべては近似にすぎないのか？

ブライアン・コックス 著
ジェフ・フォーショー 著
伊藤文英 訳

Brian Cox
Jeff Forshaw

Discover

謝辞

数多くの同僚や友人から貴重な意見や助言をいただいて、この本は完成した。とくに感謝したい人々の名前として、マイク・バース、ゴードン・コネル、ムリナル・ダースグプタ、デーヴィッド・ドイッチュ、ニック・エヴァンズ、スコット・ケイ、フレッド・ロービンガー、デーヴ・マクナマラ、ピーター・ミリントン、ピーター・ミッチェル、ダグラス・ロス、マイク・シーモア、フランク・スワロウ、ニールス・ワレットをあげておく。

家族の協力には、いくら感謝してもしきれない。妻のナオミとイザベル、子供のジア、モー、ジョージは、執筆に時間を取られる夫や父親にいやな顔もせず、いつも助けてくれたり、励ましてくれたりした。

最後になるが、出版社の方々と、仲介の労を取ってくれたスー・ライダーとダイアン・バンクスに感謝する。ねばり強く、有益な援助をつづけてくれたことは、どれだけ励みになったかわからない。とくに、編集者のウィル・グットラッドに深謝する。

THE QUANTUM UNIVERSE
(and why anything that can happen, does)

何か奇妙なことが起こっている

1

「量子」という言葉を聞くと、満足を覚えると同時に、途方に暮れてしまう。原子よりも小さな世界の奇妙な描像は、科学の進歩の成果であると同時に、人間の洞察の限界でもある。「量子力学」は、万物のふるまいを説明する三つの大理論の一つだ。残りの二つは、アルベルト・アインシュタインが提唱した「特殊相対性理論」と「一般相対性理論」で、時間と空間と「万有引力」を対象にしている。ほかのすべてを対象にするのが量子力学で、満足しようが途方に暮れようが、自然のふるまいを予測するという実用的な価値において、正確さと適用範囲の広さを誇っている。

驚くべき一致

例をあげよう。量子力学として最初に確立された「量子電磁力学」に、磁石が電子におよぼす影響を調べる問題がある。理論物理学者は紙とペンとコンピューターを使い、電子の動きを懸命に計算した。実験物理学者は精密な装置を組み立て、やっかいな実験を慎重に繰り返した。それぞれ個別に提出された結果は、どちらもマンチェスターとニューヨークの距離を数センチの誤差で測定することに匹敵するほど精度の高い数値だった。そして驚くべきことに、実験と計算の結果はまったく一致していた。この一致は専門家には感動的だが、量子力学が微視的な世界を正確に描くだけなら「だからどうした？」と言われかねない。

何かの役に立つことはかならずしも科学の目的ではないが、純粋な興味からはじまった基礎研究によって、しばしば技術や社会に大変革がもたらされてきた。あらゆる分野での発見のおかげで寿命が延び、飛行機や電子メールが大陸のあいだを行き交う。人々は単調な肉体労働から解放され、無限の宇宙へと思いをはせる。だが、そのような成果は、ある意味すべて副産物だ。科学者の動機は好奇心にあり、理論の拡張や製品の改良にあるのではない。

深遠な理論が広範に適用できる好例として、おそらく量子力学は真っ先にあげられる。粒子が複数の場所に同時に存在し、瞬時に宇宙のかなたまで飛んでいくと主張するのだから、これほど深遠な理論もない。宇宙を構成する基本要素のふるまいを理解すれば、森羅万象が説明できるのだから、これほど適用範囲が広い理論もない。

自然界の現象はさまざまだから、そのすべてが説明できるという主張には、大げさだという反論もあるだろう。だが、見た目の複雑さにもかかわらず、万物を構成する粒子は数種類しかない。そして、それぞれが量子力学の法則にしたがって動きまわる。法則そのものも単純で、驚くことに、要約すれば一枚の紙に書けてしまう。図書館が建つほどの冊数の本を必要としないのは、大きな謎の一つだ。

単純な法則、複雑な現象

本質的な理解が進むほど、世界の姿は単純に見えてくるものだ。粒子がどのような法則にもとづき、どのように世界を構築しているのかは、この本をとおして次第にあきらかになるだろう。だが、一つだけ注意を与えておく。基本的な法則が単純だからといって、現実に適用した結果が簡単に予測できるとはかぎらない。日々のできごとには何兆個もの原子がかかわっているので、計算の量が半端ではないからだ。ただし、その事実を認めるとしても、あらゆる現象が粒子のふるまいとして説明できることに変わりはない。

身近な世界に目を向けてみよう。あなたが読んでいる本の紙は、木を粉砕したパルプからつくられる。木は二酸化炭素と水の分子を吸収し、原子に分解して、数多くの原子が有機的につながった高分子の炭水化物へと再構成する。この仕事を実際におこなう「葉緑素」は、それ自体も複雑な分子で、一〇〇個を超える炭素、水素、酸素の原子が少数のマグネシウムと窒素の原子をまじえて絡み合っている。葉緑素がエネルギーとして使う光は、太陽という地球の一〇〇万倍の体積を持つ核融合炉から、一億五〇〇〇万キロの距離を飛んでくる。炭水化物の合成の過程で発生する酸素の分子は、動物が生きていくのに欠かせない。

本の紙も、木をはじめとするすべての生物の構造も、原子が集まって構成される。あなたが本を読めるのは、ページで反射した光が目に入り、電気的な信号に変換されて脳に伝わるからだ。その信号の解析をはじめ、最後には文章の意味まで理解する脳は、宇宙でもっとも複雑な構造をしているが、やはり原子の集まりにすぎない。原子には一〇〇を超える種類があるものの、どれもが「電子」「陽子」「中性子」という三種類の粒子で構成される。陽子と中性子は、さらに小さな「クオーク」と呼ばれる粒子からなる。現在のところ、確実にわかっているのはここまでだが、そのすべてが量子力学によって裏づけられている。

現代の物理学は、隠れていた世界の単純な姿をあばいた。目に見える雑多な現象の奥で、目に見えない粒子が優美に舞っている。人間が暮らす複雑な世界をいちじるしく単純化したことは、おそらく近代科学最大の成果だろう。数種類の粒子のあいだに働く力も、わずか四つしかない。そのうちの三つ、すなわち、原子核の内部で働く「強い核力」と「弱い核力」、原子や分子を引きつける「電磁力」には、量子力学による完全な説明が与えられている。残りの一つ、もっとも弱くて古くから知られている万有引力だけに、現時点では満足な説明が与えられていない。

奇妙だが、神秘ではない

量子力学の奇妙な側面だけが強調され、数々のたわごとが「量子」という言葉とともに語られるのも事実だ。ネコは生きてもいれば、死んでもいる。粒子は二つの場所に同時に存在する。ヴェルナー・ハイゼンベルクの主張によれば、断言できることは一つもない。このような説明はすべて正しいが、たいていの場合は曲解されている。微視的な世界で何か奇妙なことが起こっていても、それを神秘的な現象と結びつけるのは間違いだ。

霊感、超自然的な療法、放射能から身を守るブレスレットの効能などが、あたかも量子力学によって裏づけられたかのように、しばしばもっともらしく紹介される。このようなたわごとが生まれる原因には、正しい知識の不足や、願望や、単なる誤解や、悪意のある偏見などがあるだろう。

だが、量子力学で使われる法則は、アイザック・ニュートンやガリレオ・ガリレイによって提唱された法則と同じくらい数学的に正確で具体的だ。だからこそ、電子が磁場から受ける影響をあれほど精密に計算できた。この本でこれから説明していくように、半導体の内部から恒星の内部に至るまでのさまざまな大きさの現象が、量子力学によって見事に予想され、あきらかにされる。

この本の目的の一つは、量子力学から神秘性を取り除くことにある。その理論が誕生したときから、研究者の困惑がはじまった。一〇〇年にわたる努力のおかげで、現在では全貌の理解も進んでいる。だが、歴史的な背景を知るためにも、一九世紀が終わろうとする時代から説明をはじめたい。当時の物理学者は、なぜ、それまでにない革新的な理論にたどり着いたのか？

科学の世界では、しばしば、新しい学問がいきなり誕生する。そのきっかけは、従来の理論では説明のできない事実の発見にあり、量子力学も例外ではない。不可解な現象がつぎつぎと観測されたことが、理論物理学と実験物理学がともに刷新される引き金となった。その時代を形容するなら、黄金時代という陳腐な言葉がふさわしい。主役を演じた学者には、これまでに紹介したアインシュタインやハイゼンベルクにくわえて、アーネスト・ラザフォード、ニールス・ボーア、マックス・プランク、ヴォルフガング・パウリ、エルヴィーン・シュレーディンガー、ポール・ディラックなど、そうそうたる顔ぶれが並ぶ。現在でも大学の講義で真っ先に取りあげられ、物理学を専攻する学生には忘れることのできない名前だ。

これほど多くの人材が同じ目標を追うことは、おそらく二度とないだろう。この世界を構成している微小な粒子とそのあいだに働く力についての新しい理論を構築することは、きわめて魅力的で刺激的だった。ニュージーランド生まれの物理学者で、マンチェスター大学で原子核を発見したラザフォードは、一九二四年に量子力学の黎明期を振り返ってつぎのように書いている。「一八九六年こそ、物理学の英雄時代のはじまりと呼ぶのにふさわしい。それ以前には、これほど物理学の研究が活発で、これほど根本的に重要な発見が目まぐるしく繰り返された時代はなかった」

だが、一九世紀のパリで量子力学が誕生するのを目撃する前に、そもそも「量子」とは何かを説明しておこう。この言葉が物理学に登場したのは、一九〇〇年のプランクの論文が最初だ。その研究は、高温の物体からの「黒体放射」と呼ばれる熱放射に関するもので、どうやら電灯会社から資金を得て実施されたらしい。このように、新しい世界への扉は、しばしばつまらない理由で開かれる。あとで詳しく紹介するが、プランクのすぐれた洞察の要点は、黒体放射を理論的に説明するために、発生する光のエネルギーが一定の値の倍数しか取らないと考えたことだ。そして、その一定の値を「量子」と呼んだ。

はじめのうち、量子の存在は数学的な計算の限界によるものと見なされていた。だが、一九〇五年にアインシュタインが発表した「光電効果」と呼ばれる現象の考察でも、エネルギーは一定の値の倍数になった。このような結果からは、光のエネルギーを媒介する粒子の存在が暗示され、きわめて興味深い。

光を微小な粒子の流れと考える説は、近代的な物理学が誕生したニュートンの時代からあった。だが、スコットランドの物理学者ジェームズ・クラーク・マクスウェルが一八六四年に発表し、のちにアインシュタインから「ニュートン以来もっとも深遠でもっとも有益」とたたえられた一連の論文によって、完全に葬り去られていた。

光は電磁波の一種で空間をうねりながら進んでいくという考えには、異論を挟む余地がまったくないと思われていたのだ。ところが、一九二三年から一九二五年までセントルイスのワシントン大学でアーサー・コンプトンらがおこなった一連の実験では、光が電子に当たったとき、どちらもビリヤードの玉のように跳ね返ることが示された。

つまり、プランクの理論的な仮説が、現実の世界でも確固たる証拠によって裏づけられたことになる。一九二六年、光の粒子は「光子」と命名された。光が波動と粒子の両方としてふるまうという事実はもはや疑いようもない。こうして、古典物理学の時代は終わりを告げ、誕生したばかりの量子力学も新たな時代を迎えた。

2

二つの場所に同時に存在する

アーネスト・ラザフォードが一八九六年を英雄時代のはじまりと呼んだのは、この年にパリの理工科学校のアンリ・ベクレルが放射線を発見したからだ。そのわずか数か月前に、ヴュルツブルク大学のヴィルヘルム・レントゲンがX線を発見していた。ベクレルはウランの化合物を使い、X線の発生を試みた。そして、光をとおさない厚紙でくるんだ写真乾板の感光に成功した。だが、不可解なことに、X線を発生させるきっかけが何も見つからない。

X線が発生するのはウランの原子核が崩壊するからだ。ところが、この崩壊がまったく偶発的で、まったく予期できない。偉大な科学者のアンリ・ポアンカレは、はやくも一九八七年にこの現象の重要性に気づいて、「だれもが想像さえしなかった新しい世界への扉を開くだろう」と書いた。ラザフォードも一九〇〇年に指摘している。「同時に形成された原子なら、同時に崩壊するのが自然だ。それなのに、観測された結果がまるで違う。原子の寿命は、ゼロから無限大までのあらゆる値を取る」

微視的な世界におけるランダムな現象は物理学に衝撃を与えた。当時の科学では決定論が揺るぎなかったからだ。ある時点での完全な情報が得られれば、未来のできごとは絶対確実に予測できると信じられていた。しかし、このような決定論が量子力学では本質的に成り立たない。何かが起こるかどうかの予測は、確率によって与えられる。しかもその原因は、情報が不足しているからではなく、自然のいくつかの性質が本質的に偶然に支配されているからだ。そのため、特定の原子核がいつ崩壊するかは、どうしても知ることができない。

自然がさいころを振るという事実にはじめて直面した物理学者は、長きにわたって困惑しつづけた。原子の内部では、何か面白いことが起こっている。だが、内部の構造がさっぱりわからない。

跳ね返る砲弾

その状況を打開したのは、ラザフォードの一九一一年の実験だった。同僚のハンス・ガイガーとアーネスト・マーズデンとともに、アルファ線と呼ばれる放射線を金の薄膜に当てたのだ。アルファ線を構成するアルファ粒子（当時はまだヘリウムの原子核と判明していなかった）は、すべて突き抜けるものと予想された。ところが、ほぼ八〇〇〇個に一個の割合で跳ね返ってきたのである。

そのときの大きな驚きを、ラザフォードはのちに面白おかしく表現し、「いままでも人生で一番の信じられないできごとだ。ティッシュペーパーに向かって一五インチ（約三八センチ）の砲弾を発射したら、戻ってきて自分に当たったのだから」と回想している。

ラザフォードには、核心をついた魅力的な言葉がたくさんある。あるとき、尊大な役人をユークリッド幾何学の「点」の定義になぞらえた。点には位置があるが大きさがない。役人には地位があるが中身がない、というわけだ。

余談はさておき、ラザフォードは実験の結果を説明するために、原子の中心にきわめて小さな原子核があって、その周囲を電子がまわっていると考えた。そして、原子核に原子の質量のほとんどすべてが集中していれば、アルファ粒子という「一五インチの砲弾」を跳ね返すことが可能になる。この構造が提唱された背景には、太陽の周囲をまわる惑星の姿があったかもしれない。

実際、もっとも単純な元素である水素では、原子核は一個の陽子だけからなり、その半径は約1.75×10^{-15}メートルだ。この表記になじみがないなら、〇・〇〇〇〇〇〇〇〇〇〇〇〇〇〇一七五メートルと書いてもいいし、「一メートルの一〇〇万分の一の、その一〇〇万分の一の、その一〇〇〇分の二よりもやや小さい」と言ってもいい。水素には電子も一個しかなく、それ自体は尊大な役人のように小さな存在だが、原子核をまわる軌道の半径は原子核の直径より一〇万倍も大きい。

原子核は正の電荷を帯びていて、電子は負の電荷を帯びている。そのために、両者が電気的に引き合うのは、太陽と惑星のあいだに万有引力が働くのに似ている。さらに、原子の内部は大部分が何もない空間なので、またもや宇宙が連想される。いま、原子核の大きさをテニスボールと同じと仮定すると、ちりの粒より小さな電子が一キロも離れてまわっていることになる。物質がそれほどスカスカとは、まさに驚くしかない。

ラザフォードが考えた原子の構造は、当時の物理学に数多くの問題を提起した。たとえば、原子核の周囲をまわる電子は、なぜエネルギーを失わないのか？ 帯電した物質は、曲がった経路を動くときつねにエネルギーを放出する。そのことは、無線の送信で実証されていた。送信機の内部では、電子を振動させることで電磁波を発生させる。原理としては一八八七年にハインリヒ・ヘルツが考案したもので、商業的にも、すでにアイルランドからカナダへと大西洋をまたぐ通信が実用化されていた。回転する電荷から電磁波が発生し、エネルギーが失われる。この理論のどこにも間違いはないのに、なぜ電子は原子核をまわりつづけるのか？

分光学の理論と原子の構造

べつの説明できない現象として、加熱された原子から発生する光の謎があった。さかのぼること一八五三年、スウェーデンの物理学者アンダーズ・ジョーナス・オングストレームは、放電管に水素ガスを封入し、発生する光の色を分析した。太陽光のように、虹のすべての色が含まれているのだろうか？　はたして観測されたのは、赤、青緑、濃紫という三つのまったく異なる色だけだった。やがて、放射される光の色が元素ごとに固有の組み合わせだとわかった。

ラザフォードが原子の構造を提唱するころには、ドイツの物理学者ハインリヒ・グスタフ・ヨハネス・カイザーが『分光学便覧』という全六巻、五〇〇〇ページのハンドブックを出版し、あらゆる既知の元素が発する色をまとめていた。だが、なぜ、その色が出てくるのか？　分光学の六〇年の歴史では、計測は大成功をおさめたが、理論はまったく不毛だった。

デンマークの物理学者ニールス・ボーアは、原子の構造に興味をそそられ、一九一二年三月にマンチェスター大学のラザフォードの研究室を訪れた。のちの述懐によれば、分光器のデータから原子の内部を解明する試みは、チョウの羽の模様から生物学の基本法則を導くようなものだったという。

ボーアはラザフォードが指摘した太陽系との類似性からヒントを得て、はじめて原子の構造を量子力学によって説明し、一九一三年に発表した。その理論には問題点もあったが、重要な

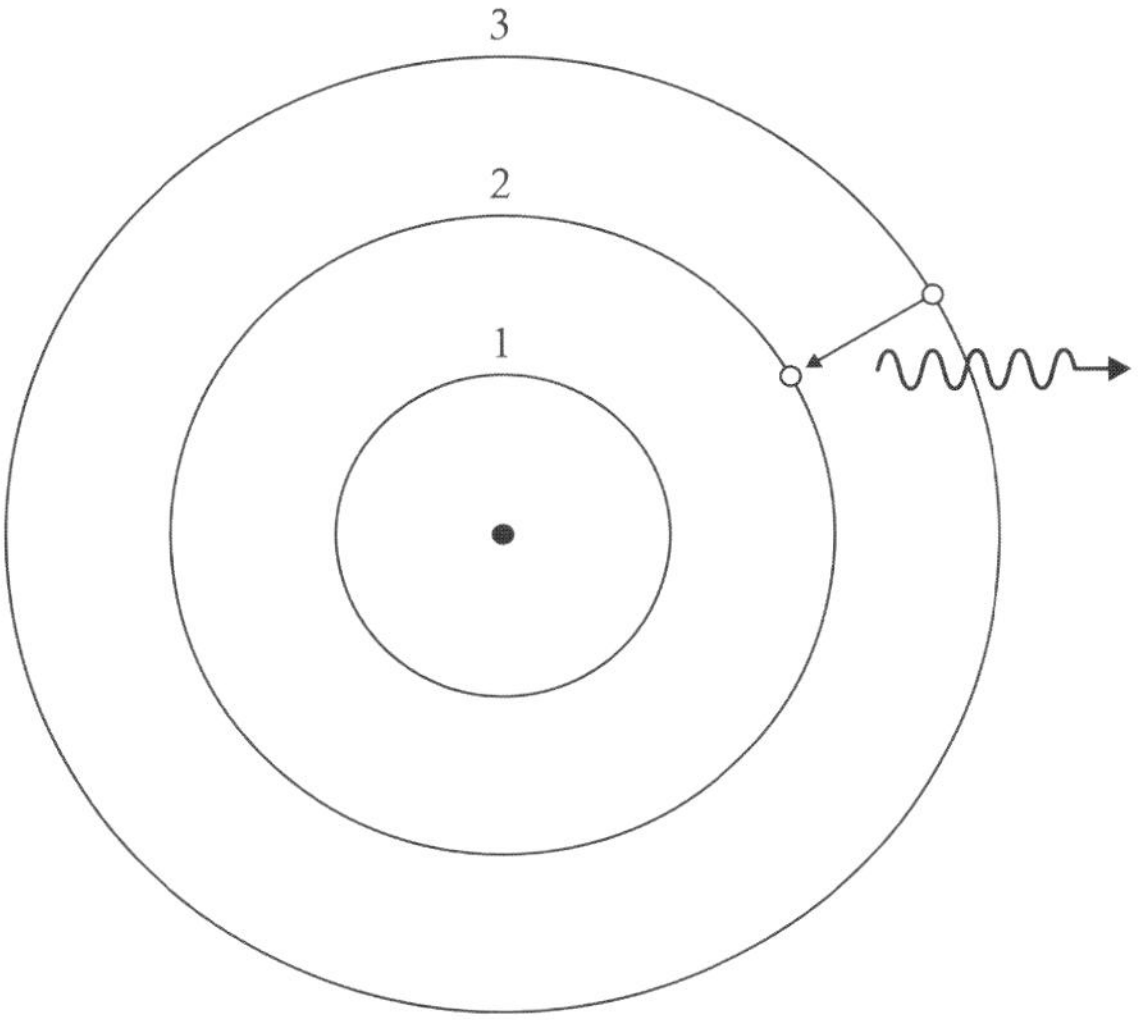

図 2.1　ボーアによる原子のモデル。電子がエネルギーの低い軌道へと矢印のように移ると、その過程で光が波線のように発生する。

洞察がいくつか含まれていて、量子力学が発展するきっかけとなった。

ボーアの考えでは、原子核をまわる電子は特定の軌道のどれかしか取らず、もっとも内側にいるときにエネルギーがもっとも低い。さらに、電子は軌道から軌道へと飛び移ることができる。放電のような方法でエネルギーを与えられると、外側の軌道に移る。だが、やがては内側に戻り、その過程でエネルギーを光として放出する。

光の色は、二つの軌道におけるエネルギーの差で決まる。基本的な概念を図2・1に示す。電子が矢印のように移動し、エネルギーが三番目に低い軌道から二番目に低い軌道へと変わると、波線で示される光が発生する。

水素の原子における電子も、このような軌道のいずれかをまわる。原子核に向かって渦巻き状に落ちることは許されない。こう考えることで発生する光の波長が計算できる。そして、それはオングストレームが観測した色に見事に一致する。

軌道がエネルギーの低い順に五番目から二番目に変わると濃紫、四番目から二番目に変わると青緑、三番目から二番目に変わると赤の光が放射される。電子が一番目の軌道に移るときの光も、波長が正確に計算できる。だが、この光は紫外線なので、人間の目には見えない。オングストレームには観測できなかったものの、一九〇六年にハーヴァード大学の物理学者シオドア・ライマンによって発見されていて、それも計算の結果と一致していた。


ボーアが分析したのは水素から発生する光だけだったが、同じ説明はほかの元素でも可能だ。実際、原子における電子の軌道の組は元素ごとに異なるので、放射される光の波長の分布が固有になる。そのため、分光器のデータが元素の指紋として使える。天文学者が恒星の発する光を分析し、「指紋」をつかってその化学的な組成を特定しはじめるまでに、さほど時間はかからなかった。

ボーアによる原子のモデルは幸先よく成功をおさめたものの、完全な理論には程遠かった。なぜ電子は無線として実用化されている原理に反して、エネルギーを失わないのか？　そもそも、なぜ電子が特定の軌道しか取らないのか？　さらに、原子のモデルを水素からほかの元素へと拡張するためには、どうすればいいのか？

非常識で納得いかない理論の誕生

科学者はしばしば不完全な理論を提唱する。複雑で不可解な現象をはじめから完全に説明するのは難しい。大まかな理論から新しい予想を立て、実験によって検証する。実験の結果が予想に一致したら、さらに詳細な予想を試みる。ボーアの理論は科学の発展に偉大な足跡を残したが、登場から完成までには一三年を要した。

量子力学の創始者は、数多くの奇妙な現象や未解決の問題に直面した。光は間違いなく波動なのに、なぜ粒子の性質を示すのか？　原子のなかの電子は、なぜ従来の物理法則を満たさないのか？　放射性崩壊と呼ばれる現象において、なぜ原子は特段の理由もなくランダムに崩壊するのか？　もはや疑いようもない。微視的な世界では、何か奇妙なことが起こっている。

あらゆる謎を解明する第一歩は、ドイツの物理学者ヴェルナー・ハイゼンベルクによって踏み出された。その功績は、力学という物質と力の理論に、まったく新しい考えを導入したことだ。一九二五年七月に発表された論文では、古い不完全な理論のすべてが、ボーアによる原子のモデルも含めて捨て去られ、画期的な手法が提案された。「この論文では、量子力学の理論的な基礎を構築するために、原則として、観測できる値の関係のみに着目する」

この提案で重要なのは、基本法則が人間の常識を満たす必要はないと主張している点だ。量子力学の目的は、水素の原子が発する光の色のように、直接的に観測できる現象を予測することにある。原子の内部の働きについては、納得のいく説明をする必要はないし、まったく説明できなくてもかまわない。

自然の働きがつねに理解できるという期待は、一刀両断に切り捨てられた。テニスボールや飛行機など、大きな物体の動きを支配している法則は、微視的な世界では成り立たないのかもしれない。小さな物体のふるまいを調べる実験で日常の経験と相いれない結果が出ても、そのまま受け入れる必要がある。

量子力学では奇抜な現象が扱われるが、ハイゼンベルクの提案はさらに奇抜だ。実際、この一九二五年の論文について、ノーベル賞を受賞した現代の偉大な物理学者スティーヴン・ワインバーグは、著書『究極理論への夢』につぎのように書いている。

読者がハイゼンベルクの主張に当惑しても、少しも不思議ではない。わたしは量子力学を理解しているつもりだし、ハイゼンベルクがヘルゴラント島から戻った直後に書いた論文は何度も読んだ。それでも、展開されている論理をどうやって考えついたのか、まったく推測できない。理論物理学者がもっとも偉大な業績をあげるときには、おそらく二種類の人間のいずれかになる。一つは賢人で、もう一つは魔術師だ。（中略）賢人の論文は、たいてい容易に理解できる。だが、魔術師の論文は、しばしば理解するのが難しい。その意味で、ハイゼンベルクの一九二五年の論文は純粋な魔術だ。

だが、ハイゼンベルクの哲学は、魔術でもなんでもない。その意図は単純で、この本の主張の根幹ともなっている。つまり、科学理論の目的は、実験によって検証できる値を予測することにある。その理論によって説明される世界は、人間の五感による認識と一致しなくてもかまわない。幸運なことに、現在の量子力学では、ハイゼンベルクの哲学にしたがいながらも、より平明なリチャード・ファインマンの手法を活用できる。

ニュートンの理論

ここまで、「理論」という言葉を当たり前のように使ってきたが、量子力学の本題に入る前に、理論とは何かを簡単な例で詳しく説明しておこう。

科学的にすぐれた理論では、いくつかの規則が与えられ、世界で何が起こり、何が起こらないかを前もって判断できる。そのような予測は、観察によって検証されなければならない。予測がはずれたら、理論は間違いとして捨て去られる。予測が当たったら、理論は生き延びる。どんな理論も反証される可能性があるという意味で、「正しい」理論は存在しない。

イギリスの生物学者トマス・ハクスリーによれば、「科学における常識の一つは、数多くの美しい理論が醜い事実によって葬り去られてきたことだ」。

反証する方法がなければ科学の理論とは言えない。それどころか、何も主張していないと見なされる。反証は意見の相違とは違う。科学における「理論」という言葉には、一般に使われるときのような「推測」のニュアンスは含まれない。もちろん、観測による証拠が得られるまでは、推測にすぎないこともある。だが、ある程度は認められた理論なら、数多くの証拠によって裏づけられているはずだ。

科学者が理論を構築するときには、できるだけ幅広い現象を説明しようとする。とくに、あらゆる現象が数少ない規則で説明できそうなら、かなりの興奮を覚える。

幅広く適用できるすぐれた理論の一例として、アイザック・ニュートンの万有引力の法則をあげよう。この法則は、一六八七年七月五日に出版された『自然哲学の数学的諸原理』で導入された。はじめての近代的な科学の理論で、のちに状況によっては正確でないとわかったものの、すぐれた理論として現在も使われている。万有引力についてのより正確な理論は、一九一五年にアルベルト・アインシュタインによって一般相対性理論として提唱された。

ニュートンの万有引力の法則は、数学的な一本の方程式で表現できる。

$$F = G\frac{m_1 m_2}{r^2}$$

この式を簡単と思うか複雑と思うかは、どれだけ数学になじみがあるかで変わるだろう。この本では、ときどき数式が登場する。数学が苦手な読者は、数式を無視してしまってかまわない。すべての重要な考えは、数学に頼らない方法でしっかりと説明していく。それでも数式を使うのは、理論が正確に記述できるからだ。深遠な理論をあいまいな言葉だけで説明するのは、物理学者として居心地が悪い。

では、ニュートンの方程式に戻ろう。リンゴの木の枝から、いまにも落ちそうな実がぶらさがっている。伝承によれば、ある夏の日の午後、熟し切った実が頭に当たって跳ね返ったとき、万有引力の法則をひらめいたという。リンゴは万有引力の働きによって、地面に向かって引き寄せられる。その力の大きさは、方程式において記号Fがあらわしている。だから、右辺の記号の値がすべてわかれば、リンゴにかかる万有引力が計算できる。記号rは、リンゴの中心と地球の中心の距離をあらわしている。r^2になっているのは、物体のあいだに働く力が距離の二乗に反比例するからだ。

数学用語を使わないで説明するなら、リンゴの中心と地球の中心の距離が二倍になれば、万有引力は四分の一になる。距離が三倍になれば、万有引力は九分の一、という具合だ。このような関係は、物理学において「逆二乗則」と呼ばれる。

記号m_1とm_2は、それぞれリンゴと地球の質量をあらわしている。つまり、二つの物体のあいだに働く万有引力は、両者の質量の積に比例する。

だが、ここで新たな疑問が生まれる。つまり、「質量とは何か？」という疑問だ。これ自体は面白い問題で、現在の時点でもっとも深遠な答えを説明するためには、ヒッグス粒子と呼ばれる素粒子の知識が必要になる。大ざっぱに言えば、質量とは何かの「かさ」をはかる単位で、その値は地球のほうがリンゴよりも大きい。

質量の定義は難しいが、さいわいなことに、万有引力の法則とはべつの式で、測定の方法がニュートンによって示されている。それは、高校の物理学の授業で愛用される「運動の三法則」の第二法則だ。

第一法則——あらゆる物体は、力が作用しないかぎり、静止したままか、等速での直線運動をつづける。

第二法則——物体に力が作用すると、同じ向きに加速度が発生する。物体の質量をm、加速度をa、力をFとすると、F＝maが成り立つ。

第三法則——あらゆる力の作用には、大きさが等しく向きが反対の反作用が存在する。

運動の三法則には、力の作用と物体の動きの関係が示されている。力がまったく作用しない場合には、物体は静止したままか、等速で直線運動をつづける。ところが、量子力学で主張される物体の動きは、まったく異なっている。粒子は静止していることがなく、あらゆる場所へと飛び跳ねていく。これは力が作用しなくても同じ、というより、そもそも、量子力学には力の概念が存在しない。

運動の三法則は、おおよそでしか正しくないとわかったので、ごみ箱に捨てられる運命にある。うまく適用できる場合も数多いが、粒子の動きはまったく説明できない。量子力学では物体の動きがより正確に記述され、運動の三法則から得られる結果も導かれる。「ニュートン力学は大きな世界の物理学で、量子力学は小さな世界の物理学」というわけではなく、量子力学はどんな大きさの物体にも適用できる。

ここでの説明では第二法則しか使わないが、第三法則について、面白い点を指摘しておこう。この法則は、力がつねに一対であらわれることを主張している。立ちあがるときに足の裏で地球を押せば、同じ大きさで地球から押し返される。力の合計は、外部とのやり取りがないかぎり、つねにゼロに等しい。このことは、運動量が保存されることを意味している。運動量はこの本でも頻繁に使われるが、一個の物体にとっては、質量と速度の積として定義される。つまり、物体の質量を m、速度を v、運動量を p とすると、p = mv が成り立つ。運動量の概念は、力の概念と異なり、量子力学でも意味を持つ。

さて、第二法則に戻ろう。F＝maが成り立つことから、物体に大きさのわかっている力を作用させ、そのときの加速度を測定すれば、質量は割り算によって求められる。もちろん、「力とは何か？」という新しい問題が生じるが、この値の定義はさほど難しくない。

単純だが、正確でも実用的でもない方法として、何か「引っ張る行為」を基準に選ぶ。たとえば、平均的なカメに物体を引っ張らせよう。このカメを「国際カメ原器」と名づけ、フランスのセーヴルにある国際度量衡局で箱に密封して保管してもいい。

カメが二匹で引っ張るなら力は基準の二倍、三匹なら三倍というように、力の大きさを「引っ張るために必要なカメの数」として定義する。この基準が国際的に認められるとは思えないが、仕事率の実用単位として「馬力」が現在も使われているのだから、さほど奇妙な定義でもない。

ともあれ、物体をカメに引っ張らせ、加速度を測定すれば、質量は運動の三法則の第二法則から計算できる。この手順を繰り返すことで、万有引力の法則における二つの物体の質量がわかる。だが、カメの数であらわした万有引力を計算するには、質量の積に比例して距離の二乗に反比例するときの比例定数が必要で、それを記号Gがあらわしている。

このGは「万有引力定数」と呼ばれていて、万有引力の大きさを決める重要な値だ。もしも

Gが二倍なら、万有引力も二倍になり、リンゴは二倍の加速度で地面に落ちる。宇宙の基本的な特性の一つなので、その値が違えば、世界はまったく異なる姿になる。現在のところ、Gの値は宇宙のどこでも同じで、過去から未来までずっと一定と考えられている。アインシュタインの一般相対性理論にも定数としてあらわれる。

宇宙の基本的な定数はほかにもあり、この本でゆくゆくは詳しく説明する。いくつかを簡単に紹介しておけば、量子力学においては、「プランク定数」がもっとも重要だ。量子力学の先駆者マックス・プランクによって導入され、記号hが与えられている。また、真空での光速も基本的な定数の一つで、記号cであらわされる。この値は宇宙の制限速度でもある。

運動の三法則と万有引力の法則があれば、万有引力の作用による物体の動きは完全に解明される。隠れた法則はいっさい存在しない。わずか数種類の方程式から、たとえば、太陽系における惑星の軌道が計算できる。たがいに引き合う結果、物体の経路はいちじるしく制限される。ニュートンの法則によれば、惑星も小惑星も彗星も流星も「円錐曲線」と呼ばれる曲線しかたどれない。もっとも単純な円錐曲線は「円」で、太陽をまわる地球の軌道によく似ている。正確には、惑星や衛星の軌道は「楕円」で、円を引き伸ばしたような形状だ。

円と楕円のほかに、円錐曲線には「放物線」と「双曲線」がある。大砲から発射された砲弾は、地球からの万有引力によって放物線をたどる。双曲線をたどっているのが、人間が組み立てた物体としてもっとも遠方にあるボイジャー一号だ。

この本の執筆の時点で、地球から一七六億一〇〇〇万キロの距離にあり、一年に五億三八〇〇万キロの速度で太陽系から離れている。この探査機は工学における最大の成果で、一九七七年に打ちあげられたあと、現在も地球と交信をつづけながら、太陽風を測定し、記録を二〇ワットの電力で送ってくる。

ボイジャー一号と相棒のボイジャー二号は、人間が宇宙の探索に胸をおどらせてきたあかしだ。どちらの宇宙船も木星と土星の近くを通過し、ボイジャー二号は天王星と海王星にも近づいた。万有引力を利用して加速しながら惑星のあいだを航行し、太陽系の外側へと飛び出していった。

経路の精密な計算には、ニュートンの法則しか使われていない。ボイジャー二号は三〇万年とかからずに、夜空でもっともあかるい恒星シリウスに接近するだろう。そんな予測が可能なのも、万有引力の法則と運動の三法則のおかげだ。

古典的世界像の限界

ニュートンの法則によって提供される世界の姿は、だれの目にもはっきりしている。観測できる値の関係が方程式で示されるので、物体の動きを正確に予測できる。前提となっているのは、物体がいつの時点にもどこか一つの場所に存在していて、時間とともになめらかに動くことだ。当たり前すぎて指摘するまでもないと思うなら、その先入観を捨てる必要がある。物体が二つの場所に同時には存在しないと、なぜ断言できるのか？　もちろん、それが庭の物置なら、どんな観測を試みてもここにもそこにもあるという明確な証拠は得られない。だが、原子を構成する電子ではどうだろうか？

いまの時点では、この質問が奇異に思われるかもしれない。物体が二つの場所に同時に存在することなど、まったく想像できないだろう。だが、このあと説明するように、現実は想像をはるかに超える。ニュートンの法則は、砂上の楼閣のように、はかない基礎のうえに構築されている。

ニュートンの前提が間違っていることは、きわめて簡単な実験で示される。リンゴや惑星や

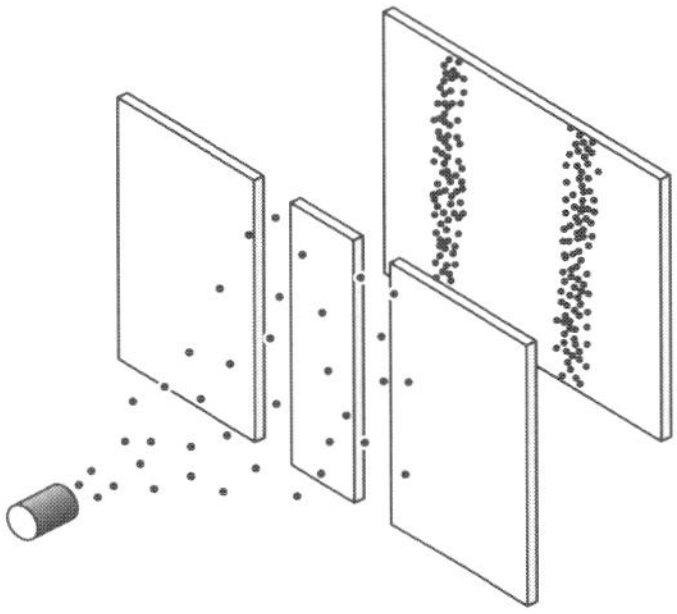

図 2.2　2本の隙間のある障壁に向かって電子を照射する。電子がふつうの粒子としてふるまうなら、蛍光板に当たる電子は、図に示すような2本の筋をつくる。意外なことに、このような結果は観測されない。

人間の動きは、なめらかで規則的なので、将来にわたって予測できる。だが、物質の基本的な構成要素では、動きがまったく異なってくる。これをはじめて実証したのは、アメリカのベル研究所のクリントン・デーヴィソンとレスター・ガーマーだ。一九二七年に発表された論文の冒頭を引用しよう。「速度が調節できる均質な電子線をニッケルの単結晶に投射し、散乱した電子の濃度を方角の関数として測定する……」

幸運なことに、二人の発見の重要性は、より簡素化された「二重スリット」の実験によって理解できる。図2・2に示すように、二本の細い隙間のある障壁に向かって電子を照射する。障壁の反対側には蛍光板を設置し、電子が当たったら光らせる。電子はどのように発生させてもかまわないが、実際的な方法として、適当な長さの針金を障壁に向かって伸ばし、熱すればいい。

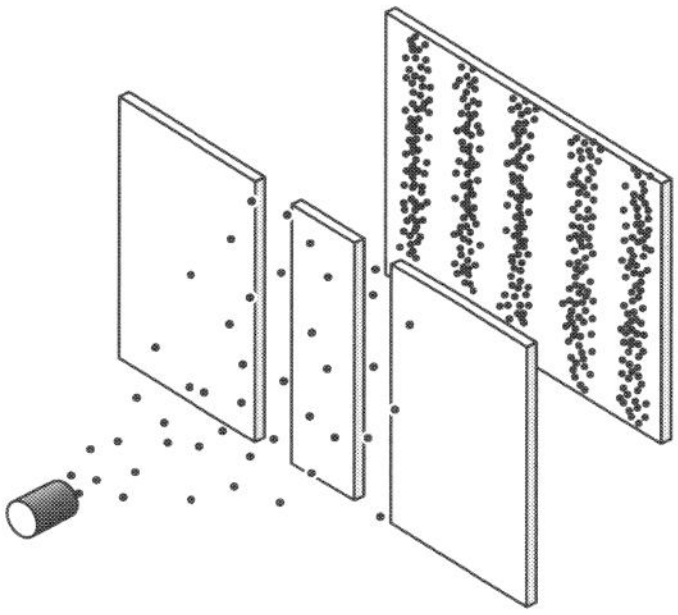

図 2.3　現実には、電子は隙間と平行な２本の筋ではなく、縞模様をつくる。時間が経過し、蛍光板に当たる電子が増えるにつれて、縞模様は明瞭になっていく。

蛍光板にカメラを向け、シャッターを開放して、電子が当たったときの光を長時間にわたって撮影する。すると、どんな模様があらわれるのだろうか？　電子が粒子として小さいだけで、リンゴや惑星と同じように動くなら、出現する模様は図２・２のようになるはずだ。電子の大部分は隙間を抜けないが、一部は抜ける。抜ける電子のなかには、隙間の端に当たって向きを変えるものがあるかもしれないが、ほとんど無視できるだろう。よって、写真のもっともあかるい部分は、隙間と平行な二本の筋をつくる。

ところが、現実には図２・３に示すような模様が出現する。デーヴィソンとガーマーの一九二七年の論文にも同様の模様が報告されている。のちの一九三七年に、「結晶による電子の回折を実験によって発見」した功績で、デーヴィソンはノーベル賞を受賞した。このときに受賞を分け合ったのは、ガーマーではなく、アバディーン大学での独自の研究で同じ模様を発見したジョージ・パジェット・トムソンだった。

このような明暗の縞模様は「干渉縞」と呼ばれていて、ふつうは波動の相互作用として観測される。

それを理解するために、電子ではなく、水による二重スリットの実験を考えよう。

水槽のなかほどを、二本の隙間のある板で仕切るものとする。蛍光板とカメラの代わりには、波高の測定器を用意する。熱した針金の代わりに、波が発生する仕掛けとして、たとえば、水槽の端に厚板を沈め、モーターで上下に揺するといい。厚板から発生した波は水面を伝播し、仕切り板に達する。波のほとんどは跳ね返ってくるが、二か所で小さな隙間を抜ける。隙間からは新しい二つの波が広がり、波高の検出器へと向かう。ここで「広がる」と表現したのは、波が単に前方に進むのではなく、隙間を中心とした半円の形状で広がっていくからだ。その様子を図2・4に示す。

水面にあらわれる波の模様は、きわめて印象的だ。隙間から車輪のスポークのように放射状に延びている場所では、波がまったく発生しない。そのほかの場所では、それぞれ決まった大

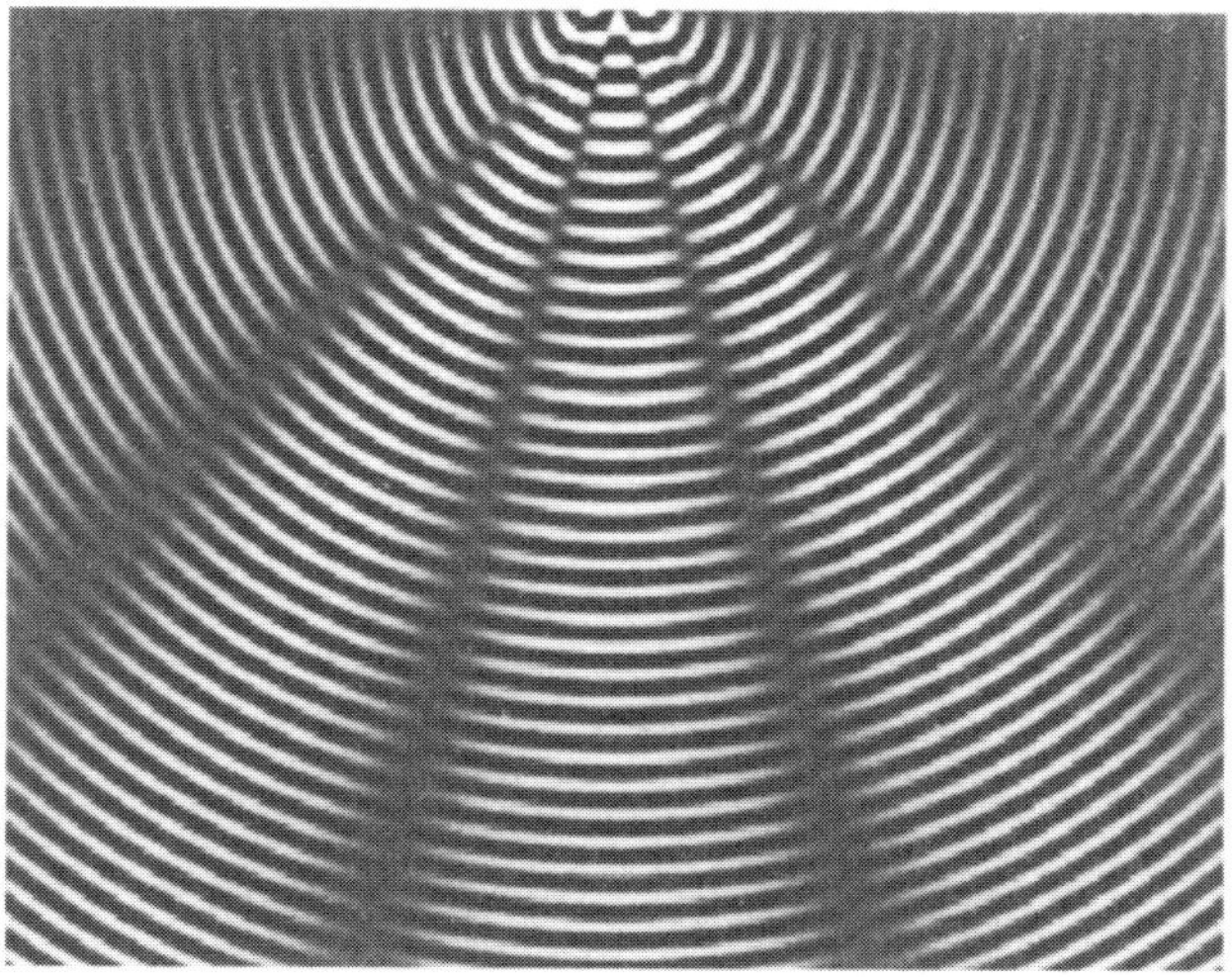

図 2.4　写真の上端にある2つの隙間から広がっていく波を、水槽の上方から撮影したもの。2つの円形の波が重なり、干渉する。放射状に延びる枝の部分では波がたがいに相殺されるので、水面は動かない。

きさの山と谷があらわれる。デーヴィソン、ガーマー、トムソンが発見した模様と、はっきりした類似点が見つかる。蛍光板で電子がほとんど当たらない場所は、水槽では波が発生しない場所に相当する。

水槽では、模様のあらわれる理由が理解しやすい。隙間から広がっていく二つの波が重なって混じり合うからだ。それぞれの山や谷が出合って、波が強まったり弱まったりする。極端な場合として、一方の山がもう一方の谷と完全に重なる場所では、二つの波が相殺され水面はまったく動かない。山と山、谷と谷が完全に重なる場所では、水面はもっとも大きく上下する。このような両極端の場所を除くと、山や谷に多少のずれがあるので、水面はそれなりの高さで上下する。

二つの波の山や谷がどの程度ずれるかは、その場所から二つの隙間までの距離の差に依存する。その結果、水面の動きが皆無の場所と最大の場所が交互に並び、干渉縞があらわれる。

電子を照射する実験で干渉縞があらわれる理由は、水の波の場合と違って説明がきわめて難しい。常識的に考えて、発生した電子は隙間までも、隙間を抜けるときも、抜けたあとも真っ直ぐに飛ぶ。電子には力が作用しないから、この動きは運動の第一法則からも保証される。だが、それならば、蛍光板には図2・2のような二本の筋があらわれるはずだ。では、電子のあいだに何かの力が作用すると仮定すれば、進路が曲がるのではないか？　その可能性は、電子を一個ずつ発生させる実験で否定される。時間はかかるものの、電子が蛍光板に当たるたびに、ゆっくりと着実に縞模様が形成されていく。光の点が一つ、また一つと増えていき、波動に特有の干渉縞が出現するさまには、まさに驚くしかない。

小さな粒子の弾丸を二本の隙間がある障壁に向かって一発ずつ撃つと、なぜ縞模様があらわれるのか？　その理由を考えることは、よい頭の体操になる。なぜなら、何時間か考えても徒労に終わり、ふつうの粒子の現象としては、ありえないと納得できるからだ。ある意味で、電子は「自分自身と干渉」している。そのようなふるまいは、どのような理論で説明できるのか？

二重スリットの実験が提示した問題に関連して、面白い運命のいたずらを紹介しておこう。ジョージ・パジェット・トムソンの父親のJ・J・トムソンも、電子を発見した功績で一九〇六年にノーベル賞を受賞した。電子が特定の電荷と特定の質量を持ち、独立の粒子として存在することを示したからだ。のちに息子がノーベル賞を受賞した理由は、父親には予想もできなかった電子のふるまいの発見だった。父親が間違っていたのではない。電子は電荷も質量も値が明確で、小さな点のような物質として観測できる。息子がデーヴィソン、ガーマーとともに示したのは、電子のふるまいが厳密な粒子とは異なることだ。さらに重要なことに、そのふるまいは厳密な波動とも同じではない。電子の干渉縞は何かのエネルギーのなめらかな変化ではなく、微小な点の分布の粗密で形成される。その個々の点こそが、父親が発見した独立の粒子に対応する。

ハイゼンベルクが提案したように、「観測できる値の関係のみに着目する必要性」に、そろそろ読者も気づいていると思う。粒子の理論は、粒子の観測される現象だけから構築されるべきだ。その理論は、電子が一個ずつ隙間を抜けて蛍光板に当たるとき、干渉縞の出現を予測する必要がある。発生した電子がたどる経路の詳細は、観測できる現象ではないので、日常の経験と一致しなくてかまわない。いや、電子の旅の説明は、そもそも不要なのだ。二重スリットの実験で蛍光板にあらわれる模様を予測できるだけで、目的の理論を見つけたことになる。その探求は、つぎの章でつづけよう。

粒子の量子力学を、微視的な世界の魅力的な問題の一つにすぎないとか、日常の世界とはほとんど関係がないとか考えてはいけない。二重スリットの実験を説明するための理論は、あとでわかるように、原子が安定していることや、元素が発する光の色や、放射性元素の崩壊にも適用できる。

二〇世紀のはじめに科学者を悩ませた大きな問題なら、すべて説明が可能なのだ。さらに、トランジスターという二〇世紀でおそらく最大の発明が動作する原理も、物質の内部に閉じ込められた電子のふるまいとして説明できる。

この本のエピローグでは、量子力学を見事に適用して、科学的な推論がいかに強力かの一例を示したい。量子力学の突飛な予測には、ふつうは微小な粒子がかかわってくる。

だが、大きな物体も微小な粒子の集まりだから、恒星という宇宙でもっとも大きな天体で観測される現象の説明にも、状況によっては量子物理学が必要になる。太陽の内部では、重力と圧力の戦いがつねに繰り広げられている。地球の三三万倍の質量を持つ気体のかたまりは、表面での重力が地球の約二八倍に達するので、自身の重みでつぶれようとする。

それを防いでいるのが、中心部での核融合によって発生する外向きの圧力だ。この反応では毎秒六億トンの水素がヘリウムに変わるので、いかに太陽が巨大でも、いずれは燃え尽きる運命にある。燃料が切れれば外向きの圧力も消え、重力はいかんなく実力を発揮できる。もはや、太陽は崩壊の惨事をのがれられないように思われる。

実際には、量子力学の介入によって窮地を脱する。このようにして救われた恒星は白色矮星になるが、太陽もそうなる運命だ。量子力学の知識を使うと、白色矮星になる恒星の最大の質量が計算される。その値は太陽のおよそ一・四四倍で、インド生まれの天体物理学者スブラマニヤン・チャンドラセカールによって一九三〇年に発見されたので、「チャンドラセカール限界」と呼ばれている。

きわめて素晴らしいことに、この計算で必要になるのは、陽子の質量のほかには、ニュートンの万有引力定数、真空での光速、プランク定数という、すでに紹介した宇宙の基本的な定数の三つだけだ。

この四つの値の測定や、量子力学そのものを構築するためには、恒星を見る必要はない。引きこもりの宇宙人がいて、深い地中の洞穴で文明を発達させているものとしよう。天空という概念がなくても、量子力学は展開できる。ちょっとした気晴らしに、気体の巨大な球体がつぶれない最大の質量を計算するかもしれない。ある日、勇猛果敢な冒険家があらわれ、歴史上はじめて地上に出る。おそるおそる頭上を眺めると、まばゆい銀河を構成する数え切れないほどの恒星が、天頂から地平線まで広がっている。そして、死にゆく恒星の残骸の質量を実際に測定してみて、どれもが計算された最大の質量、つまり、チャンドラセカール限界よりも小さいことをたしかめるのだ。

3

粒子とは何か？

量子の世界を理解するために、この本ではリチャード・ファインマンによって開拓された手法を使う。それは面白いだけでなく、たぶんもっとも簡単にたどれる道筋だからだ。

ファインマンはノーベル賞を受賞したが、ボンゴをたたくニューヨークっ子としても知られている。友人の物理学者フリーマン・ダイソンからは、はじめは「半分は天才で、半分は道化」、のちには「完全に天才で、完全に道化」と評された。

偉大な教師でもある彼は、物理学への深い造詣があり、著書や教室で格式ばらずに平明に伝えた。必要以上にややこしく説明する流儀には、軽蔑の念を隠さなかったほどだ。大学の教科書として定評のある『ファインマン物理学　量子力学』の冒頭では、粒子のふるまいが本質的に直観と相いれないことを素直に認めている。「そのふるまいは、波動のようでも、粒子のようでも、雲のようでもなく、ビリヤードの球とも、ばねにぶらさげた重りとも、これまでに見たどんなものとも違う」

複数の場所に同時に存在する

では、粒子のふるまいを正確に記述するモデルの構築に進もう。まず、この世界は粒子で構成されていると考える。このことは、二重スリットの実験で電子がつねに蛍光板のどこか一点に到達することからも、ほかの多数の実験からも裏づけられている。

実際のところ、意味もなく素「粒子」と呼ばれているのではない。問題は、「その粒子がどう動きまわるのか？」にある。

もっとも単純に仮定するなら、アイザック・ニュートンが主張したように、粒子は一直線に進み、力が作用するときだけ曲線を描く。だが、この仮定は正しくない。二重スリットの実験で電子が「自分自身と干渉」するためには、なんらかの意味で、隙間を抜けるときに拡散する必要がある。点でありながら拡散もする粒子は、どんな理論で説明できるのか？

これはさほど難しくない。一個の粒子が「多数の場所に同時」に存在すればいい。そんなことは不可能ではないのか？　いやいや、粒子が多数の場所に同時に存在するという主張は、不合理に思われても、意味ははっきりしている。そして、いかに直観に反しても、それが粒子の実際のふるまいなのだ。

この「複数の場所に同時に存在する粒子」の提案によって、わたしたちの思考は日常の経験を離れ、未踏の世界に入っていく。量子物理学の理解をさまたげる大きな障害の一つは、このような思考の転換へのとまどいだ。障害を避けるためには、ヴェルナー・ハイゼンベルクの意見にしたがい、日常の経験に反する世界の姿を素直に受け入れなければならない。

量子物理学を専攻する学生は、しばしば不愉快を不明瞭と勘違いし、量子の世界を日常の言葉で理解しようとする。だが、混乱の原因は新しい理論を受け入れることへの抵抗であって、理論そのものの難しさではない。日常と異なるふるまいが現実に起こっているのだから、いっさいの偏見を捨てて、どんな奇妙なことにも悩んではいけない。ウィリアム・シェークスピアも『ハムレット』で主人公に語らせている。「信じられなくても、そのまま受け入れろ。ホレイショー、天にも地にも、理屈で説明できないことはいくらでもある」

手はじめとして、水の波による二重スリットの実験をじっくりと検討するのも悪くない。干渉縞が出現するのは、波のどんな性質によるものなのか？　それを解明し、粒子の理論に取り入れれば、電子による二重スリットの実験を説明できるだろう。

二つの隙間を抜けた波が干渉するためには、二つの条件を満たさなければならない。第一の条件は、波が両方の隙間を同時に抜け、新しく発生した二つの波が混じり合うことだ。水の波では、これが可能なことははっきりしている。

海岸に平行な長い波が砂浜へと打ち寄せる様子は、容易に思い浮かべられる。ここでは水の壁が長く延び、移動していく。よって、粒子のふるまいにおいても、「長く延びて移動するも

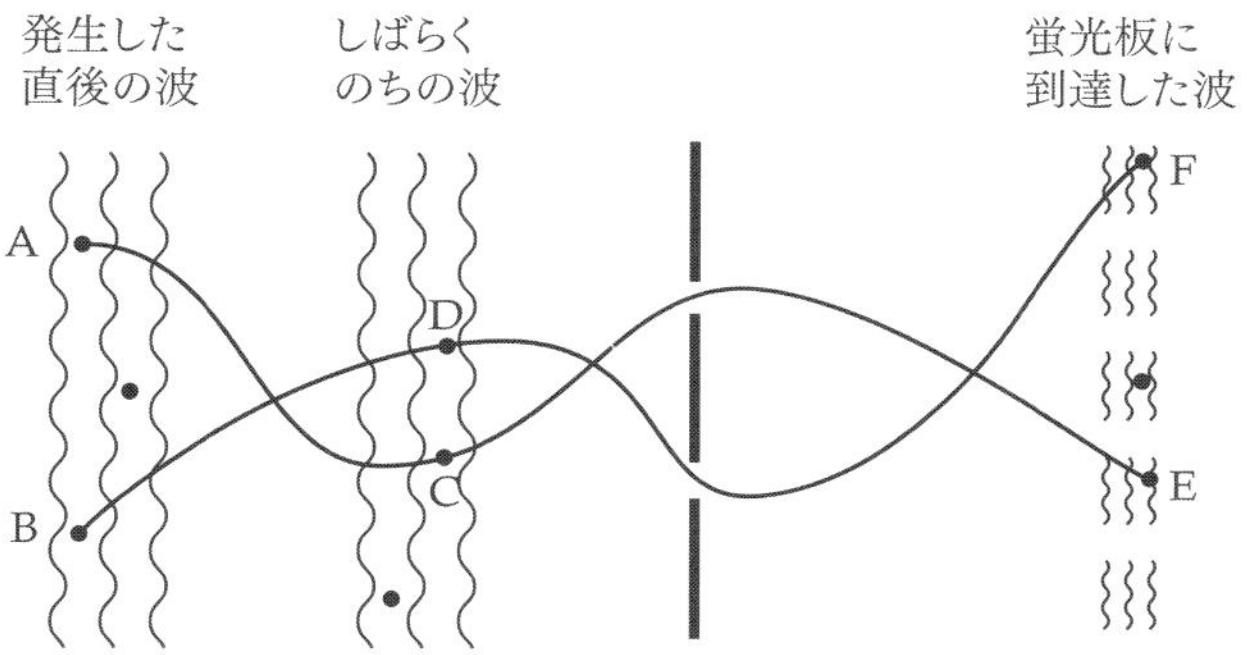

図 3.1　電子の波が発生してから蛍光板に到達するまでの様子。その波によって、電子のあらゆる経路があらわされていると解釈する。たとえば、A－C－E、B－D－Fのほかにも、単一の電子が実際に動いている経路は無限に存在する。

の」が必要になる。

干渉が起こるための第二の条件は、隙間から発生した二つの波が混じり合うとき、たがいに強め合ったり弱め合ったりできることだ。この性質は、干渉縞という模様を説明するとき、きわめて重要になる。極端な場合として、一方の山が他方の谷と完全に一致するとき、二つの波は相殺される。よって、粒子のふるまいにおいても、「干渉によって相殺されるもの」が必要になる。

電子による二重スリットの実験と、水の波による二重スリットの実験とは、どれくらい関連が深いのだろうか？　図3・1において、当面はA－C－E、B－D－Fと結ぶ曲線を無視して、縦に引かれた波線だけに着目しよう。この波線を水の波と見なせば、水槽のなかを左から右に進んでいくところと解釈できる。まず、左端で厚板を一回だけ揺すり、波が発生した直後に水槽の上方から写真を撮る。

その写真では、発生したばかりの波が上下に延びているが、ほかの部分では水面が静かなままだ。しばらくして二枚目の写真を撮ると、水の波が隙間に向かって進んでいて、後方の水面は平坦に戻っている。さらにその後、水の波が二つの隙間を抜け、もっとも右側の波線で示されるような干渉縞をつくる。


では、先ほどの「水の波」を「電子の波」に置き換え、その意味はさておき、読み直してみよう。電子の波は、適切に解釈すれば、水の波と同じように、二重スリットの実験であらわれる縞模様を説明できる。

このとき、電子が一個ずつ蛍光板に当たり、小さな点の集まりとして模様が浮かびあがる理由も示さなければならない。ばらばらな点となめらかな波は、一見、相いれないように思われるが、それは間違いだ。解釈の鍵は、電子の波を水のような実在する物質の撹乱ではなく、その電子が見つかる可能性を示す情報と考える点にある。「その」電子と表現している点に注意しよう。なぜなら、波があらわしているのは単一の電子のふるまいで、だからこそ、蛍光板の点は一個ずつ出現する。複数の電子の集まりをあらわしているのではないことにじゅうぶん注意してほしい。

ある瞬間の電子の波では、うねりの激しい場所ほど電子の見つかる可能性が高い。電子の波が蛍光板に到達したとき、一個の小さな点があらわれ、その電子の場所を通知する。電子の波に求められる唯一の性質は、蛍光板の特定の場所に電子が当たる確率を計算できることだ。電子の波の実体が何であるかにこだわらなければ、ある種の波によって電子が存在する確率を場所ごとに示すことは難しくない。そして、電子の波が本当に面白いとわかるのは、隙間から蛍光板までの電子の動きを説明するときだ。


この先に進むのは、前の三つの段落をもう一度読み返したあとでも遅くない。「電子の波」の概念はきわめて重要だが、わかりやすくはないし、まったく直観に反している。実験で観測される干渉縞の出現を説明するために必要な性質はすべてそなわっているものの、ある意味では推測だ。いっぱしの物理学者なら、正しい予測ができるかどうかを検証しなければならない。

図3・1に戻ろう。どの瞬間にも、電子は水の場合と同じような波として表現できる。はじめのうち、電子の波は隙間の左側にある。このとき、ある意味で、その波のどこかに電子が存在する。時間が経過するにつれて、電子の波は隙間に近づいていく。このときにも、電子は波

のどこかに存在する。「はじめにA、のちにC」でも、「はじめにB、のちにD」でも、「はじめにA、のちにD」でも、そのほかの組み合わせでも、可能性は無限にある。さらにその後、電子の波は隙間を抜け、蛍光板に到達する。電子はEで見つかるかもしれないし、Fで見つかるかもしれない。電子が発生してから蛍光板に当たるまでの経路として、A－C－EとB－D－Fが曲線で描かれているが、この二つのほかにも無限の道筋が存在する。

重要なのは、「電子は無限に存在する経路のどれでも選べるが、実際には、その一つをたどる」という主張ではないことだ。電子の実際の経路が一つなら、水の波の実験で隙間の一方をふさいだときのように、いっさい干渉縞は出現しない。電子の波が二つの隙間を同時に抜ける、つまり、電子があらゆる経路で実際に移動するからこそ、干渉縞が出現する。べつの表現をすれば、電子が「波のどこかに存在」するとは、「波のすべての場所に同時に存在」するという意味なのだ！　もしも電子がどこか一つの場所にしか存在しないとするなら、もはや波として広がっていくことはなく、水の波との共通性が失われる。そうなると、干渉縞が出現する理由は説明できない。

前の段落の骨子は、今後の説明の大前提になるものだから、もう一度、繰り返しておこう。その論理には、なんのまやかしもない。電子は粒子であると同時に波のように広がる必要がある。

それを実現する方法の一つは、電子が発生してから蛍光板に到達するまで、あらゆる可能な道筋を同時にたどることだ。

よって、電子の波があらわしているものは、無限の異なる経路で移動する単一の電子でなければならない。つまり、「電子はどのような経路で蛍光板に達するのか？」という問いへの正しい答えは、「経路は無限にあって、半分は一方の隙間を、半分はもう一方の隙間をとおっている」となる。あきらかに、この性質は日常のふつうの物体には見られない。これは電子のような微小な粒子ではじめて観測されるふるまいなのだ。

時計の針と位相

電子の動きを説明するときに、波のさまざまな特徴に着目するためには、波動をもっと正確に記述しなければならない。まず、水槽で二つの波が出合い、重なって干渉する現象を考えよう。これを記述するためには、波の山や谷の位置を表現する方法が必要だ。この情報は、専門用語では「位相」と呼ばれている。あとで説明するように、二つの波は位相が合うほど強め合い、位相がずれるほど弱め合う。

ちなみに、月にも「月相」と呼ばれる位相がある。約二八日の周期で月は新月から満月へと輝きを増し、ふたたび新月へと輝きを失う。英語で位相をあらわす言葉の語源になったギリシア語は、天体の現象の出現と消失を意味している。月面の輝く部分の規則的な出現と消失から、とくに科学において、周期的な変動にかかわる現在の意味が生まれたのだろう。そして、月の運動は波の山や谷の位置を図示する方法の参考になる。

図3・2を見てほしい。位相をあらわす方法の一つは、時計を使うことだ。針は三六〇度にわたってどこでも向き、それぞれ一二時、三時、九時など、あらゆる時刻を表現できる。月の位相をあらわす場合なら、たとえば、新月は一二時、上弦の半月は三時、満月は六時、下弦の半月は九時のように決めればいい。ここでは月の位相という実際の現象を記述するために、時刻というまったくべつの概念を使っている。だが、一二時と表現するだけで、新月の意味だと伝わる。五時を指している針なら、いちいち説明しなくても、満月が近いのだと理解される。

図や記号でなぞらえて現実の何かをあらわすことは、物理学のきわめて基本的な手法だ。抽象的な図を単純な規則で操作して、実際の現象が正確に予測できるとき、この手法は真価を発揮する。すぐにわかるように、針の向きで波の山や谷の相対的な位置を記述できる。そのため、二つの波が出合ったときに強め合ったり弱め合ったりする度合いは、時計の「加算」という簡単な操作で計算される。

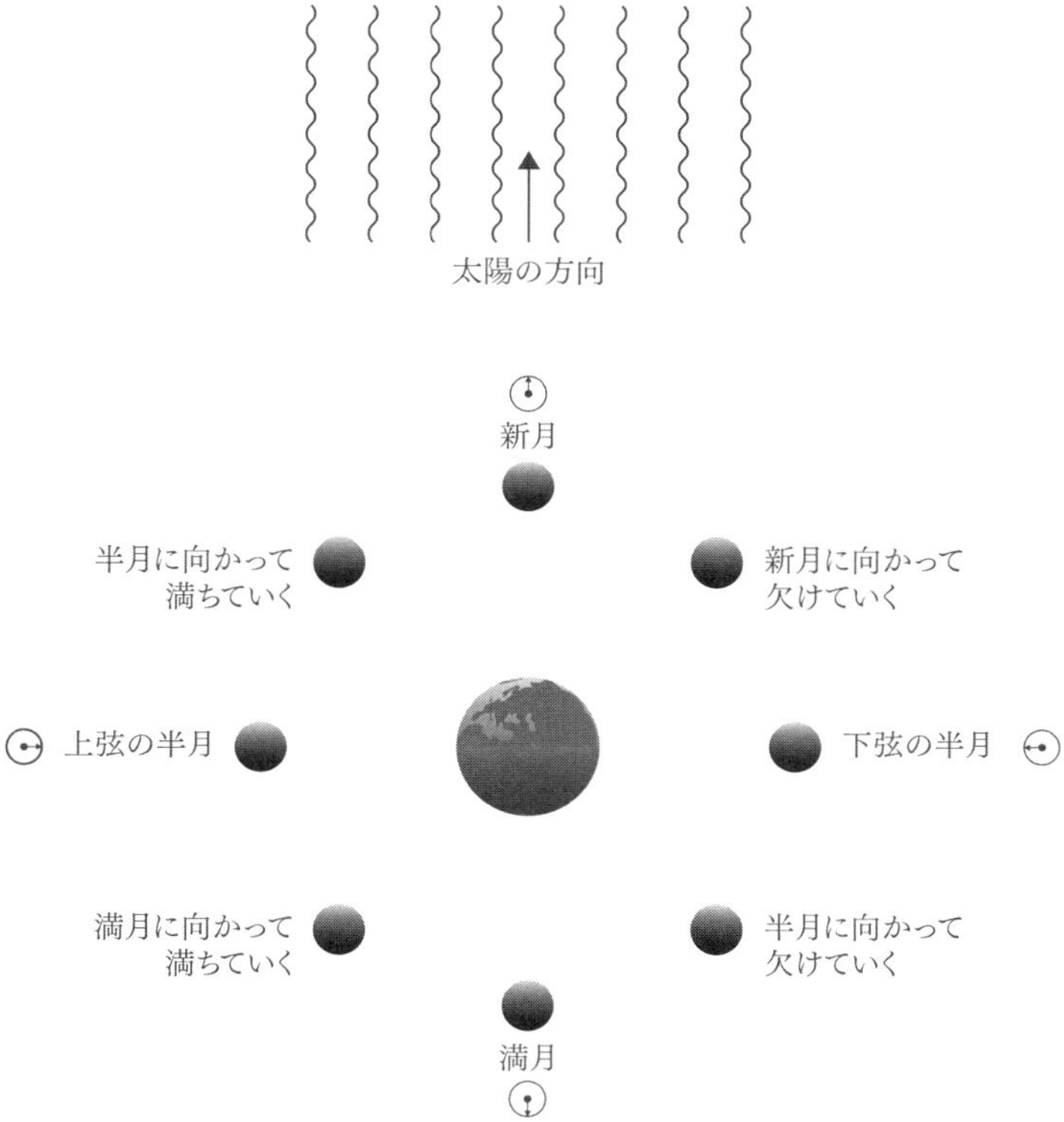

図 3.2　月の位相。

ある瞬間における水の二つの波を図3・3に示す。山を一二時、谷を六時であらわすことにしよう。山と谷のあいだの場所も、月の新月と満月のあいだと同じように、それぞれに相当する時刻で表現できる。隣り合った山と山、隣り合った谷と谷の距

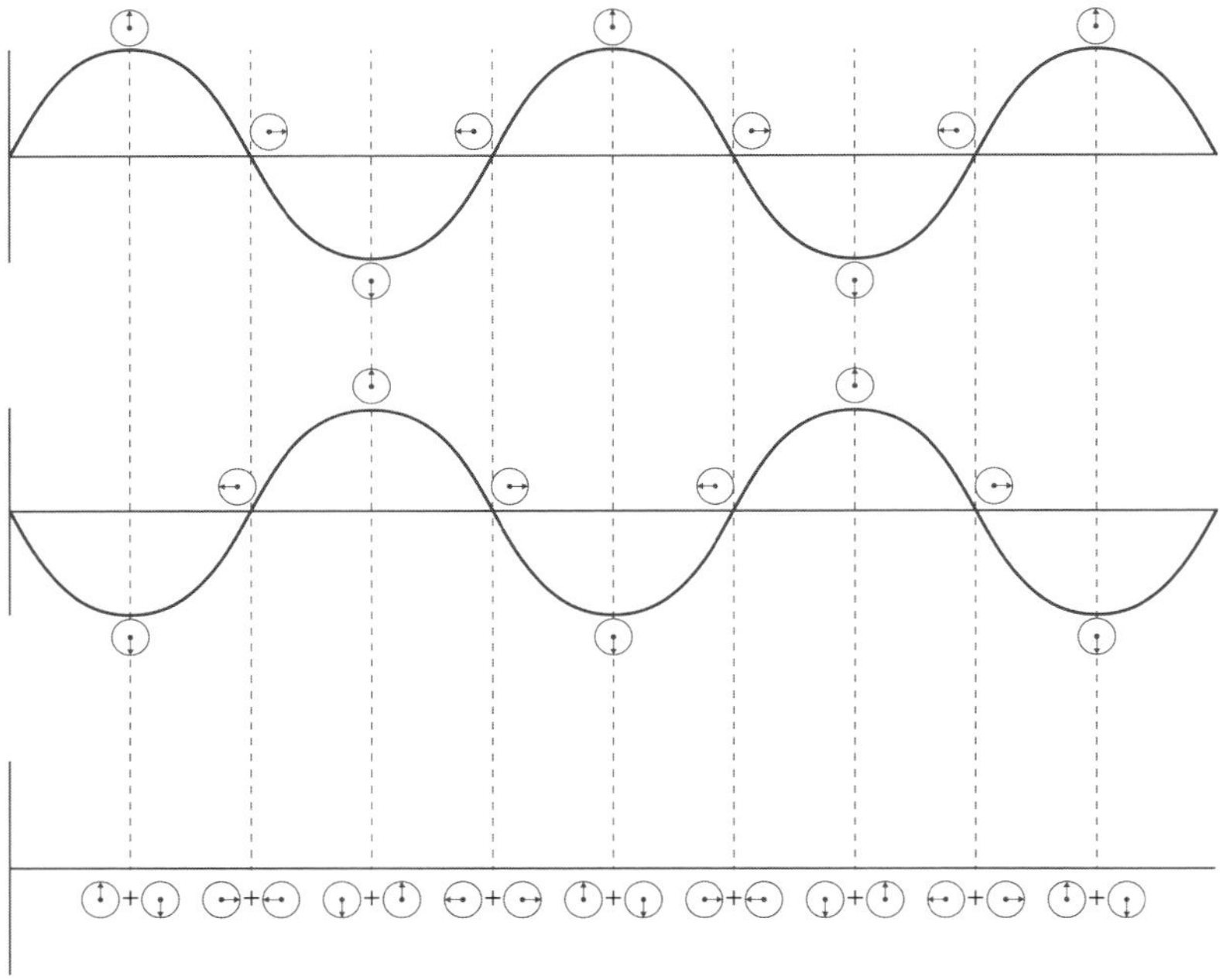

図 3.3　完全に相殺するように並んだ2つの波。上段と中段の波は位相がもっともずれていて、一方の山と他方の谷がつねに同じ位置にある。2つの波が重なるとたがいに完全に相殺されるので、下段のように水平になる。

離は、波動における重要な性質の一つで、「波長」と呼ばれている。

図3・3の上段と中段の波は位相がもっともずれていて、一方の山と他方の谷がつねに同じ位置にある。二つの波が重なると、たがいに完全に相殺される。その結果は、下段のような水平な波だ。時計で表現すれば、上段の波が一二時、すなわち、山のとき、中段の波は六時、すなわ

ち、谷になる。実際のところ、波のどの部分を見ても、上段と中段では針が正反対を向いている。

波動を時計で表現することは、いまの時点では、話をいたずらに複雑にしていると思われるかもしれない。たしかに、水の波を重ねる場合なら、時計などまったく使わないで、波の高さをくわえればことたりる。だが、時計を導入したのは、べつにひねくれているからではなく、きわめて正当な理由があるからだ。やがてあきらかになるように、時計による表現はきわめて柔軟性に富んでいるので、粒子の説明には絶対に欠くことができない。

この点を念頭に置いて、しばらく時間をさき、時計を加算するための正確な規則を導入しよう。図3・3の場合には、時計がつねに相殺される。一二時は六時と、三時は九時と、などのように打ち消され、何も残ってはならない。このような完全な相殺は、もちろん、二つの波の位相がもっともずれている特別な場合だ。では、一般的に、さまざまにずれた二つの波を重ねると、時計はどうなるのか？

図3・4の上段と中段に、針の向きが同じでも正反対でもない二つの波を示す。山や谷、そのあいだの位置を時刻であらわすと、上段が一二時のときには中段は三時になっている。この二つの時計を加算するためには、まず、一方の針の先端に他方の針の根元を重ねる。つぎに、重

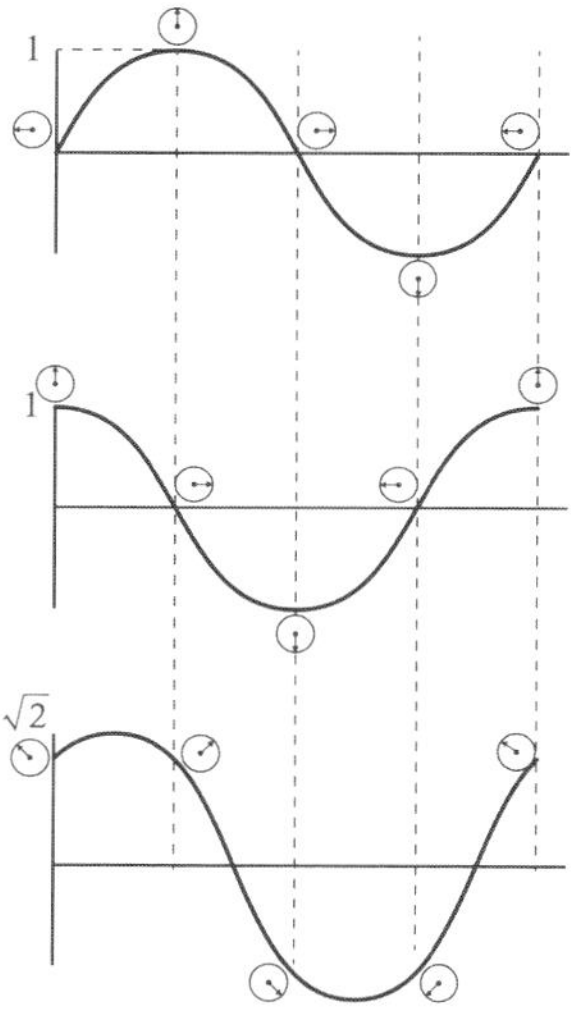

図 3.4　位相がずれた２つの波。上段と中段の波が重なると下段の波になる。

ねなかったほうの根元から先端へと、三角形を完成させるように新しい針を描く。その手順を図3・5に示す。新しい針は、はじめの二つとは長さも向きも違う。この針こそが、時計の加算の結果をあらわしている。

どんな二つの時計であっても、加算して結果を正確に得るためには、簡単な三角関数を使えばいい。図3・5において、一二時と三時を示す針の長さをどちらも一センチメートルとしよう。これが水の波なら、山の高さが一センチメートルということになる。一方の先端に他方の根元を重ね、三角形を描くと、直角二等辺三角形になって、等

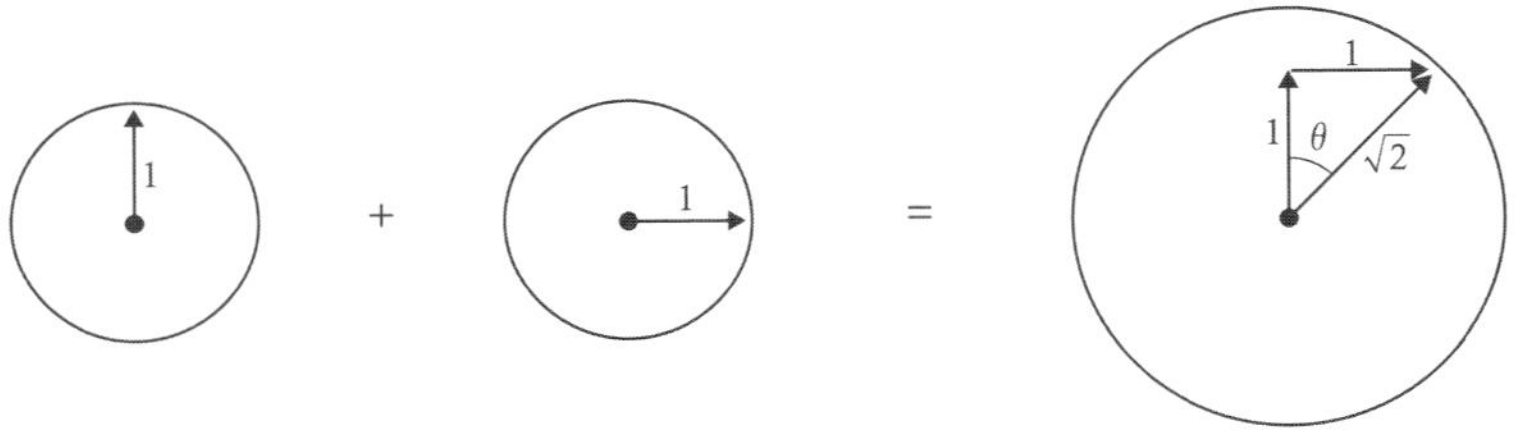

図 3.5　時計を加算するための規則。

しい辺の長さは一センチメートルだ。

残る辺、すなわち、直角三角形の斜辺が、加算の結果の針になる。ピタゴラスの定理によれば、斜辺の長さの二乗は、ほかの二辺の長さをそれぞれ二乗し、くわえたものに等しい。つまり、斜辺の長さをh、ほかの二辺の長さをxとyとすると、$h^2 = x^2+y^2$の関係にある。そこで、$h^2 = 1^2+1^2 = 2$と計算され、新しい針の長さは二の平方根、すなわち、約一・四一四センチメートルになる。

新しい針の向きはどうなるのか？　それを知るためには、図3・5に記号θ（θはギリシア文字で、「シータ」と読む）で示されている角度がわかればいい。いまの特別な例では、はじめの二つの針は長さが等しく、一二時と三時を指しているので、三角関数をまったく知らなくても計算できる。θはあきらかに四五度で、その「時刻」は一二時と三時のちょうど中間、すなわち、一時三〇分になる。もちろん、この例は特別な場合だ。はじめの針の長さが等しいのも、向きの違いが九〇度なのも、計算を簡単にする目的で選んだものにすぎない。だが、いかなる時計の組み合わせであっても、まったく同じ方法で新しい針の長さと向きを決めることが可能だ。

ふたたび図3・4を見てみよう。どの位置においても、導入したばかりの方法で上段と中段の二つの時計を加算し、新しい針の長さと一二時の方向からの角度を求めることで、重なった波を下段のように描くことができる。

時刻が一二時のときは、波の高さが針の長さに等しい。同様に、六時のときは針の長さに等しい深さの谷になる。三時と九時のときも単純で、波の高さはゼロだ。一般的な時刻における波の高さは、一二時の方向からの角度に三角関数の一種の「コサイン」を適用し、針の長さを掛けたものになる。

たとえば、三時は一二時からの角度が九〇度で、九〇度のコサインはゼロだから、波の高さもゼロだ。同じように、一時三〇分は一二時からの角度が四五度で、四五度のコサインは約〇・七〇七だから、波の高さは針の長さの〇・七〇七倍になる。

この〇・七〇七という値は、じつは $1/\sqrt{2} = \sqrt{2}/2 \fallingdotseq 1.414/2$ と同じだ。だが、三角関数の知識がなければ、細かい計算は無視してかまわない。重要なのは、針の長さと角度から波の高さ

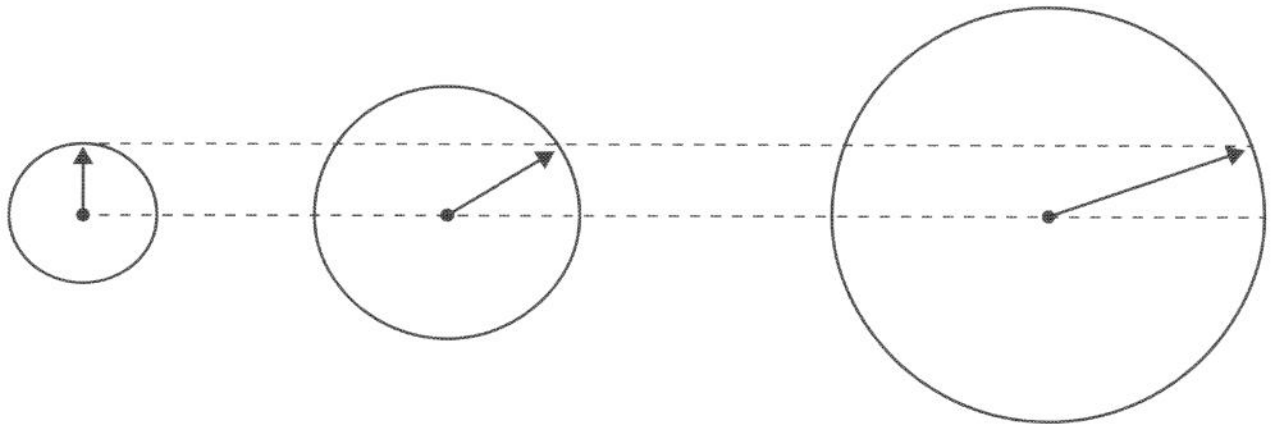

図 3.6　3つの時計において、針を12時の方向に投影した長さはすべて等しい。

が計算できることだ。実際のところ、三角関数を使わなくても、定規と分度器で慎重に針を描き、一二時の方向の長さを計測すれば、波の高さはかなり正確にわかる。もっとも、この方法を学生に勧めているのではない点は強調しておきたい。三角関数を理解することはとても役に立つからだ。いずれにせよ、時計を加算する規則はきわめて使い勝手がいい。

水の波においては、波の高さ、すなわち、針を一二時の方向に投影した長さという一つの数値だけでじゅうぶんだ。そのため、わざわざ時計を使う必要はない。だが、図3・6の三つの時計は、波の高さとしては同じでも、あきらかに違う波をあらわしている。そして、すぐにわかるように、この違いが粒子の状態を表現する場合には無視できない。なぜなら、針の長さがきわめて重要な意味を持つからだ。

この本のいくつかの説明、とくにいまの説明では、話がかなり抽象的になっている。めまいを起こして倒れないように、議論の大きな流れを振り返っておこう。

クリントン・デーヴィソン、レスター・ガーマー、ジョージ・パジェット・トムソンによる実験の結果と、それが水の波のふるまいに似ている点から、粒子を波動で表現するべきだと考え、多数の時計であらわす方法を提案した。もっとも、電子が「水の波と同様の原理」で伝わるとは仮定したものの、具体的にどう伝わるかは説明していない。だが、水の波のほうも、具体的な説明はしていないのだ。さしあたり重要なのは、干渉する点で水の波と類似性があることと、電子は波動として表現できるという考えだ。

つぎの章では、電子が時間とともにどう動きまわるのかについて、さらに深く、より正確に説明する。その過程において、ハイゼンベルクの有名な「不確定性原理」をはじめ、数々の重要な概念を紹介する。

時計の正体

だが、その前に、電子の波動を表現するために提案した時計について、少し説明を補足したい。まず、この時計が現実に存在するものではなく、針が一日の時刻とはなんの関係もないことを強調しておこう。多数の小さな時計で物理的な現象をあらわすことは、それほど奇抜な着想ではない。水の波を表現したときのように使うのは、むしろありきたりの手法となっている。

よく似た抽象化の例として、室温の分布を多数の数値で表現する手法がある。空間の各点に、そこでの温度のような物理的な性質を対応づけると、何かと便利なことが多い。物理学では、このような表現を「場」と呼ぶ。温度の場では、物理的な性質は一つの数値であらわされる。粒子の場では、表現がもっと複雑になり、各点の物理的な性質は時計であらわさなければならない。この場には、粒子の「波動関数」という名前がついている。

波動関数には時計が必要で、室温の分布や水の波には単なる数値でじゅうぶんというのは、きわめて重要な違いだ。物理学の用語で説明するなら、波動関数は「複素数」の場で、温度や水位の場は「実数」の場ということになる。

もちろん、これからの説明には時計を使うので、専門的な言葉を覚える必要はない。ただ、数学になじみがあれば、専門用語のほうが理解しやすいこともある。そのような読者は、「時計」を「複素数」に、「針の長さ」を「複素数の絶対値」に、「針の向き」を「位相」に置き換えてほしい。時計を加算する規則も、複素数のただの足し算をあらわしている。

温度の場と違って、人間は波動関数をじかに感じられないが、心配は無用だ。見たり聞いたり触れたりできることには、なんの意味もない。実際のところ、五感が働く範囲でしか考えないなら、物理学はもうあまり進歩しないだろう。

二重スリットの実験の結果を説明するとき、電子の波のうねりが激しい場所ほど、電子の見つかる可能性が高いと解釈した。電子が一個ずつ蛍光板に当たり、小さな点の集まりとして干渉縞が浮かびあがる理由は、そう考えることで説明できる。だが、ある場所で電子が見つかる確率を具体的な数値として知るためには、もっと正確な解釈が必要になる。時計という柔軟性に富んだ表現を導入した理由は、まさにそこにある。なぜなら、その確率が針の長さの二乗で与えられるからだ。もっとも、それが正しい確率になる理由については、満足な説明ができていない。それでも、実験の結果と正確に一致することは、揺るぎない証拠になっている。

波動関数の大胆な解釈

この本において時計の集まりとして表現されている波動関数は、その解釈について、量子力学の先駆者をおおいに悩ませた。波動関数が量子力学に導入されたのは、オーストリアの物理学者エルヴィーン・シュレーディンガーが一九二六年に発表した一連の論文のなかにおいてである。六月二一日の論文には、物理学を専攻する学生のだれもが知っておくべき式が含まれている。もちろん、「シュレーディンガー方程式」のことだ。

$$i\hbar\frac{\partial}{\partial t}\Psi = \hat{H}\Psi$$

この式では、波動関数が記号Ψ（Ψはギリシア文字で、「プサイ」と読む）であらわされ、時間とともに変化する関係として示されている。

この本ではシュレーディンガーの手法を紹介しないので、方程式の詳細は説明しない。だが、面白い点を指摘しておけば、この式そのものは正しかったものの、提示されたときの解釈が間違っていた。それを正したのはマックス・ボルンで、シュレーディンガーの論文が発表された四日後に論文を投稿して指摘した。

当時、ボルンは量子力学の研究者としては年配で、四三歳にして重鎮だった。なぜ年齢を話題にするかというと、一九二〇年代のなかごろには、量子力学は「少年の物理学」と呼ばれていたからだ。主役の多くは青年で、一九二六年六月の時点では、ハイゼンベルクが二四歳、あとで紹介する有名な「排他律」を提唱したヴォルフガング・パウリが二六歳、電子の正しい方程式をはじめて記述したイギリスの物理学者ポール・ディラックが二三歳だった。

よく主張されるように、若かったからこそ古い考えに束縛されず、量子力学によって示唆される過激な世界像を受け入れられたのだろう。シュレーディンガーも三八歳という年配の部類に属していたので、自分が大きく発展させた理論にも完全には満足できなかった。

ボルンが一九五四年にノーベル物理学賞を受賞することになる大胆な解釈は、粒子の見つかる確率が針の長さの二乗によって示されるというものだ。たとえば、ある場所での針の長さが〇・一なら、二乗すると〇・〇一になる。すると、その場所で粒子が見つかる確率は〇・〇一、すなわち、一〇〇分の一だ。では、なぜ最初から針の長さを二乗しておかないのか？

いまの例で針の長さが〇・〇一なら、そのままで確率に等しくなる。だが、そうすると、干渉における時計の加算がうまくいかなくなる。針の向きが同じで、長さがともに〇・〇一なら、加算されたときの長さは〇・〇二だ。だが、実際の正しい確率は、〇・一と〇・一が加算された〇・二をさらに二乗した〇・〇四で、〇・〇二ではない。

べつの例によって、粒子が見つかる確率という重要な概念を説明しよう。いま、一個の粒子が時計の集まりとして表現されている状況を考える。そして、特定の場所で粒子を見つける装置があるものとする。考えるのは簡単だが実際につくるのは容易でない装置として、素早く組み立てられる小さな箱を想像してみよう。

ある場所での針の長さが〇・一で、粒子の見つかる確率が〇・〇一なら、その場所で箱を組み立てたときに内部で粒子が見つかるのは、一〇〇回に一回の割合だ。それでも、実験によって同じ時計の集まりが再現できるとして、何度も繰り返そう。すると、平均して一〇〇回に一回は箱のなかで粒子が見つかり、残りの約九九回では見つからないはずだ。

針の長さの二乗が粒子の見つかる確率になるという解釈は、理解するのはさほど難しくない。だが、粒子が見つかるかどうかを確率でしか決められないという主張には、かなり驚いたことだろう。

実際、歴史を振り返ってみても、アインシュタインやシュレーディンガーのような偉大な科学者にさえ、受け入れるのはかなり難しかったようだ。一九二六年の夏の体験を、五〇年後にディラックが書いている。「方程式を解くことよりも、この解釈を認めるほうが難しかった」

心情的な反発はあったものの、一九二六年の終わりまでに、この解釈によって水素から発生する光の波長が計算され、一九世紀の物理学における最大の謎の一つが解決した。その計算にあたってハイゼンベルクの公式とシュレーディンガーの公式がそれぞれ使われたが、二人の手法があらゆる意味でまったく同じであることが、のちにディラックによって証明されている。

量子力学の現象が本質的に確率で決まるという主張に、アインシュタインがボルンへの一九二六年一二月の手紙で異論をとなえたことは有名だ。「いろいろと喧伝されている理論だが、創造主の神秘に近づこうとしない。いずれにしても、神はサイコロを振らないと信じる」

その当時まで、物理学は完全に決定論的だと考えられていた。もちろん、確率が使われたのは量子力学だけではない。競馬での賭けから熱力学までのさまざまな状況で、一九世紀の科学では当たり前の手法だった。だが、確率が必要とされたのは、現象が本質的に確率で決まるからではなく、知識が不足していたからだった。

たとえば、コインを投げるという典型的な運まかせの賭けがある。この勝負に勝つ確率は、だれもが知っているとおりだ。コインを一〇〇回にわたって投げれば、平均して五〇回は表、五〇回は裏が出ると予測していい。量子力学が登場するまでは、すべての知識が得られれば、原理的には、表と裏のどちらが出るかは計算できると主張された。コインの投げかた、重力の作用、室内の空気の微妙な流れ、温度の分布などが正確にわからないから確率を使うのであって、現象そのものの本質的な特性ではなかった。

量子力学にあらわれる確率は、これとはまったく違う。粒子が存在する場所を確率でしか予測できないのは、知識が不足しているからではなく原理的に不可能なのだ。だが、ある場所で粒子を探したときに見つかる確率は、まったく正確に予測できる。

さらに、この確率が時間とともにどのように変化していくかも完全に予測が可能だ。そのことを、ボルンは一九二六年に見事な言葉で表現している。「粒子の動きは確率の法則にしたがうが、確率そのものの変化には因果関係がある」

この因果関係こそ、シュレーディンガー方程式によって示されるものだ。過去の波動関数がわかれば、未来の波動関数は正確に計算できる。その意味では、ニュートンの法則に似ている。ただし、未来のどの時点においても、ニュートンの法則では物体の位置と速度が計算できるが、量子力学では特定の場所で粒子が見つかる確率しか計算できない。

確率でしか予測できないことに、アインシュタインをはじめとする数多くの物理学者が反発した。だが、八〇年以上にわたる研究の結果、いまや議論の余地はないだろう。ボルン、ハイゼンベルク、パウリ、ディラックなどの革新派が正しく、アインシュタイン、シュレーディンガーなどの保守派が間違っていた。

もっとも、当時を振り返ってみると、たしかに量子力学からは不完全な学問という印象を受ける。確率があらわれる原因を、熱力学とかコインを投げた結果とかと同じように、粒子についての情報の不足に求めたのも無理はない。

現在では、量子力学を不完全とする主張はまれだ。最新の理論や実験も、自然が実際にサイコロを振ることや、粒子の将来の位置は断定できないことを示している。いくら努力しても、最良の予測は確率でしか得られない。

起こる可能性があれば実際に起こる

4

量子力学の探求をつづけるために、これまでの考えを整理しておこう。その概念は、理屈としてはかなり単純だが、日常の経験からすると奇妙な印象を受ける。

まず、粒子は多数の小さな時計の集まりとして表現され、針の長さの二乗によって、その場所で粒子の見つかる確率が示される。ただし、この時計は時刻とはまったく関係がなく、確率を計算するための数学的な道具にすぎない。

また、時計は規則にしたがって加算され、それによって干渉という現象が説明できる。

時計にかかわる規則の提案をつづけるために、粒子が時間とともにどう変化していくかを考えよう。物体がなんの作用も受けないときのふるまいは、アイザック・ニュートンによって運動の三法則の第一法則として示されている。では、粒子も同じようにふるまうのだろうか？

もっとも単純な状況は、ある位置で一個の粒子が止まっている場合だ。

この状況を図4・1に示す。位置Xには一つの時計がある。針の長さが一なのは、その場所で粒子がかならず見つかるからだ。一の二乗は一で、それによって確率が一、すなわち、一〇〇パーセントになる。針が一二時を指しているのは、適当に選んだだけだ。確率を計算するかぎりでは、針はどこを向いていてもかまわない。さて、このつぎの瞬間、粒子はどこにおいて、どんな確率で見つかるのだろうか？　つまり、時計はいくつあり、どこに置かれるのか？

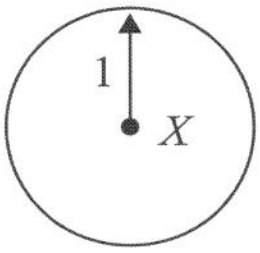

図 4.1　特定の位置で確実に止まっている粒子は、1つの時計として表現できる。

一瞬であらゆる場所に

ニュートンにとっては、きわめてくだらない質問だろう。物体がどこかに止まっていて何の力も受けないなら、ほかの場所に移動するはずがない。だが、粒子はニュートンの答えをきっぱりと否定する。それどころか、似ても似つかない答えを出す。

では、正解を教えよう。つぎの瞬間、その粒子は「宇宙のあらゆる場所」に存在する。つまり、時計の数は無限で、ありとあらゆる場所に一個ずつ配置される。この答えは、何回でも読み返してほしい。それくらいに重要な規則だからだ。

さらに追加しておくと、粒子がいかなる場所にも存在することは主張していても、そこまでどう動いていくのかについてはなんの主張もしていない。

そんないいかげんな規則を受け入れることは、読者によっては苦行だろう。あきらかに常識に反しているし、物理学の法則に反すると考える人もいるかもしれない。

時計は粒子が見つかる確率を示している。ある瞬間、粒子が確実にどこかで止まっていれば、その粒子は一つの時計で表現される。ここで提案している規則では、つぎの瞬間、宇宙全体が無数の時計で埋めつくされる。すなわち、その粒子は「いかなる場所」にも一瞬で移動する。そして、わずか一ナノメートルの隣にも、一〇億光年のかなたにも、同時に存在する。

とてもではないが、まともな主張とは思えない。だが、はっきりしているのは、二重スリットの実験の結果を説明できる理論が必要なことだ。そのためには、はじめにどこかに存在していた電子は、静かな水面につま先を入れたときの波のように、時間とともに広がらなければならない。問題は、どう広がるかを正確に決めることにある。

ここで提案している電子の波動は、水の波と違って、一瞬で宇宙全体に伝わる。粒子が広がる規則は、水の波が広がる規則とは異なる。専門用語を使えば、水の波も粒子も「波動方程式」にしたがって伝播するが、それぞれは異なる種類の式になる。

波動方程式の種類違いは、場所から場所への伝わりかたに影響する。ちなみに、粒子の波動方程式こそが、前章で紹介したシュレーディンガー方程式だ。

アルベルト・アインシュタインの相対性理論を知っている読者は、粒子が一瞬で宇宙の果てまで移動すると聞いて疑問を感じるかもしれない。それは光速を超えたことにならないのか？　だが、粒子がつぎの瞬間にはるか遠方で見つかっても、相対性理論には反しない。光速を超えられないのは正確には「情報」であって、量子力学もその制約に支配されてる。粒子は宇宙のかなたまで飛ぶことが可能でも、どこに飛ぶかが前もってわからないので、情報の伝達には使えない。

ここまでの説明で、めちゃくちゃな理論という印象を与えたことは、容易に想像がつく。当然ながら、自然のふるまいと違うという反論もあるだろう。だが、この本での説明が進むにつれて、日常の世界に見られる秩序は、この奇妙で不合理なふるまいの結果だとわかってくる。

ただ規則にしたがう

原子よりも小さな粒子の一瞬のふるまいを表現するためには、宇宙全体を小さな時計で埋めつくさなければならない。こんなめちゃくちゃな提案をうのみにできないのは、立派な科学者でも同じだ。

ニールス・ボーアの有名な言葉に、「量子力学とはじめて出合ったとき、もしも驚かなかったら、とうてい理解したとは言えない」がある。また、『物理法則はいかにして発見されたか』に収録されているリチャード・ファインマンの見解によれば、「量子力学はだれも理解していないと言っても、差し支えないと思う」という。

ありがたいことに、この規則にしたがうことは、意味を考えるよりもはるかに簡単だ。物理学者に求められる才能の一つとして、個別の仮定の解釈にとらわれすぎることなく、そこから導かれる結論を慎重に追求する技量がある。最初に仮説を立て、その結果を予測することは、ヴェルナー・ハイゼンベルクの哲学にも通じる。予測される結果が観測される事実と一致したら、その理論は正しいものとして受け入れるしかない。

多くの問題は思考のたった一つの転換で解けるほど簡単ではないし、深い洞察がひらめきで生じることもまれだ。一歩ずつ着実に理解を積み重ねていけば、何歩か進んだときに、より大きな法則が浮かびあがってくる。あるいは、努力が無駄であったことに気づき、最初からやり直すしかなくなる。

これまでに導入した規則は難しくはないが、一つの時計が無限に多くの時計に変化するという概念は、とくに具体的に想像しようとすると、たしかに奇抜に思える。ウッディー・アレンの言葉を借りれば、永遠につづく時間は終わりに近づいてからが長い。いずれにせよ、無限にどうこうという部分はささいな問題だ。大事なことは、ある時間が経過したときに、あらゆる時計がどんな姿をしているかにある。

いま考えている規則は、量子力学の本質にかかわるものの、宇宙に二個以上の粒子がある状況には適用できない。だが、問題は簡単な順に解いていこう。当面は粒子が宇宙に一つしか存在しないと仮定しても、まったく不都合はない。

いま、一個の粒子があり、ある瞬間での場所が確実にわかっているので、唯一の時計で表現されるものとする。このとき、未来のすべての時点で、宇宙に散らばった時計の一つ一つは、どんな姿をしているのだろうか？

まず、まったく理由を与えないで、結論だけを示そう。なぜそうなるのかは後述するが、ここではゲームの規則と思って受け入れてほしい。その規則によれば、未来に存在する時計の針は、はじめの時計の針を反時計まわりに巻き戻したものになる。

巻き戻す角度は、二つの時計の距離を二乗したものに比例し、粒子の質量に比例するとともに、経過した時間に反比例する。記号で表現するなら、距離をx、質量をm、時間をtとすると、巻き戻す角度はmx^2/tに比例する。

つまり、巻き戻す角度は、粒子が重かったり、距離が離れたりするほど大きく、時間が進む

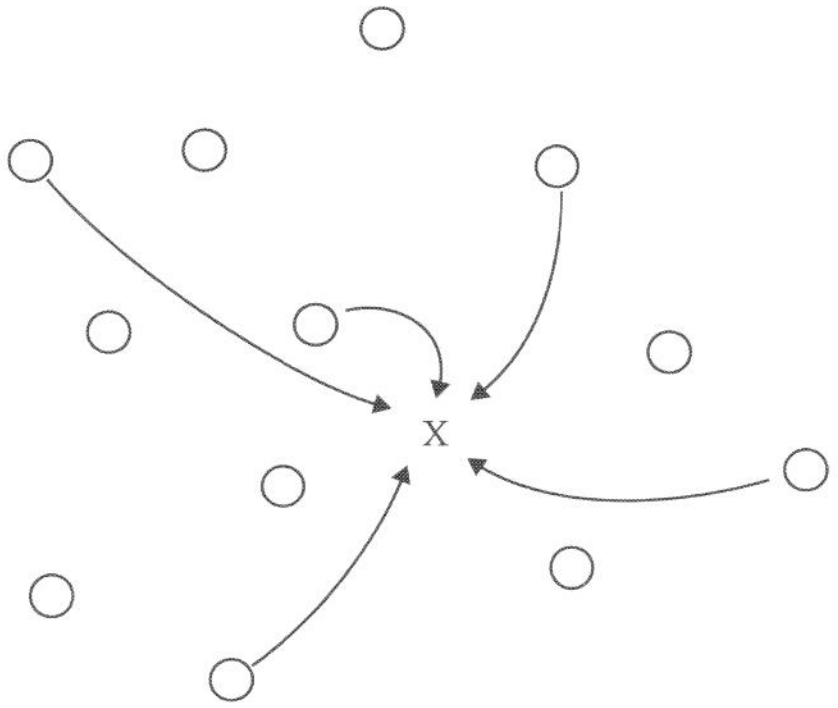

図 4.2　時計のダンス。ある時点での粒子の場所が小さな円であらわされていて、それぞれに時計が対応している。この粒子がのちに位置Xで見つかる確率を計算するためには、はじめの場所のすべてから位置Xに移動すると考えればいい。その移動のいくつかは、矢印で示されている。矢印の形状にまったく意味はなく、粒子が移動する経路を表現しているわけでもない。

ほど小さい。この規則にしたがって、未来のある時点に散らばっている時計の姿を計算できる。宇宙のあらゆる場所に、針が巻き戻された新しい時計を描く。粒子が宇宙のいかなる場所にも瞬時に移動でき、実際にも移動することで、おびただしい数の時計が生み出されていく。

問題を簡単にするために、はじめの時計が一個しかない場合を考えた。だが、一瞬ののちには、粒子の場所が特定できなくなり、もはや多数の時計が存在する。そんな状況では、未来の時計の姿をどう計算するのか？

その場合には、まず、すべての時計について、時計が一個のときの計算を繰り返す。この概念を図4・2に示す。すでに存在する時計の場所は、小さな円であらわされている。その場所から、矢印のように、位置Xへと粒子が移動すると、新しい時計が生み出される。もちろん、すでに時計が存在するどの場所からも、粒子は位置Xへと移動できる。つぎに、位置Xの最終的な時計を得るために、その位置に生み出される時計をすべて加算する。その針の長さから、位置Xで粒子が見つかる確率が決まる。

いくつかの時計が同じ場所に生み出されるとき、それを加算しなければならないのは、べつに奇妙なことではない。それぞれの時計は、粒子が位置Xに到達するまでの異なる経路に対応している。時計を加算する理由は、二重スリットの実験を思い出すと理解しやすい。

波動を時計の表現に置き換えてみよう。はじめの時計は、二つの隙間の両方にある。その後ある時点で、蛍光板の特定の場所には、隙間のそれぞれから時計が一つずつ生み出される。この二つの時計を加算すれば、干渉縞が得られる。はじめに二つの隙間の両方に波があり、それぞれから広がる波を重ねれば干渉縞が得られるという説明と、表現が異なるだけでまったく同じだ。

要するに、ある場所での時計の姿を決めるためには、はじめの時計のすべてから、一つ一つ、その場所に生み出される新しい時計を計算し、前章で導入した規則にしたがって加算すればいい。

同じ場所の時計を加算するという考えは、波動そのものの性質にもとづいているので、もっと一般的な波にも適用できる。じつのところ、この概念には長い歴史がある。いまをさかのぼること一六九〇年、オランダの物理学者クリスティアン・ホイヘンスは、光が進む様子を見事な原理によって説明した。仮想的な時計こそ使わなかったものの、波面の各点から新しい波が発生するという主張は、時計のそれぞれから新しい時計が生み出されることと変わらない。新しい波をすべて重ねると、つぎの時点での波になる。その波面の各点からふたたび新しい波が発生し、重なって、新しい波面をつくる。この過程を繰り返しながら、光は実際に進んでいく。

では、読者も気にかかっているはずの話題に戻ろう。時計の針を巻き戻す角度が mx^2/t という量に比例するのは、一体全体なぜなのか？　この量は「作用」と呼ばれていて、物理学では長い歴史を誇っている。だが、じつのところ、これほど基本的な量として自然界に存在する理由がわかっていないものもない。つまり、なぜ針をそれだけ巻き戻すのかは、だれにも説明できないということだ。

では、そもそも作用がそんなに重要だとわかったのは、なぜなのか？　作用を発見したのは、ドイツの哲学者で数学者のゴットフリート・ライプニッツで、一六六九年に書かれた未発表の原稿に記されていたものの、何かの計算に使われることはなかった。再発見したのはフランスの数学者ピエール・ルイ・モロー・ド・モーペルチュイで、一七四四年のことだ。つづいて、その友人の数学者レオンハルト・オイラーによって、新しい強力な原理へと発展した。

空中を飛んでいるボールがあるものとしよう。オイラーが発見した原理は、ボールがたどる経路のどの二点のあいだでも、作用がつねに可能なかぎり小さくなることだ。これは「最小作用の原理」と呼ばれていて、アイザック・ニュートンの運動の三法則を置き換えることができる。

ボールが飛ぶときの作用は、運動エネルギーと位置エネルギーから計算できる。ボールの質量をm、速度をvとすると、運動エネルギーは$mv^2/2$に等しい。ボールの地面からの高さをh、地表あたりでの重力加速度をgとすると、位置エネルギーはmghだ。経路における二点のあいだの作用は、それぞれの位置で二つのエネルギーをくわえたものの差になる。

最小作用の原理は、いくぶん奇妙な印象を与える。ボールは作用が最小になる経路を飛ぶために、どこに落ちるかを事前に知っているのではないか？　そうでなければ、飛び終わったときに、なぜ作用と呼ばれる量が最小になるのか？　この意味で、最小作用の原理は「目的論」、すなわち、自然現象には目的があるという思想に近い。だが、現代の科学では、目的論はたいてい評判が悪いし、その理由もはっきりしている。

たとえば、生物学において進化を目的論によって説明することは、創造主の存在を肯定することに等しい。一方、チャールズ・ダーウィンの進化論では、もっと単純な「自然選択説」によって見事に説明される。そこには目的論の出る幕はない。ランダムな突然変異によって生物の形質にばらつきが生じ、どの形質がつぎの世代に伝わるかは、環境やほかの生物とのかかわりで決まる。この過程だけで、現在の地球における生物の多様性の説明がつく。

べつの表現をすれば、ある種の完全な生物に進化するためには、遠大な計画を立てる必要はない。むしろ、生物の進化は、絶えず変化する外部環境のなかで、遺伝子の不完全な転写によって千鳥足のように進む。ノーベル賞を受賞したフランスの生物学者ジャック・モノーによれば、現代の生物学では、「明示的であろうとなかろうと、理論が目的論を含むときには、そこから科学的な知識が導かれるという主張は、系統的に否定されなければならない」とされる。

物理学では、最小作用の原理が成り立つというのが定説だ。自然現象を正確に予測できるのだから、それ以上にたしかな証拠はない。最小作用の原理が目的論ではないと完全に否定できるか否かには、議論の余地がある。

これから紹介するファインマンの手法を理解すると、疑問が生じるかもしれない。空中を飛ぶボールには、どの経路を選ぶべきかがわかっているのではないか？　なぜなら、こっそりと、可能な経路をすべて実際に試しているのだから。

時計を巻き戻す角度が作用に比例することは、どうやって発見されたのか？　歴史的には、はじめて量子力学で作用を研究したのはポール・ディラックで、風変わりにも、ソビエトの科学への支持を表明するために、発表の場としてソビエトの雑誌を選んだ。その論文「量子力学におけるラグランジュ関数」は、一九三三年に発表されたあと、何年もかえりみられなかった。

一九四一年の春、若きファインマンは、量子力学を新しい方向に発展させるために、古典力学において最小作用の原理から得られたラグランジュ関数を使えないかと考えていた。ある夕方、プリンストン大学でパーティが開かれたとき、ヨーロッパから訪れていた物理学者ハーバート・イェーレと出会い、ビールを何杯か飲んだあとの物理学者の慣習として、研究での着想について議論しはじめた。イェーレがディラックの忘れられた論文を覚えていて、二人は翌日に大学の図書館で見つけた。

ファインマンはさっそくディラックの研究にもとづく計算を実行し、その日の午後にはイェーレの面前で、シュレーディンガー方程式が最小作用の原理から導かれることを示した。これは大きな進歩だったが、あまりにも簡単に見つかったので、当初、ファインマンはディラックも発見したはずだと思い込んでいた（簡単というのは、もちろん、ファインマンにとっての話だ）。

ようやくファインマンがディラックと会い、一九三三年の論文の結果について、同じように発展させたかどうかを尋ねた。どちらかと言えばつまらない講演を終えたばかりのディラックは、プリンストン大学の芝生で横になったまま、「いや、気づかなかった。面白い応用だな」と、ぽつりと答えたという。口数の少ないディラックは、偉大な物理学者の一人だが、やはり偉大な物理学者ユージーン・ウィグナーの言葉によれば、「つねに全能とはかぎらない」。

これまでの説明をいったん要約しよう。ある時点での一個の粒子の状態は、宇宙に満ちた無限に多くの時計の集まりとして表現される。それぞれの時計における針の向きは、作用と呼ばれる重要な量によって決まる。同じ場所に二つ以上の時計が生み出される場合には、加算して一つの時計をつくる。規則の前提として、粒子は宇宙のいかなる場所にも瞬時に移動しなければならない。

時計による表現は風変わりだが、きわめて実用性が高い。そのことを具体的に示すために、量子力学において重要なハイゼンベルクの「不確定性原理」を導いてみよう。

ハイゼンベルクの不確定性原理

「ハイゼンベルクの不確定性原理」は、量子力学でもっとも誤解されている理論の一つで、あらゆる種類の嘘やでたらめが横行する原因ともなっている。この原理は、一九二七年の論文「量子力学的な運動学および力学の直観的内容について」で提唱された。

論文を発表した動機には、強い不満があったものと思われる。なぜなら、ハイゼンベルクの量子力学はエルヴィーン・シュレーディンガーの直観的な量子力学と比べ、同じ結果を導くにもかかわらず、あまり受け入れられていなかったからだ。

一九二六年の春、シュレーディンガーは自分の方程式によって原子の内部状態が記述できると確信した。その波動関数が原子の電荷の分布をあらわしていると考えたのだ。それはのちに間違いだとわかったが、マックス・ボルンが確率的な解釈を発表するまで、少なくとも一九二六年の六か月のあいだは、物理学者を満足させた。

一方のハイゼンベルクは、量子力学を抽象的な数学によって構築し、実験の結果をきわめて正確に予測したものの、物理学として理解しやすい解釈に欠けていた。ボルンがシュレーディンガーの直観的な解釈を台なしにする何週間か前、一九二六年六月八日づけのヴォルフガング・パウリへの手紙のなかで、ハイゼンベルクはいらだちをあらわにしている。「シュレーディンガーの理論は、物理学と考えれば考えるほど、不愉快に感じる。そこで理論の具体性と呼ばれているものは、わたしにはたわごとに聞こえる」

ハイゼンベルクが決意したのは、物理学の理論の「直観的なイメージ」がどうあるべきかをさぐることだ。そして自問した。粒子の位置のような単純な特徴は、量子力学でどう表現されるのか？

その答えの骨子は、「粒子の位置に意味があるのは、同時に測定の方法を提示した場合にかぎられる」というものだ。だから、水素原子における電子の場所を問題にするためには、その場所を探す方法が明確でなければならない。理屈をこねているだけに聞こえるかもしれないが、まったく違う。測定という行為によって対象の状態が乱れるので、電子についてわかることには限界があると気づいたのだ。

論文のなかでは、とくに、粒子の位置と運動量を同時に測定する場合において、両者の精度の関係が見積もられている。それが有名な不確定性原理で、位置の不確実さをΔx（Δはギリシア文字で、「デルタ」と読む）、運動量の不確実さをΔpとすると、つぎの式であらわされる。

$$\Delta x\Delta p \sim h$$

ここで、hはプランク定数で、記号「～」は「だいたい等しい」を意味する。言葉で表現するなら、粒子の位置のあいまいさと運動量のあいまいさの積は、およそプランク定数に等しい。つまり、位置か運動量のどちらか一方を正確に調べるほど、もう一方が不正確になる。

この結論にハイゼンベルクがたどり着いたのは、電子から散乱される光子のことを考えたからだ。光子は電子を見るための手段で、ふだんわれわれの目も、物体から散乱される光子を集めている。日常の世界では、光の反射によって物体の状態が目に見えるほど乱れることはない。だが、測定という行為を測定される対象から完全に切り離すことは、根本的に不可能なのだ。いくら巧妙な実験を考案しても、不確定性原理を打ち負かすことはできない。そのことを、時計による表現だけで示そう。

時計から不確定性原理を導く

ここでは粒子が単一の場所にあるのではなく、だいたいの範囲はわかっているものの、正確な位置が決められない状況を考える。空間の狭い領域のどこかに存在する粒子は、その領域を占める時計の集まりによって表現される。

領域の各点に時計があり、その場所で粒子が見つかる確率を示している。すべての針の長さを二乗して合算すると、一という値になる。つまり、その領域のどこかで粒子が見つかる確率は、つねに一〇〇パーセントということだ。

時計を巻き戻す規則にもとづいて本格的な計算をはじめる前に、一つだけ重要な操作を補足しておこう。この操作をこれまで無視してきたのは、専門的で細かな問題だからだが、実際の確率を正確に求めるためには避けてとおることができない。それは針の長さにかかわることだ。

粒子のはじめの位置がわかっているとき、時計は一個しかなく、針の長さはかならず一になる。粒子は時計の場所で一〇〇パーセントの確率で見つからなければならない。つぎの瞬間には、粒子は宇宙全体に分散して存在するので、時計もあらゆる場所に置かれる。この時計の針がすべて一なら、あきらかに、確率の概念と矛盾する。

たとえば、粒子が四つの異なる場所に同時に存在し、四つの時計で表現されるものとしよう。針の長さがすべて一なら、粒子が四つの場所のいずれかに存在する確率は四〇〇パーセントになり、まったく意味をなさない。この問題を避けるためには、針を巻き戻すだけではなく、縮小する必要がある。

具体的には、新しい時計をすべて生成したあと、それぞれの針を時計の総数の平方根だけ縮小する。もっと厳密に言えば、縮小する割合がすべて同じになるのは、特殊相対性理論の影響が無視できるときだ。一般的には針ごとに異なった割合で縮小するが、ここでは気にしなくていい。

時計が四個の場合には、いずれの針も $\sqrt{4} = 2$ だけ縮小され、長さがすべて $1/2$ になる。つまり、四つのいずれの場所でも、$(1/2)^2 = 1/4$、すなわち、二五パーセントの確率で粒子が見つかるわけだ。このような簡単な調整で、粒子がどこかに存在する確率はつねに一〇〇パーセントになる。もちろん、存在する可能性のある場所は、無限に多いかもしれない。その場合、針の長さがゼロになるが、心配しなくても、数学には解決の手段がある。いずれにせよ、これからの説明では時計の数は有限だし、じつのところ、針がどれだけ縮小されるかはたいした問題にはならない。

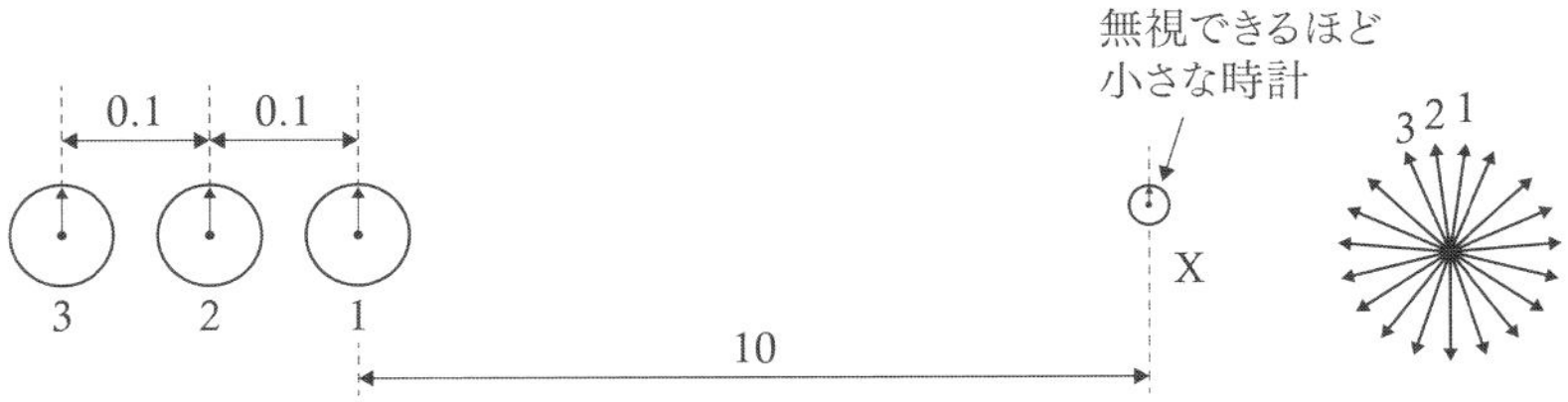

図 4.3　粒子がはじめに存在する範囲には、同じ時刻をあらわす三つの時計が描かれている。のちのある時点に位置Xで粒子が見つかる確率はどうなるだろうか？

では、粒子が一個だけ存在し、その正確な位置がわからない世界に戻ろう。これからの説明では、数学的な考えにやや困惑することがあるかもしれない。一回で歯が立たなくても、読み返すという方法がある。最後まで読みとおせば、不確定性原理が導かれる過程を理解できるだろう。

説明を簡単にするために、粒子が一次元でしか動かないものとする。つまり、粒子の場所は直線上のどこかにかぎられる。現実の三次元の場合でも、説明が面倒なだけで、本質的には変わらない。考察する状況を図4・3に示す。粒子がはじめに存在する範囲には、三つの時計が描かれている。実際には、時計は範囲内のすべての点に存在するが、描き切れないので省略した。時計3は範囲の左端に、時計1は右端にある。

この粒子が静止しているとき、ニュートンなら、ずっと静止したままだと主張するだろう。一方、量子力学ではどうか？　いよいよ楽しみがはじまる。時計の規則にしたがい、この問題を解いていこう。時間がいくらか経過したあと、時計の集まりはどうなるだろうか？　まず、はじめの時計の集まりから遠く離れた特定の位置として、図4・3でXと記した場所の時計を考えよう。「遠く離れた」の具体的な距離は後述するが、ここでは、針を何周も巻き戻す必要があるとだけ理解してほしい。

規則にもとづいて、はじめの範囲にある時計の一つ一つから、位置Xの時計を生成する。それぞれは、針を必要なだけ巻き戻し、縮小したものだ。物理学の現象としては、粒子がはじめの場所から位置Xに移動したことに相当する。位置Xの時計は、はじめの時計の数と同じだけ生成されるので、すべてを加算しなければならない。それが終わったら、最終的な時計の針の長さを二乗すると、位置Xで粒子が見つかる確率になる。

具体的な数値を入れてみよう。いま、はじめの時計が長さ「〇・二単位」の範囲にあり、位置Xが時計1から「一〇単位」だけ離れているものとする。当然ながら、「一単位とはどんな長さなのか？」という質問が生じるだろう。その答えには、本来はプランク定数がかかわってくる。だが、ここでは巧妙にべつの表現を使い、一単位を針が一周、時間にして一二時間だけ巻き戻される距離とだけ定義しておこう。
すると、一〇単位の場合には、針が $10^2 = 100$ 周にわたって巻き戻される。導入した規則では、巻き戻しの角度が距離の二乗に比例したことを思い出そう。さらに、はじめの時計の針はすべて同じ長さで、すべて一二時を指しているものとする。針の長さが同じとは、はじめの粒子が範囲のどこにも同じ確率で存在するということだ。針の向きがそろっていることの意味は、あとで詳しく説明する。

時計1によって位置Xに生成される時計は、針をちょうど一〇〇周にわたって巻き戻したものになる。範囲の反対側の時計3は、位置Xまでさらに〇・二単位だけ遠い。つまり、一〇・二単位の距離があるので、位置Xに生成される時計では、針が 10.2^2 周にわたって巻き戻される。10.2^2 の値は、一〇四にきわめて近い。

いまのところ、位置Xには二つの時計が生成されている。それぞれは、粒子がはじめに時計1の場所に存在した場合と、時計3の場所に存在した場合に対応する。位置Xでの最終的な時計をつくる過程で、二つの時計は加算されなければならない。

どちらの針も整数かほぼ整数だけ周回するので、ほとんど同じく一二時を指している。よって、加算すると、やはり一二時のほうを向いたやや長い針になる。加算においては、針の最後の向きだけがわかればいいことに注意しよう。何周したかについては、知る必要がない。いまのところは順調だが、規則の適用にはまだ着手したばかりだ。はじめの範囲の右端と左端のあいだには、数多くの小さな時計が残っている。

つぎに、はじめの範囲のちょうど中間、つまり、時計2に着目しよう。この時計によって位置Xに生成される時計は、距離が一〇・一単位なので、針を10.1^2周にわたって巻き戻したものになる。これはちょうど一〇二周にきわめて近く、ふたたびほぼ整数にわたる周回だ。

この時計を以前の二つに加算すると、針はさらに長くなる。つづいて、時計1と時計2の中間の場所では、巻き戻しはほとんど一〇一周になり、やはり針は伸びていく。だが、状況はここから急変する。さらに時計1との中間になると、位置Xに生成される時計では、針がほぼ一〇〇・五周にわたって巻き戻される。この場合は六時のほうを向くことになるので、加算すると針は短くなる。

もう少し分析してみよう。時計1、時計2、時計3によって位置Xに生成される時計では、針がすべて一二時の近くを向く。さらに、時計1と時計2の中間、時計2と時計3の中間の場所でも、針はほぼ一二時を指すことになる。だが、時計1から時計2へ、時計2から時計3へと、それぞれ四分の一および四分の三だけ進んだ場所では、針が六時を向く時計が生成される。全体では、五個が一二時で、四個が六時だ。よって、すべてを加算すると、たがいにほとんど相殺され、位置Xの時計の針はきわめて短くなる。

この「時計の相殺」は、はじめに粒子が存在する場所をすべて考慮する場合にも拡張できる。たとえば、時計1から時計2までのあいだなら、八分の一だけ進んだ場所からは九時の近くを、八分の三だけ進んだ場所からは三時の近くを向くことになり、ここでも両者が相殺される。

結局のところ、はじめのどの場所から位置Xに移動する粒子に対応する時計にも、針が反対を向いた時計が存在する。この相殺の様子を図4・3の右端に示す。はじめの範囲のさまざまな場所にある時計から生成される針の向きが、矢印によってあらわされている。すべての時計を加算すると、矢印は完全に相殺される。この結果はきわめて重要だ。

繰り返しておこう。はじめに粒子の存在する範囲がじゅうぶんに広く、そこから位置Xまでじゅうぶんに離れているなら、位置Xに生成される時計で針が一二時を指すものは、ほとんどすべて針が六時を指す時計で相殺される。生成される時計で針が三時を指すものは、ほとんどすべて針が九時を指す時計で相殺される。同じことが、あらゆる時刻について成り立つ。

このような大がかりな相殺によって、位置Xに粒子の存在する可能性が消える。つまり、粒子が遠くまでは動かないと主張しているのと同じで、きわめて喜ばしく、面白い結果だ。

空間の一点に存在する粒子は、瞬時に宇宙のどこにでも移動できる。この前提はむちゃに聞こえたかもしれない。だが、はじめの粒子がいくらかの範囲に広がっていると、離れた場所では生成される時計がすべて相殺され、粒子の見つかる確率が実質的にゼロになる。オックスフォード大学の教授ジェームズ・ビニーによれば、「量子のめったやたらな干渉」の賜物だ。

量子のめったやたらな干渉が発生し、時計が相殺されるためには、はじめの粒子の範囲と位置Xは、生成される時計の針が何周も巻き戻されるほど離れていなければならない。

位置Xがあまりにも近く、針が一周すら巻き戻されないと相殺が起こらない。

たとえば、図4・3において、時計1の場所と位置Xの距離が一〇単位ではなく〇・三単位だとしよう。すると、時計1によって位置Xに生成される時計の針は、$0.3^2 = 0.09$ 周しか巻き戻されない。時刻としては一一時の少し前をあらわしている。同じように、時計3から生成される時計の針は、$0.5^2 = 0.25$ 周だけ巻き戻される。時刻としては九時ちょうどをあらわす。つまり、はじめの範囲のどこにある時計からも、位置Xに生成される時計の針は九時と一一時のあいだを向く。すべての時計を加算しても相殺されることはなく、ほぼ一〇時を指す長い針が残る。

　このように、はじめの範囲の外側でも、近い場所なら、粒子の見つかる確率がそれなりに発生する。ここでの近いとは、針が一周も巻き戻されない距離という意味だ。

　じつは、ここですでに不確定性原理のにおいが漂いはじめているのだが、まだそれほど強くはない。まず、はじめの範囲がじゅうぶんに広く、位置Xがじゅうぶんに離れているという意味を明確にしよう。

　粒子の移動によって針が巻き戻される角度は、粒子の質量をm、移動する距離をx、経過する時間をtとすると、mx^2/tに比例するのだった。だが、実際の角度を計算するためには、比例するという関係だけではなく、どんな値に等しいのかを知らなければならない。第二章においてニュートンの万有引力の法則を説明したとき、万有引力の値を決めるために、万有引力定数を導入した。この定数を使うと、実際の値が計算でき、月が地球をまわる周期も、惑星探査機のボイジャー二号の進路もわかる。

　量子力学においても同じような定数が必要だ。その定数によって、粒子が特定の時間に特定の距離を動いたときの時計を巻き戻す角度が正確に決まる。その定数こそプランク定数だ。

プランク定数の手短な歴史

一九〇〇年一〇月七日の日曜日の夕方、マックス・プランクは天賦の想像力を最大限に働かせ、熱せられた物体から発生するエネルギーの謎を解明した。

物体の温度によって、放射される光の波長の分布が変わる。だが、その正確な関係を導くことは、一九世紀の後半における物理学の大きな問題の一つだった。光の波長の違いは、可視光線において虹に七色があらわれる理由として有名だ。だが、光の波長には、長すぎたり短すぎたりして人間の目に見えないものもある。波長が赤よりも少し長い光は赤外線と呼ばれていて、暗視装置を使わないと見えない。波長がさらに長くなると電波になる。逆に、波長が紫よりも少し短い光は紫外線で、もっとも短いものがガンマ線だ。

火がつく前の石炭の塊は、室温で赤外線を放射している。燃えさかる火に投げ込まれると、赤く輝きはじめる。石炭の温度の上昇によって放射される光の波長の平均が短くなり、人間の目に見える割合が増えるからだ。一般的な規則として、物体が熱いほど放射される光の波長は短い。

だが、一九世紀に実験における測定の精度が高まるにつれて、その結果を数式で表現できないことがあきらかになった。この問題は、しばしば「黒体放射」の問題と呼ばれる。黒体とは、光を完全に吸収して放射するという仮想的な物体に物理学者がつけた名前だ。黒体放射の問題は、やっかいなことに、あらゆる物体から放射される光の性質が説明できないことを示していた。

プランクは熱力学と電磁気学の分野において、黒体放射とそれに関連する問題を何年も研究したあと、ベルリン大学で理論物理学の教授になった。ルートヴィヒ・ボルツマンとハインリヒ・ヘルツがともに辞退したために就任したのだが、結果的に幸運をまねいた。ベルリン大学は実験による黒体放射の研究の中心で、プランクも実験に没頭できたので、のちの偉業につながったのだろう。物理学者というものは、しばしば、同僚との議論の話題が多岐にわたり、予想外の方向に進んだときに、最大の成果をあげる。

天啓がひらめいた日のプランクは、家族とともに同僚のハインリヒ・ルーベンスと過ごしていた。昼食のとき、黒体放射を当時の理論では説明できないことが話題になった。プランクは夕方までに数式をはがきに書きなぐり、ルーベンスに送った。その数式は正しかったが、かなり奇妙なものだった。プランクののちの回想によれば、ほかの可能性をすべて試したあと、自暴自棄になって出した結論だという。

どのようにして考えついたのか、本当のところはわかっていない。アブラハム・パイスが書いたアインシュタインの素晴らしい伝記『神は老獪にして…』によれば、「プランクの推理は不合理だが、核心をついていた。このような才能は、科学に変革をもたらす偉大な人物だけが発揮できる」。


プランクの提案は大胆で、同時に革命的なものだった。黒体放射という現象を矛盾なく説明するためには、放射される光のエネルギーは、小さな塊が数多く集まったものでなければならない。べつの表現をすれば、エネルギーは自然界の新しい基本的な定数の倍数になる。この定数はプランクによって「作用の量子」と呼ばれ、現在ではプランク定数として知られている。

プランクが示した数式の本当の意味は、はじめは提唱した本人も気づいていなかった。それは、光の放射と吸収がつねに小さな塊、すなわち、「光量子」を単位としておこなわれることだった。

現在の表記では、この塊のエネルギーをE、光の波長をλ（λはギリシア文字で、「ラムダ」と読む）、真空での光速をc、プランク定数をhとすると、$E = hc/\lambda$とあらわされる。この方程式では、プランク定数によって光の波長が光量子のエネルギーに換算される。放射される光のエネルギーがプランク定数の倍数になる理由として、光量子そのものが粒子だからだという解釈が、はじめは暫定的な仮説としてアインシュタインによって示された。

それが提案された一九〇五年は奇跡の年と呼ばれていて、特殊相対性理論とともに科学の歴史でもっとも有名な方程式 $E = mc^2$ も発表されている。アインシュタインはノーベル物理学賞を一九二一年に受賞したが、受賞者を決める委員会のおかしな官僚主義のせいで、授与は翌年まで保留された。しかも、受賞の理由は光電効果の研究によるもので、有名な相対性理論によるものではない。

アインシュタインは「光子」という言葉は使わなかったが、光が粒子の流れと見なせることや、その粒子のエネルギーが波長に正確に反比例することを主張した。この仮説から、量子力学でもっとも有名な逆説が生まれた。すなわち、粒子が波動のようにふるまい、波動が粒子のようにふるまうのだ。

ジェームズ・クラーク・マクスウェルが構築した光についての理論は、土台の煉瓦の一個をプランクによって引き抜かれた。高温の物体から放射される光のエネルギーは、定数の倍数でないと説明できないことが示されたからだ。

続くアインシュタインが引き抜いた煉瓦によって、理論は完全に崩れ落ちた。光電効果の解釈において、光が小さな塊として放射されるだけではなく、その塊が物質と相互作用することも示されたからだ。つまり、光は実際に粒子、すなわち、光子の流れとしてふるまうのだ。

光子の概念は「電磁場が連続的に変化しない」ことを意味するので、大きな論議を呼び、何十年も受け入れられなかった。一九一三年、アインシュタインはプロイセンの由緒ある学会の会員に推挙された。光子の提案から八年も経過していたのに、その容認を物理学者がいかにためらっていたかは、プランク自身も名をつらねる推薦状の文面に見て取れる。


要するに、現在の物理学に豊富に存在する大きな問題において、アインシュタインが顕著な貢献をしなかったものは一つもないと言える。ときには、たとえば、光量子の仮説のように、的はずれな見解もあるが、あまり責めることはできない。なぜなら、もっとも厳密さが要求される科学でさえ、ときには冒険をしないと、本当に新しい考えの導入は不可能だからだ。

べつの表現をすれば、だれも光子が実際に存在するとは信じていなかった。プランクも光のエネルギーを小さな塊の集まりと提案したが、光そのものの性質というよりも、光を放射する物質の性質という側面が強かったので、安全地帯にいることができた。マクスウェルの美しい波動方程式を粒子の理論で置き換えることなど、まったくの論外だった。

ここでプランク定数の歴史を紹介した背景には、量子力学を受け入れるのがいかに難しいかを伝えて、読者に安心してもらう目的もある。電子や光子のように、粒子のようでもあり波動のようでもあるがそのどちらでもないものなど、想像することさえ不可能だ。

アインシュタインはこの問題に終生にわたって関心を持ちつづけた。生涯を終えるわずか四年前の一九五一年に書き残している。「この五〇年のあいだ懸命に考えたが、まったく答えに近づかない。光の粒子とは、いったい何なのだろうか？」

それから六〇年、確実に言えることが一つある。いま小さな時計の集まりを使って導こうとしている理論は、それを検証するための実験のすべてにおいて、結果を寸分の違いもなく正確に予測する。

ふたたび不確定性原理へ

歴史を振り返るのはこれくらいにして、不確定性原理を導くという本来の目的に戻ろう。プランク定数のもっとも重要な点は、その値によって作用が実際に計算でき、時計の針を巻き戻す角度が決まることだ。プランク定数の具体的な値は $6.62606957\,29\times10^{-34}\mathrm{kgm^2/s}$ で、これほど小さな数には日常生活ではほとんど縁がない。そんなこともあって、あらゆる現象に影響をおよぼしているのに、人間がその存在に気づくことはないのだ。

針を巻き戻す角度に比例する値として、作用がどのように計算されたかを思い出してほしい。粒子の質量に移動した距離の二乗を掛け、移動に要した時間で割ったはずだ。よって作用は、プランク定数と同じ $\mathrm{kgm^2/s}$ という単位を持つ。

そして、作用をプランク定数で割ると、すべての単位が相殺され、単位のない数値だけが得られる。ディラックとファインマンの手法では、この数値が巻き戻す角度を決める。具体的には、プランク定数を h、粒子の質量を m、移動した距離を x、移動に要した時間を t としたとき、$mx^2/2ht$ 周にわたって巻き戻せばいい。たとえば、計算の結果が一なら一周、二分の一なら二分の一周という具合だ。

プランク定数を使えば針を巻き戻す角度が正確に計算できるので、先送りにしてきた問題が解決する。「じゅうぶんに離れている」とは、どういう意味なのか？

目に見える存在としては小さい砂粒を例にして、理論からわかる意味を明確にしよう。量子力学によれば、砂粒がどこかにあるとき、一瞬ののちには宇宙のどこにでも理論的に存在する。だが、あきらかに、そんな移動を現実の砂粒がすることはない。すでに説明したように、はじめの砂粒がある範囲に存在し、さまざまな場所から生成される時計がじゅうぶんに干渉すれば、離れた場所に移動する確率は相殺されてゼロになる。

では、たとえば、砂粒が一秒後に〇・〇〇一ミリメートルだけ移動したとすると、針はどれだけ巻き戻されるのか？　この距離は短すぎて人間の目に認識できないが、原子にとってはかなり長い。ふつうの砂粒の質量は一マイクログラムほどで、これは一キログラムの一〇億分の一に相当する。巻き戻しの規則に具体的な値を代入すれば、計算はきわめて簡単だ。その結果は、針があらわす時間として一〇億年ほど巻き戻すことになる。

それによって、おびただしい干渉が発生する。砂粒が宇宙のあらゆる場所にひそかに移動する可能性は、つねに考慮しなければならない。だが、そこから導かれる結論では、認識できるほどの距離であっても移動する確率がほとんどゼロであり、砂粒ははじめの場所に存在しつづける。

この結論はきわめて重要だ。自分で計算すれば実感するように、この原因はプランク定数がかなり小さいことにある。指数を使わないで値だけを書くと、〇・〇〇〇〇〇〇〇〇〇〇〇〇〇〇〇〇〇〇〇〇〇〇〇〇〇〇〇〇〇〇〇〇六六二六〇六九五七二九なのだ。

日常生活のどんな対象について計算しても、針は何周も巻き戻されることになり、おびただしい数の時計がたがいに干渉する。砂粒は無限の宇宙を駆けめぐる夢がかなわず、やるせなく浜辺に残るしかない。

とくに興味深いのは、もちろん、時計の相殺が発生しない状況だ。すでに説明したように、これは針が一周未満でしか巻き戻されない場合に相当する。このときには、量子のめったやたらな干渉が起こらない。では、その条件を数式であらわしてみよう。

はじめに存在する粒子の正確な位置がわからない状況を、図4・4にふたたび示す。ただし、今回は具体的な長さを決めないで、より抽象的に分析する。粒子が存在する範囲の長さをΔx、位置Xから範囲の近いほうの端までの距離をxとする。この場合のΔxは、粒子が長さΔxの範囲のどこかに存在するという意味で、はじめの位置の不確実さをあらわしている。

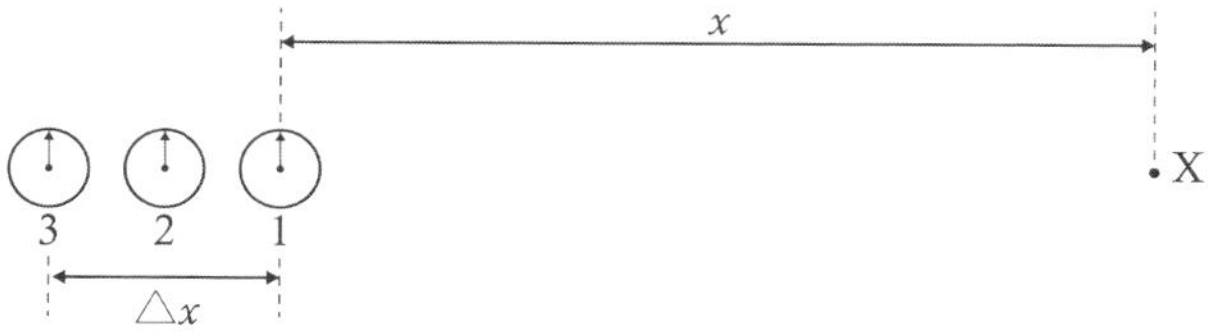

図 4.4　図 4.3 と同じ状況だが、ここでは、はじめの粒子の範囲や位置 X までの距離に、具体的な値が与えられていない。

粒子が位置Xまで移動するとき、範囲でもっとも近い時計1から生成される時計では、針が巻き戻される角度を W_1 周とすると、つぎの関係が成り立つ。

$$W_1 = \frac{mx^2}{2ht}$$

範囲でもっとも遠い時計3からは、生成される時計の針がやや大きく巻き戻される。その角度を W_3 周とすると、つぎの関係が成り立つ。

$$W_3 = \frac{m(x+\Delta x)^2}{2ht}$$

はじめの範囲のあらゆる場所から生成される時計に相殺されないものが残る条件は、いまや正確に記述できる。それは時計1と時計3のそれぞれからの巻き戻しの差が一周に満たない場合で、つぎのように表現される。

$$W_3 - W_1 < 1$$

以上の三つの式から、つぎの条件が得られる。

$$\frac{m(x+\Delta x)^2}{2ht} - \frac{mx^2}{2ht} < 1$$

いま、Δxがxと比べてはるかに小さい状況を考えよう。つまり、粒子がはじめの領域からかなり遠くまで移動する場合だ。このとき、相殺されない時計が残る条件は、つぎのように変形される。

$$\frac{mx\Delta x}{ht} < 1$$

この変形は、数学の心得が少しあれば、はじめの条件を項の和と差のかたちに展開し、$(\Delta x)^2$が含まれる項を無視するだけで終わる。Δxはxと比べてはるかに小さい。このように小さな値を二乗したものは、無視できるほど小さくなる。

最後の不等式は、位置Xにおいて時計が完全には相殺されない条件をあらわしている。時計が相殺されない場所には、粒子の見つかる可能性がじゅうぶんにある。つまり、粒子がはじめの範囲から離れた場所に移動する条件が、Δx、x、tの関係として示されたわけだ。この不等式は、tが大きくなれば、xが大きくても成立する。べつの表現をすれば、時間が経過するほど、粒子がはじめに存在していた範囲から離れた場所でも見つかるようになる。それなら、粒子が動いたと考えてもいいのではないだろうか？

さらに、粒子が離れた場所に存在する確率は、Δxが小さくなっても高くなる。すなわち、粒子のはじめの位置が正確に決まるほど、移動の速度があがる。いまや、ハイゼンベルクの不確定性原理にかなり近づいていることがわかるだろうか？

不等式をもう少し変形しよう。はじめに長さΔxの範囲のどこかにいた粒子が位置Xで見つかるためには、tという時間にxという距離を動かなければならない。粒子が実際に位置Xで観測されれば、x/tという速度で移動したと考えるのが自然だ。さらに、物体の質量と速度の積が運動量と定義されたことを思い出そう。つまり、mx/tは粒子の運動量をあらわしている。よって、運動量をpであらわせば、不等式はつぎのように単純化される。

さらに、つぎの不等式へと変形する。

$$\frac{p\Delta x}{h} < 1$$

$$p\Delta x < h$$

不確定性原理とほとんど同じ式が得られたからには、あと一歩だ。さしあたり、数式の変形はここで終わる。数学を使った説明は読み飛ばすことにしている読者も、ここからはじっくりと読んでほしい。

半径がΔxの小球の内部にいる粒子が、ある時間が経過したあと、半径がxのより大きな小球の内部で見つかるものとしよう。この状況を図4・5に示す。はじめに粒子を探せば、内側の小球のどこかで見つかる。しばらく待ってから探せば、外側の小球のどこかで見つかる。つまり、粒子は内側の領域から外側の領域へと移動できる。

もちろん、かならずしも外側に動くわけではなく、内側に残ったままの可能性もある。また、

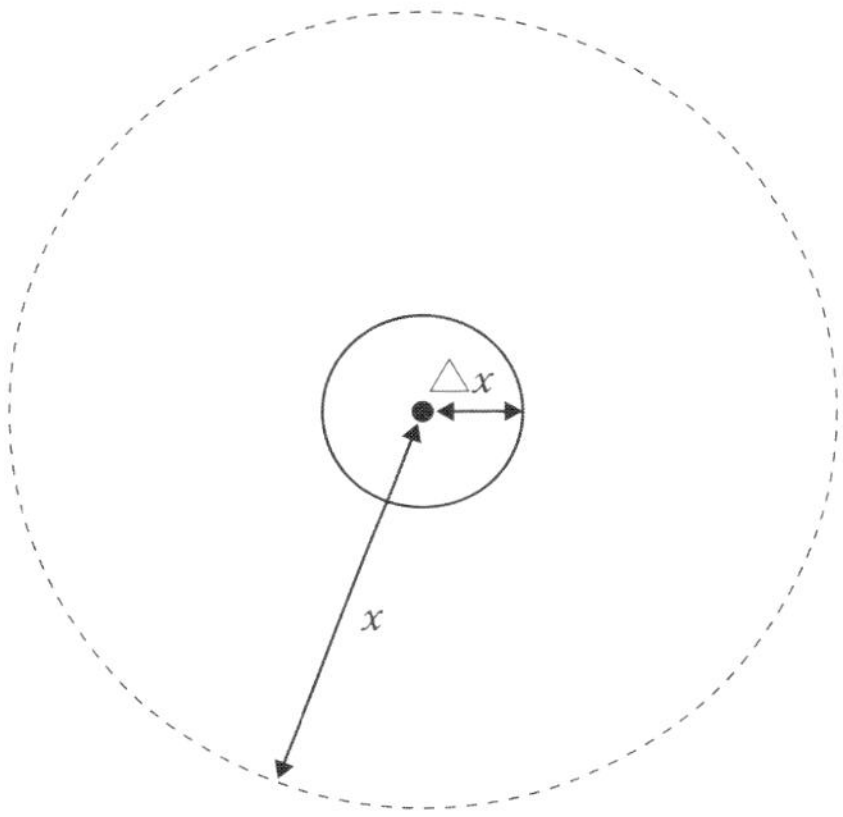

図 4.5　粒子が存在する可能性のある範囲は、時間の経過とともに広がっていく。

観測によっては、外側の小球の表面で見つかるという極端な場合もあるはずだ。だが、さらに外側で見つかる可能性となると、時計の相殺によって実質的に消える。

そのため、粒子が外側の小球の表面で見つかる場合から、導いたばかりの不等式にもとづき、粒子の運動量の最大値を h/Δx と判断する。しばらくして粒子の位置を観測したとき、外側の小球の表面でなければ、その運動量は最大値よりも小さいことになる。数学が得意でなければ、この結論をそのまま信用してほしい。

同じ実験を何回も繰り返し、粒子の運動量を測定しよう。すると、はじめに存在する小球の半径が Δx の場合には、運動量はつねにゼロから h/Δx までの範囲に含まれる。このことは、運動

量の不確実さが $h/\Delta x$ に等しいことを意味している。位置の不確実さの Δx と同じように、物理学者は運動量の不確実さを Δp であらわす。そして、Δp が $h/\Delta x$ に等しいという関係を $\Delta x\Delta p \sim h$ と表現する。

前にも説明したように、「～」という記号はおおよそ等しいことを示している。つまり、位置と運動量の不確実さの積はプランク定数よりも少し大きいかもしれないし、少し小さいかもしれないが、ほとんど等しくなる。厳密な関係式を得るためには、数学による説明をいくらか補足すればいいが、そのためには、はじめの粒子がどんな時計の集まりで記述されるかを決めなければならない。だが、すでに重要な概念は説明できたので、余計な努力は避けよう。

粒子の位置の不確実さに運動量の不確実さを掛けたものは、ほぼプランク定数に等しい。おそらく、これがハイゼンベルクの不確定性原理のもっともありふれた表現だ。つまり、粒子のはじめの位置が Δx の範囲のどこかにあるとき、しばらくあとの位置から計算される運動量は、「ゼロ以上で $h/\Delta x$ 以下」としか予測できない。

ここで、粒子のはじめの位置が限定されるほど、その粒子が移動できる距離は長くなる。重要な点だから、さらに言い換えておこう。ある瞬間の粒子の位置が正確にわかるほどその速度がわからなくなり、結果として、のちの位置もわからなくなる。

この章では、ハイゼンベルクの不確定性原理を正確に導くことができた。粒子の正確な追跡が不可能だという主張には、どこにも不明瞭な点はない。

この原理は量子力学の核心をついていて、信じるかどうかの問題でないのは、ニュートン力学が信じるかどうかの問題でないのと同じだ。

原理を導く過程では、量子力学の基本的な法則を、時計を加算したり、巻き戻したり、縮小したりする規則として表現した。その基礎には、粒子が位置を測定されたあと、宇宙のどこにでも瞬時に移動できるという前提がある。この前提の大胆さは、量子のめったやたらな干渉によって抑制されるが、ある意味で、すべて不確定性原理に引き継がれている。

量子力学の重要な成果が仮想的な時計の簡単な操作によって導かれたことは、称賛にあたいする。不確定性原理を日常の現象に適用する前に、その解釈について、きわめて重要な点を指摘しておこう。

間違っても、「粒子は実際には一つの場所に存在するが、その場所を特定できないので複数の時計で表現される」などと考えてはならない。そのように解釈すると、「はじめの範囲のあらゆる場所からの移動を想定して、それぞれに対応する時計を生成し、すべてを加算する」という操作ができなくなる。粒子が多くの場所から集まってこないと、干渉による相殺は発生しない。

では、不確定性原理を具体的な例に適用してみよう。たとえば、幅が三センチメートルのマッチ箱に入った一マイクログラムの砂粒は、どれだけ待てば飛び出してくるのか？　まず、粒子の質量が m、はじめに存在する範囲の長さが Δx のとき、その粒子が t という時間のあいだに x という距離を移動するためには、つぎの条件を満たさなければならない。

$$\frac{mx\Delta x}{ht} < 1$$

代数学の簡単な法則から、この不等式はつぎのように変形される。

$$t > \frac{mx\Delta x}{h}$$

つぎに、Δx をマッチ箱の幅と考え、x を砂粒がじゅうぶんに飛び出す四センチメートルの移動とすると、t は約 2×10^{21} 秒よりも大きくなる。これはほぼ 6×10^{13} 年に相当し、宇宙の現在の年齢を一〇〇〇倍した時間よりも長い。よって、砂粒が飛び出してくるのは、ずいぶん未来のことになる。このように、量子力学の理論は奇妙だが、砂粒がマッチ箱から勝手に飛び出すほど奇妙ではない。

この章を終わり、つぎの話題に進むために、最後に一つだけ補足しておこう。不確定性原理を導いたとき、はじめの粒子の状態を図4・4に示す時計の集まりとして表現した。つまり、針はすべて同じ長さで、まったく同じ向きになっている。このような時計の集まりは、たとえば、マッチ箱に入った砂粒のように、空間のどこかの領域に静止した粒子をあらわしている。

これまでの説明で、粒子が動く、つまり、はじめに存在した範囲から離れた場所でも見つかることを示したが、そのような動きは大きな物体には起こらない。実際、砂粒にしても、量子力学の基準ではかなり巨大だ。だが、現実の世界では、大きな物体も実際に動きまわっている。量子力学は対象の大小にかかわらず適用できるはずだから、微視的な粒子の動きしか説明できないのなら、あきらかに、何か重要な理論が欠けている。では、いったいどうすれば「動く」という現象を説明できるのか？

5

粒子が動くという幻想

前章においてヴェルナー・ハイゼンベルクの不確定性原理を導いたとき、粒子のはじめの状態をあらわす時計の集まりとして、狭い範囲にあり、針の長さも向きも同じという特殊な場合を考えた。そして、この状況では、粒子はわずかに揺れ動くものの、ほとんど位置が変わらないことを示した。ここでは、粒子が動くという現象を説明するために、前章とは異なる時計の集まりを考える。

粒子の動き

この時計の集まりを図5・1に示す。それぞれの針は、やはり、その場所に粒子が存在する確率をあらわしている。時計1は一二時を指しているが、ほかの時計はすべて異なる時間だけ進んでいる。時計が五個だけ描かれているのは、図を繁雑にしないためだ。以前の例と同じように、描かれている時計のあいだには、すべての場所に一つずつ時計が存在する。この集まりから遠く離れて、位置Xがある。粒子のはじめの場所からの移動に対応して、位置Xに時計が生成される。では、この時計の針の向きを、量子力学の規則にもとづいて計算してみよう。

計算の手順は前章と同じだ。粒子の質量をm、移動した距離をx、経過した時間をt、プランク定数をhとすると、時計1から生成される時計では、針がつぎの式で示されるW_1だけ巻き

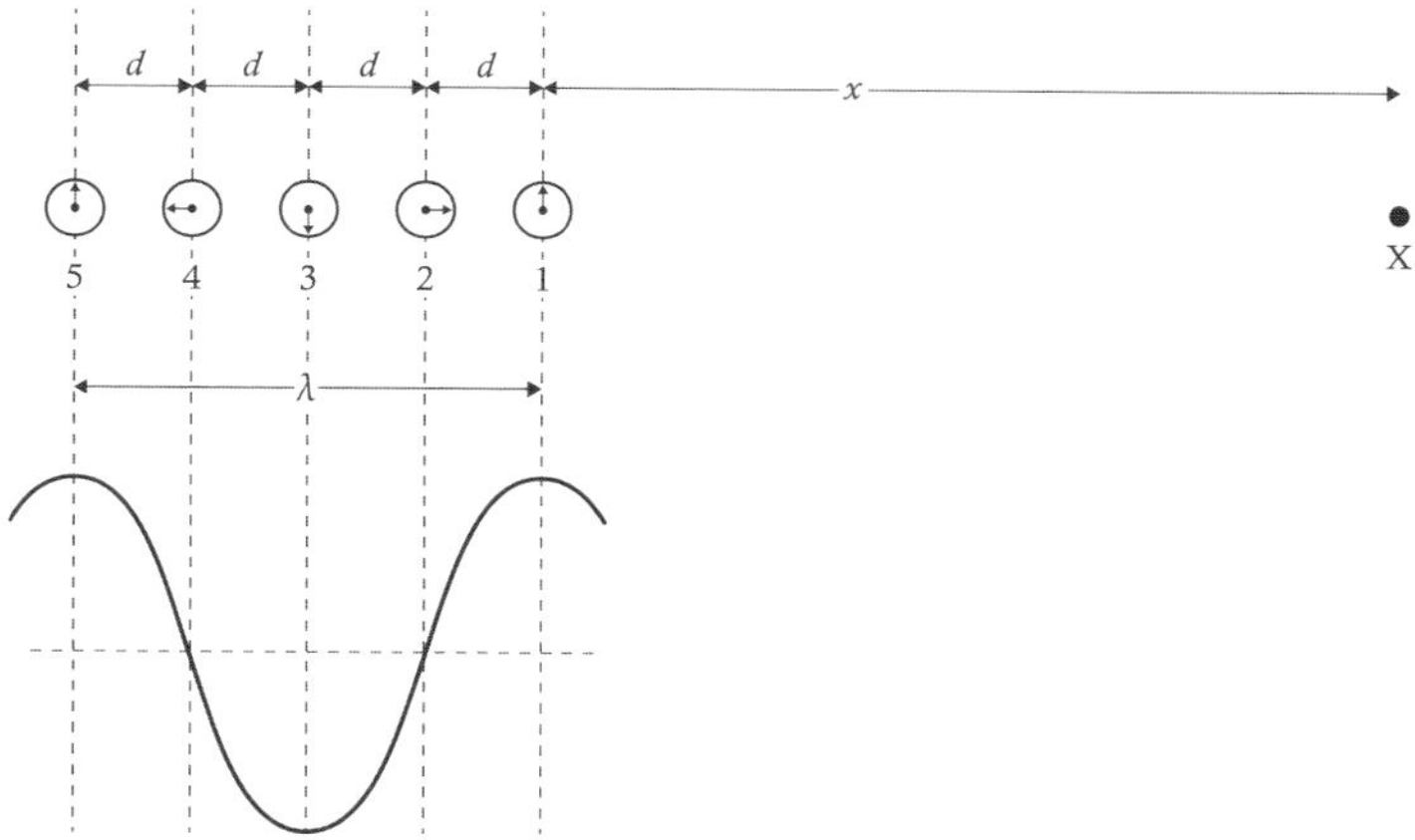

図 5.1　時計のはじめの集まりは、時計1から時計5まででで示されるように、異なる時刻を指している。描かれている時計では、右から左へと3時間ずつ進んでいく。時刻の変化を波で表現すると、下側の曲線になる。

戻される。

$$W_1 = \frac{mx^2}{2ht}$$

時計2の場合はどうだろうか？　時計1よりも位置Xから遠いので、その距離の差をdとすると、つぎの式のW_2のように、生成される時計は少しだけ多く巻き戻される。

$$W_2 = \frac{m(x+d)^2}{2ht}$$

計算の手順は前章とまったく同じだが、おそらく、様子の違いに気づくことだろう。図5・1では、時計2は時計1よりも四分の一周だけ進んでいて、一二時ではなく三時を指している。だが、時計2から位置Xに生成される時計は、dの値に応じて余分に巻き戻さなければならない。

いま、位置Xとして、時計2の進んでいる角度が余分に巻き戻される角度に等しい場所を考えよう。このとき、時計2から生成される時計は、時計1から生成される時計とまったく同じ時刻を指す。さらに、時計3から生成される時計でも、二倍だけ進んでいる針を二倍だけ余分に巻き戻すことになるので、やはり同じ時刻になる。このことは、はじめの範囲にあるすべての時計について言える。

すると、位置Xの時計をすべて加算しても、まったく相殺されることはない。それどころか、針はどんどん伸びていき、粒子の見つかる可能性が高まる。はじめの時計がすべて同じ時刻だったときには量子のめったやたらな干渉が発生したのに、なんという違いだろうか。

位置Xに生成される時計がすべて同じ時刻になり、粒子の見つかる確率が高まるのは、そのための条件をtが満たしたとき、つまり、ある時間が経過したときにかぎられる。それ以外の時間には、おおむね、量子のめったやたらな干渉を避けられない。この結果、粒子が見つかりやすい場所は、図5・2に示すように動いていく。

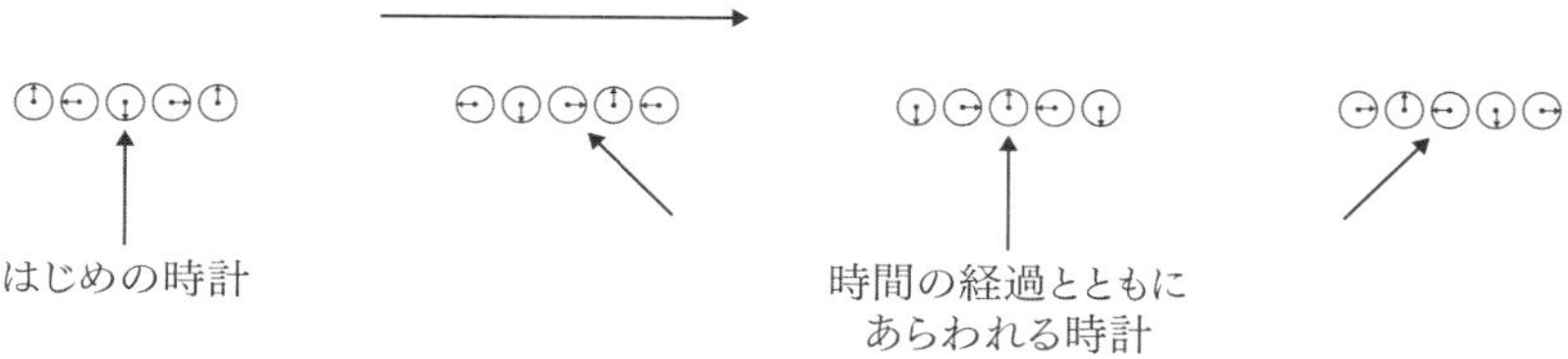

図 5.2　時計の集まりは、時間の経過とともに右に動いていく。その理由は、はじめの時計の時刻が左ほど進んでいることにある。

この結果はたいへん面白い。はじめの時計の集まりとして、針の向きがすべて同じ場合ではなく、だんだんと変わっていく場合を考えると、粒子が動いていることになる。さらに面白いことに、このような時計の集まりには、波動とのきわめて重要な類似性がある。

もともと粒子を時計で表現しはじめた理由は、二重スリットの実験における波のようなふるまいを説明するためだ。そして、波の位相と針の向きを図3・3のように対応づけた。

まったく同じように、動いている粒子をあらわす時計を波と対応づけることができる。図5・1の下側の曲線は、そのように描いたものだ。つまり、一二時が波の山に、六時が谷に、三時と九時が山と谷のちょうど中間の高さに対応する。こうすると、時計の集まりと波動との関係があきらかになる。同じ時刻を示す時計の間隔は波長に等しくなり、その長さが図ではλで示されている。

ド・ブロイの方程式

では、位置Xにおいて加算される時計の針がすべて同じ向きになるとき、どんな条件が満たされているかを具体的に計算しよう。そうすれば、また一つ、量子力学のきわめて重要な方程式が導かれ、粒子と波動の関係がいっそう明確になる。

まず、時計1と時計2のそれぞれから生成される時計には、巻き戻される角度にどれだけの差があるのか？　先ほど求めたW_1とW_2を使うと、この差はつぎのようになる。

$$W_2 - W_1 = \frac{m(x+d)^2 - mx^2}{2ht} \doteqdot \frac{mxd}{ht}$$

ここでの数式の変形でも、d^2が含まれる項を無視している。その理由は、はじめの時計の集まりからはるかに離れた位置Xまでの距離xに比べて、時計の間隔dがきわめて小さいことにある。

生成される時計の針が同じ向きになる条件も簡単に記述できる。時計2から生成される時計の針が余分に巻き戻される角度を、時計2が進んでいる角度と同じにすればいい。図5・1の例では、時計2は時計1よりも四分の一周だけ進んでいる。時計3が時計1よりも進んでいる角度は二分の一周だ。これを記号であらわすと、dだけ離れた時計では一周の d/λ 倍だけ進むことになる。つまり、時計のあいだの距離を波長で割った値だ。

よって、位置Xに生成される時計の針がすべて同じ向きになる条件は、はじめの時計の進んでいる角度が余分に巻き戻す角度と等しいことから、つぎのように与えられる。

$$\frac{mxd}{ht} = \frac{d}{\lambda}$$

ここで、mx/t は粒子の運動量だから、以前と同じようにこれを記号 p で置き換えよう。さらに少し変形すると、つぎの式が得られる。

$$p = \frac{h}{\lambda}$$

この関係式は、一九二三年九月にフランスの物理学者ルイ・ド・ブロイによって提唱されたので、「ド・ブロイの方程式」と呼ばれている。名前が与えられるほど重要な理由は、粒子における運動量と波長の関係を示したことにある。運動量は粒子の特性で、波長は波動の特性と見なされるのがふつうなのに、両者は密接に関係している。量子力学における「波動と粒子の二重性」は、以上のように、粒子の時計による表現からも導かれる。

ド・ブロイの方程式は、物質の概念を根底からくつがえした。はじめて提唱された論文では、あらゆる粒子は「架空の波動」に結びつける必要があり、隙間をとおりぬける電子は「回折しなければならない」と書かれていた。「回折」は波動に特有の現象で、やはり干渉縞が発生する。一九二三年の時点では、この主張は理論上の仮説にすぎなかった。クリントン・デーヴィソンとレスター・ガーマーが電子線を使い、干渉縞を観測したのは、一九二七年のことだ。アルベルト・アインシュタインも、ド・ブロイとほぼ同じころに、異なる推論にもとづいて似たような主張をした。

この二つの提案を、エルヴィーン・シュレーディンガーが「波動力学」へと発展させた。シュレーディンガー方程式を提唱する直前の論文にはつぎのように書かれている。「粒子の運動について、ド・ブロイとアインシュタインによる波動説だけは、真剣に検討する価値がある」

粒子の波長が短くなると、はじめの状態において、同じ時刻を指す時計の間隔が縮まる。同じだけ離れた二つの時計のあいだでは、針の進む角度が大きくなる。すると、生成される時計の針の向きが同じになる条件は、経過した時間を短くするか、位置Xをはじめの時計の集まりから離さないと、満たすことができない。つまり、λの減少を補うために、tを減少させたり、xを増加させたりする必要がある。このことは、粒子が高速で移動することを意味していて、運動量が大きいことに相当する。波長が短くなると運動量が増加するという関係は、まさにド・ブロイの方程式そのものだ。

粒子の存在する確率が高い場所は時間とともになめらかに移動していくが、個々の時計は同じ位置で針の向きと長さを変えるだけだ。「動かない」時計によって「動き」が表現されるのは、まことに面白い。

波束

つぎに、これまでの説明で無視していた重要な問題を取りあげよう。移動する粒子は、はじめの場所から離れるにしたがって存在する範囲が広がっていく。その理由には、ハイゼンベルクの不確定性原理が関係している。

粒子が存在する領域は、時計の集まりによって表現される。このような集まりは、専門用語では「波束」と呼ばれている。

波束の幅が狭いほど、不確定性原理によって運動量があいまいになり、時間の経過とともに、はじめの領域からもれ出てくる。その様子を、前章では、はじめの時計の針がすべて同じ向きのときについて説明した。同様のことが、動いている粒子についても言える。粒子の波束は、移動とともに広がっていく。

じゅうぶんに長い時間が経過すると波束が完全に崩れてしまい、粒子の場所がまったくわからなくなる。このことは、あきらかに、速度の測定に影響を与える。具体的に説明しよう。

粒子の速度を知るためには、時間をあけて、二回にわたって位置を測定すればいい。移動した距離を経過した時間で割るだけで速度がわかる。

だが、この方法には欠点がある。位置を精密に測定しすぎると、粒子は狭い範囲に押し込められ、運動量がばらついて、その後のふるまいを変える。不確定性原理の影響をあまり受けたくないなら、位置の測定はじゅうぶんにあいまいでなければならない。

この「あいまい」という言葉の意味もあいまいなので、もう少し正確に表現しよう。いま、波束の幅が一ナノメートルで、検知器の精度が一マイクロメートルなら、粒子は測定の影響をほ

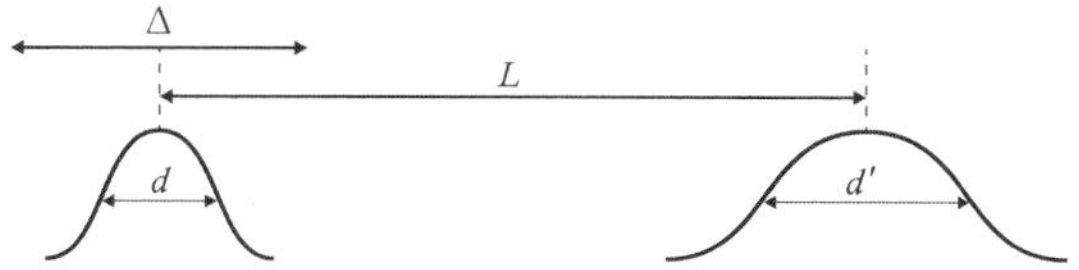

図 5.3　2つの異なる時点での波束。時間の経過とともに波束は右に移動し、広がっていく。波束が動くのは、構成する時計のあいだで針の向きがだんだんと変わっていくからだ。波束の幅が広くなる理由は、不確定性原理にある。波束の形状はさほど重要ではないが、粒子が存在する確率をあらわすと考えてもいい。

とんど受けない。

この精度は人間にはじゅうぶんかもしれないが、電子のような粒子にとっては、波束より一〇〇〇倍も大きい箱のどこかにいると報告されるようなものだ。この場合、不確定性原理による粒子のふるまいの乱れは、測定値そのものの誤差と比べてはるかに小さい。測定が「じゅうぶんにあいまい」とは、このような意味だ。

測定の状況を図5・3に示す。検知器の精度をΔ、波束のはじめの幅をdとする。ある時間が経過すると、波束の幅はdよりも広くなり、d'になる。このあいだの時間をt、波束の中心が移動した距離をLとする。突然の記号のオンパレードに、長く忘れていた学生時代を思い出しただろうか？　染みや傷だらけの木の椅子で聞く物理学の先生の声は、やがてぽかぽかした午後のあかりに消え、いつしか不覚にもまどろんでいたかもしれない。これからの説明によって、黒板消しを投げるよりも効果的に、読者を目覚めさせたいと思う。

気力をふるって、粒子の速度を知るための仮想的な実験に戻ろう。二つの異なる時点での粒子の位置を測定すると、その時間のあいだに進んだ距離Lがわかり、速度が計算できる。だが、検知器の精度がΔなので、正確なLの値はわからない。そのため、計算で得られる速度をvとすると、その値は最悪の場合につぎのようになる。

$$v = \frac{L \pm \Delta}{t}$$

いずれにせよ、距離は「Lよりやや短い値」になったり、「Lよりやや長い値」になったりする。正確な値とやや異なるだけなのは、粒子の位置をあまり正確には測定しないからだ。Δが波束の幅よりもはるかに広くないと、波束は狭い領域に押し込められ、急速に分散してしまう。

つぎの説明のために、最悪の値の式を少しだけ変形しよう。

$$v = \frac{L}{t} \pm \frac{\Delta}{t}$$

こうすると、tをきわめて大きくすれば、vがL/tという正確な速度に近づくように思われる。

Δを適度な大きさに保ったまま、Δ/t を望むだけ小さくするために、tがじゅうぶんに大きくなるのを待てばいい。

これはうまい方法だ。途方もなく長い時間をあけるだけで、粒子のふるまいに影響を与えることなく、いくらでも正確な速度が測定できる。直観にもかなっている。たとえば、道路を走る自動車について考えよう。一分間に進んだ距離を測定すれば、一秒間に進んだ距離を測定したときよりも、はるかに正確な速度が得られる。これは、ハイゼンベルクの不確定性原理を打ち負かすのだろうか？

もちろん、そんなことはできない。じつは、重要な事実が見落とされている。粒子をあらわす波束は、時間とともに広がっていく。じゅうぶんな時間が経過すると、波束は完全に崩れ、粒子が広い領域のどこにでも見つかることになる。つまり、測定されるLの値の範囲が広がるので、正確な速度を計算するというもくろみが破れる。

波束で表現される粒子は、結局のところ、不確定性原理の制約からのがれられない。粒子がdという長さの範囲に閉じ込められているとき、その運動量にはh/dに相当するあやふやさがある。よって、運動量のあやふやさを取り除きたいなら、波束の広がりをきわめて大きくするしかない。波束が広がるほど、運動量は正確になる。運動量がよくわかっている粒子は、時計の大規模な集まりとして表現される。極端な場合、運動量が正確に決まれば、時計の集まりはどこまでも広がり、波束も無限に広がる。

波束の広がりが有限なら、粒子の運動量は正確には決まらない。このような粒子の運動量を何回も測定すると、はじめの波束がまったく同じでも、結果にばらつきが生じる。どれほど巧妙な実験をおこなっても、そのばらつきは h/d 以上になる。

そこで、波束があらわす粒子の運動量は、ある範囲に広がる値で構成されると考えられる。もっとも、この「運動量」という言葉は、「波長」に置き換えてもかまわない。ド・ブロイの方程式によって、粒子の運動量が波長に対応づけられるからだ。

つまり、波束は数多くの異なる波長で構成されなければならない。同様に、粒子が一つの決まった波長だけで表現されるなら、その波は無限につづくことになる。

フーリエ級数への分解

なんとなく、「狭い領域に広がる波束は、波長が異なる数多くの無限につづく波で構成される」と聞こえないだろうか？　実際、この主張は正しく、数学者にも物理学者にも技術者にも、きわめてよく知られている。数学では「フーリエ級数」への分解と呼ばれる手法で、フランスの数学者ジョゼフ・フーリエによって考案された。

フーリエは華やかな経歴の持ち主だ。数多くの顕著な業績のなかには、ナポレオン・ボナパルトのエジプト遠征への随行や、温室効果の発見もある。だが、毛布にくるまって暮らすという奇癖があり、一八三〇年の病死の遠因と考えられている。フーリエ級数についての重要な論文は、固体における熱伝導の問題を解くために一八〇七年に発表されたが、基本的な着想はさらに過去にさかのぼることができる。

フーリエの理論によれば、あらゆる波は、どれほど複雑で長くても、波長が異なる数多くの正弦波で合成できる。要点を理解するには、図がもっともわかりやすい。

図5・4の上側には、三種類の曲線が描かれている。点線で示される曲線は、下側にある正弦波のはじめの二つを重ね合わせたものだ。二つの波はどちらも中央に山があるので、その部分は重なってさらに高くなるが、両端では相殺される傾向にある。

破線で示される曲線は、下側の四つの正弦波をすべて重ね合わせたもので、中央の山が目立ちはじめている。

実線で示される曲線は、下側の四つにくわえ、同様に順に波長を短くしていって、さらに六

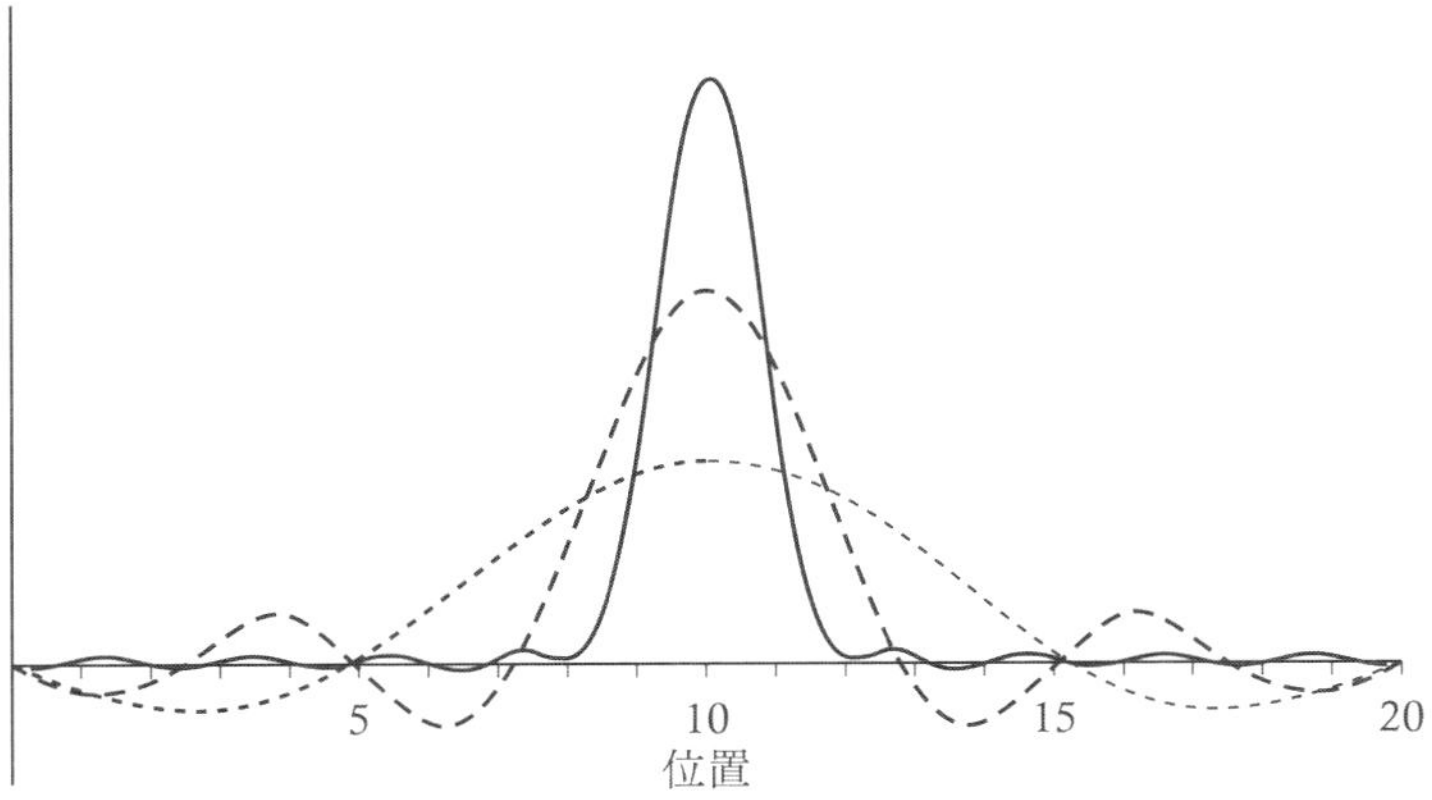

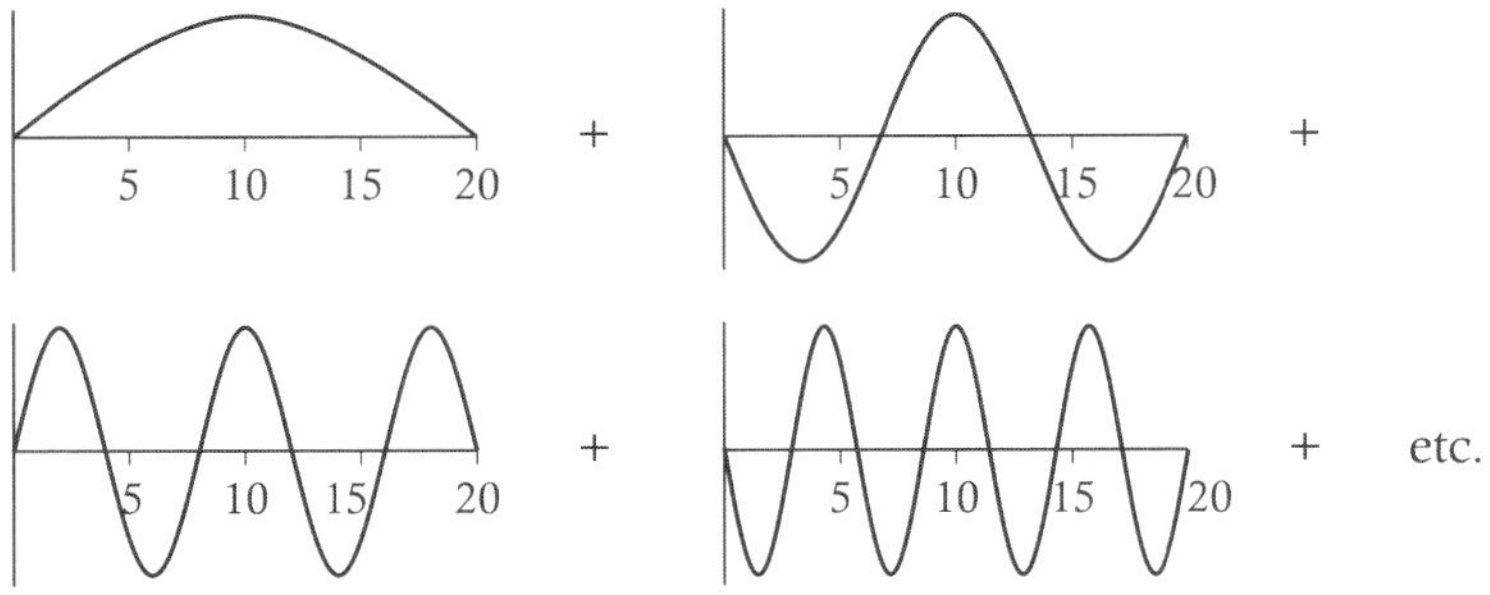

図 5.4　上側の曲線のように、いくつかの正弦波を重ね合わせると、鋭くとがった波束が合成される。点線、破線、実線の順に、含まれる正弦波の数が増えていく。下側の曲線は、重ね合わされる正弦波のうち、はじめの4つを示している。

つの正弦波を重ね合わせたものだ。重ね合わせる正弦波の数が増えるほど、突起は顕著になっていく。上側の曲線は、図5・3の波束の形状に似ていることからもわかるように、ある領域に存在する粒子をあらわすことができる。粒子の波束がどんな形状でも、同じようにして、単純な正弦波の重ね合わせとして表現できる。

図5・4の下側の正弦波のそれぞれには、ド・ブロイの方程式によって一つの決まった運動量が対応し、波長が短いほど運動量は大きい。粒子が狭い領域に広がる時計の集まりで表現されるとき、その運動量がばらつかなければならない理由は、おぼろげながら理解できるのではないだろうか？

時計の集まりは、針を一二時の方向に投影したときの長さによって、波として表現されることを思い出そう。いま、粒子をあらわす時計の集まりが図5・4の上側の実線になる場合を考える。この曲線は、下側に示した無限につづく正弦波の重ね合わせによって合成される。すると、粒子が存在する領域のどの位置にも、複数の正弦波のそれぞれに対応する時計があり、そのすべてを加算すると、上側の曲線に対応する時計になると解釈できる。

粒子は二種類の表現が可能で、どちらを選ぶかは、まったくの自由だ。位置ごとに一つの時計で表現するなら、上側の曲線の突起が示すように、粒子の見つかる可能性の高い場所は針の長さですぐにわかる。あるいは、どの位置も粒子の運動量のばらつきに対応した複数の時計で表現すれば、狭い領域に存在する粒子の運動量が特定の値に決まらないことを明確に示すことになる。

フーリエ級数への分解によって、ハイゼンベルクの不確定性原理を導く新しい道筋が得られる。狭い領域に存在する粒子は、単一の波長に対応する時計の集まりでは表現できない。領域の外側で時計が相殺されるためには、異なる波長、すなわち、異なる運動量を混在させる必要がある。

つまり、粒子を空間のかぎられた領域に閉じ込める代償として運動量がわからなくなる。粒子の位置を制限するほど多くの波を重ね合わせることになり、運動量があいまいになっていく。まさに、不確定性原理の主張と同じだ。同じ結論にべつの方法でたどり着けたことには、ド・ブロイの方程式で波長と運動量を結びつける必要はあったものの、満足できる結果だ。

運動量表示の波動関数

この章を終える前に、もう少しだけフーリエ級数の話題をつづけよう。量子力学で使われるきわめて強力な手法は、この理論と密接にかかわっている。ここで重要な点は、どんな粒子がどのようにふるまおうと、波動関数で記述できることだ。

これまで説明してきたように、波動関数は空間の各点に置かれた小さな時計の集まりで、それぞれの位置で粒子の見つかる確率は針の長さから計算される。このような表現は、粒子が存在する位置に直接にかかわっていることから、「位置表示の波動関数」と呼ばれている。だが、波動関数は数学が提供するさまざまな形式で表現でき、空間に広がる小さな時計はその一つにすぎない。ほかの形式として、正弦波の重ね合わせによる粒子の表現があげられる。

思い出してほしい。位置表示の波動関数を表現できる正弦波の組を与えても、粒子の完全な記述が可能だ。べつの表現をすれば、波束と同じ形がどのような正弦波の重ね合わせで得られるかを示せば、異なる方法でまったく同じ表現をしたことになる。好都合なことに、どのような正弦波も、それ自身を仮想的な時計であらわすことができる。この場合、波の山の高さが針の長さになり、位置ごとの位相が針の向きになる。

そうすると、粒子の表現として、空間に広がる時計ではなく、運動量のばらつきに対応した時計の集まりも使える。この新しい表現は、計算の手間が空間に広がる時計の場合と変わらない。粒子が見つかりそうな場所を明確に示す代わりに、粒子が取りそうな運動量を明確に示す。

このような時計の集まりは「運動量表示の波動関数」と呼ばれていて、位置表示の波動関数とまったく同じ情報を含んでいる。粒子の運動量が明確に決まっているとき、その運動量表示の波動関数は、専門用語で「運動量の固有状態」にあると表現される。

運動量表示の波動関数は、きわめて抽象的な印象を与えるかもしれない。だが、波を正弦波に分解する手法は、音声や映像を圧縮する技術として、日常生活でもふんだんに使われている。たとえば、好みの楽曲が演奏されたときに発生する音波について考えてみよう。その複雑な波は、いま説明したばかりのフーリエの手法によって、数多くの純粋な正弦波に分解できる。そして、それぞれの相対的な大きさを示す数値の並びとして表現される。

本来の波を正確に再現するためには、かなりの数の異なる正弦波が必要だ。だが、実際には、その多くは捨て去ってもかまわない。人間の耳に聞こえない波長の正弦波はあってもなくても音質は同じだからだ。その結果、音声のファイルに格納するデータの量がいちじるしく減り、MＰ３のプレーヤーが荷物になるのを避けられる。

運動量表示の波動関数は、どのような場合に使われるのだろうか？　まず、位置表示の波動関数によって単一の時計で表現される粒子を考えよう。その粒子は、宇宙の一点の時計が置かれている場所だけに存在している、つぎに、運動量表示の波動関数によって単一の時計で表現される粒子を考える。その粒子は、確実に決まった一つの運動量だけを持つ。

不確定性原理によれば、粒子の運動量が明確なとき、その位置はどこであってもかまわない。よって、このような粒子を位置表示の波動関数で表現すると、運動量表示の場合とはまったく対照的に、同じ大きさの時計が無限に必要になる。この場合、何かの計算をするためには、運動量表示の波動関数を使ったほうが得策だ。

この章では、粒子の時計による表現によって、ふつうには「動き」と呼ばれる現象が記述できることを示した。だが、物体が位置をなめらかに変えていくという認識は、量子力学の観点では幻想にすぎない。より真実に近いのは、粒子が地点Aから地点Bへと移動するとき、あらゆる経路をとおると仮定することだ。すべての可能性を重ね合わせたときに、動きと認識される現象があらわれる。

また、この章では、時計によって波動の性質を表現する方法も示した。だが、これまでは、粒子を一個の点としてしか扱っていない。そろそろ、大きな疑問を波動との類比によって解決しよう。原子の構造は、量子力学によってどのように説明されるのか?

原子がかなでる音楽

6

原子の内部は不思議な空間だ。原子核の表面に立って周囲を眺めることができたなら、虚空しか見えないだろう。運良く電子が触れられるほどの距離まで近づいてきても、小さすぎて気づかない。

原子核を構成する陽子の直径は約10^{-15}メートル、すなわち、〇・〇〇〇〇〇〇〇〇〇〇〇〇〇〇一メートルにすぎないが、電子に比べればはるかに巨大だ。あなたが陽子でイングランドの南東端のドーヴァー海峡に面する白亜の絶壁に立っているなら、原子のあいまいな境界はフランス北部の農園のどこかにある。原子がからっぽなことは、人間の身体もからっぽなことを意味している。

水素の原子はもっとも単純で、一個の陽子と一個の電子からなる。見えないほど小さい電子は、果てしなく広がる舞台で自由に飛びまわっているように見えるが、実際には電磁力によって陽子に縛りつけられている。そして、この寛容な牢獄の大きさと形状が元素ごとに異なり、原子から発生する光の色の組み合わせを決める。その虹のようなバーコードは、ハインリヒ・グスタフ・ヨハネス・カイザーが『分光学便覧』に徹底して記録したものだ。

それでは、これまでに得られた知識を使い、二〇世紀のはじめにアーネスト・ラザフォードやニールス・ボーアがあれほど悩んだ問題を解明しよう。原子の内部では、いったい何が起こっているのだろうか？

この問題は、前にも触れたように、ラザフォードによって発見された原子の構造から生じる。まるで太陽系のミニチュアのように、密な原子核を中心に、電子が遠く離れた軌道をまわっている。

だが、このモデルには欠点がある。原子核を周回する電子は、光を絶えず放射しなければならない。その結果は原子にとって破滅的で、電子は光の放射によってエネルギーを失い、らせん状に陽子へと落ちていくはずだ。ところが、そんな現象は現実には起こらない。原子はむしろ安定している。では、このモデルのどこが悪いというのか？

この章では、いよいよ、現実の世界での現象の説明という重要な段階に突入する。これまでの努力のすべては、量子力学の説明に使われる表現に慣れるための練習だったようなものだ。不確定性原理とルイ・ド・ブロイの方程式はもちろん大きな成果だが、粒子が一つしか存在しない世界を考えてきたのだから、あまり自慢しないほうがいい。

量子力学が日常生活にいかに大きくかかわっているのかは、これからあきらかになっていく。

原子の構造はきわめて現実的で具体的な問題だ。人間は原子でできているから、原子の構造は人間の構造であり、原子の安定性は人間の安定性につながる。原子の構造を理解しないと宇宙全体が理解できないと主張しても、あながち過言ではない。

水素原子の内部では、陽子のまわりに電子が捕らわれている。ある種の箱に電子が閉じ込められていると仮定しても、それほど間違ってはいない。では、小さな箱から出られない電子の特性によって、実際の原子の特徴がどこまで説明できるのだろうか？

これからの説明では、前章で導入した方法によって、粒子を波として表現する。原子の特徴は波を使うと簡単に記述できるので、時計を縮めたり、巻き戻したり、加算したりする手間に煩わされないで、説明をどんどん進められる。だが、この波が粒子を表現するための便利な方法でしかないことは、つねに覚えていてほしい。

定常波

粒子の波としての表現には、水の波や、音波や、ギターの弦の振動にきわめてよく似た特徴がある。そこで、まず、ふつうの波が閉じ込められたとき、どのようにふるまうかを調べてみよう。一般的には、波動は複雑な現象だ。水をたたえたプールに飛び込んだものとしよう。あ

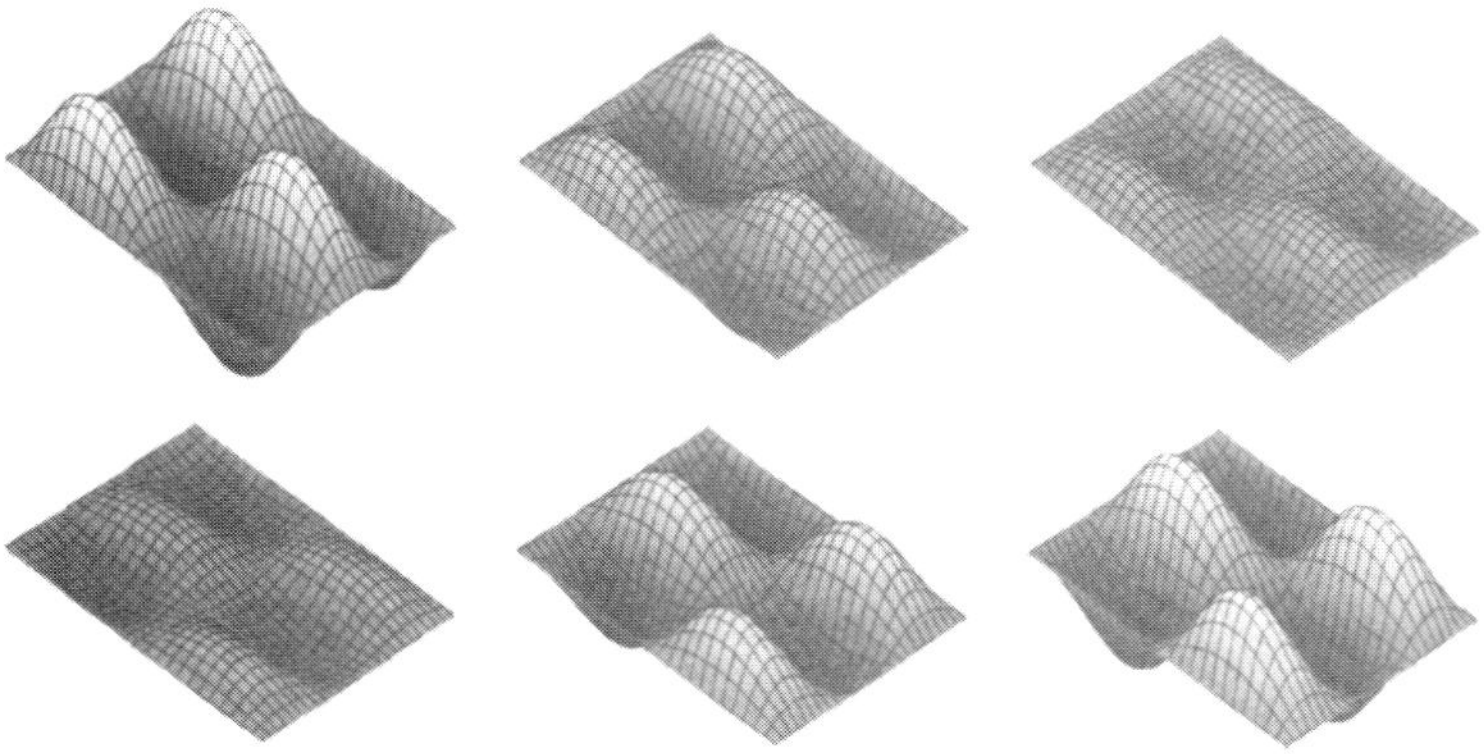

図 6.1　水槽に発生した定常波において、水面のパターンが時間とともに変化する様子。時間は左から右へ、上から下へと進行していく。

らゆる場所で水面がうねり、その状態を正確に記述することなど、まったく不可能に思われる。

ところが、その複雑さのかげに、ある単純さが隠れている。その手がかりは、水がプールに閉じ込められていて、あらゆる波が外に出られないという事実だ。

その結果、「定常波」と呼ばれる現象があらわれる。プールに飛び込んだときには、水面があまりにも乱れるので、定常波の存在がわかりにくい。だが、水をうまく揺さぶれば、水面は一定の間隔で決まったパターンを繰り返すようになる。そのような繰り返しの例を図6・1に示す。水面は山や谷をつくるが、重要な点は、もっとも大きく上下する場所がまったく変わらないことだ。定常波にはさまざまなパターンがあり、水槽の中央の水面が周期的に上下する場合もある。

はっきりとわかる定常波は、めったなことでは発生しない。だが、ぶざまな格好で飛び込んだり、手足をばたつかせたりして、いかに乱雑な波を発生させたとしても、その波がプールに閉じ込められているかぎり、あれやこれやの異なる定常波を重ね合わせたものになる。

このことは、まさに前章で紹介したフーリエ級数への分解と同じだ。どのような波束でも、波長の異なる正弦波を重ね合わせて構成できる。

それぞれの正弦波は、粒子が一定の運動量を持つ状態に対応する。閉じ込められた水の波も、いかに乱れていようが、定常波を重ね合わせたものでしかない。そして、この章で説明するように、定常波は量子力学で重要な役割を果たし、原子の構造を理解する鍵になる。この点を念頭に置き、定常波をもう少し詳しく分析しよう。

べつのなじみの定常波として、楽器の弦が振動する三つの例を図6・2に示す。ギターをつま弾いたときの音の高さは、波長がもっとも長い定常波によって決まる。これは図のもっとも上側の波で、物理学でも音楽でも「基音」と呼ばれる。ほかの波長の定常波は「倍音」と呼ばれ、波長の長い順に二つを示すと、図の中央と下側の波になる。

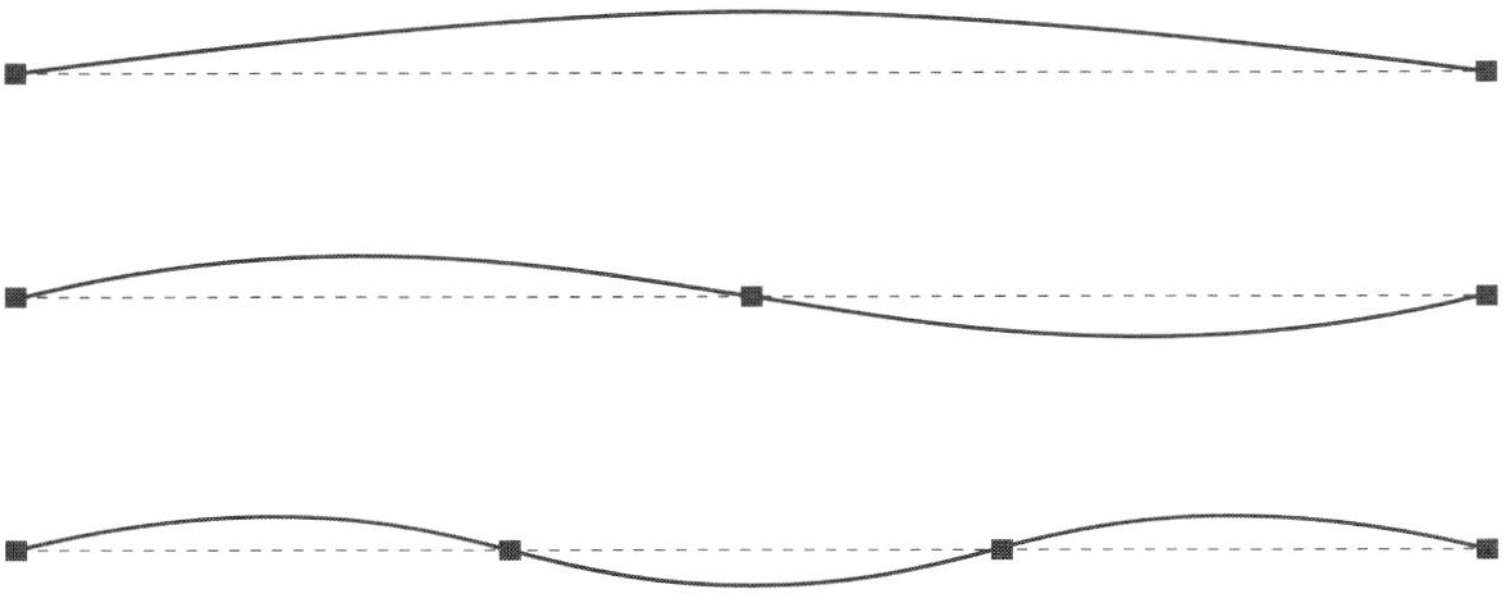

図 6.2　ギターの弦にあらわれる波長のうち、長いものから順に3つ。もっとも長い波長は基音に、ほかの2つの波長は倍音に対応する。

ギターの弦では、特定の波長でしか振動しない理由を説明するのは簡単だ。弦の一方はブリッジによって支えられ、もう一方は指によってフレットに押しつけられる。両端は固定され、動くことができないので、おのずから許される波長が決まる。実際にギターを弾けば、その原理が直観的にわかる。指で押しつける位置がブリッジに近づくほど、弦の振動する部分が短くなり、波長も短くなって、音が高くなっていく。

定常波において、振幅がゼロの点は「節点」と呼ばれる。基音の波では弦の両端にしか節点がなく、それ以外のすべての点が振動する。図6・2からわかるように、基音の波長は弦の長さの二倍だ。はじめの倍音の波長は弦の長さに等しく、節点が弦の中央にもあらわれる。つぎの倍音の波長は弦の長さの三分の二で、以降の倍音においても同様に波長が決まっていく。

弦の一般的な振動は、プールに閉じ込められた波の場合と同じように、異なる波長の定常波を重ね合わせたものになる。実際の波形は弦のつま弾きかたに依存するが、つねに基音と倍音の組み合わせに分解できる。どの倍音が相対的にどれだけ強く含まれるかによって、音色の特徴があらわれる。

音の高さが同じでもギターによって音色が違うのは、構成する倍音の分布が異なるからだ。ギターの場合には、定常波の形状は正弦波そのもので、波長が弦の長さによって決まる。プールの場合には、定常波の形状は図6・1のように複雑だが、基本的な性質はまったく変わらない。

そもそも「定常波」という名前は、山や谷のあらわれる場所が一定で、波動が伝播しないことに由来する。ギターの弦で定常波を発生させ、何枚かの写真を撮影すると、波の高さだけが違うことに気づくだろう。もっとも高い山やもっとも深い谷はいつも同じ場所にできていて、節点の場所もすべて同じだ。

数学的に表現するなら、どの二つの波にも全体にわたって高さを何倍にするかの違いしかない。その倍数は、弦の振動に合わせて周期的に変化する。同じことが、図6・1のプールの定常波にも言えて、波の全体にわたって高さを何倍かするだけで、どのパターンからどのパターンにも変化する。たとえば、図の左上の波から右下の波へなら、水面の高さにマイナス一を掛ければいい。

要するに、なんらかの方法で閉じ込められている波は、つねに定常波として表現できる。このように定常波をていねいに説明するのは、その波長がとびとびの値しか取らないことを強調したいからだ。ギターの弦の定常波では、基音の波長は弦の長さの二倍で、はじめの倍音の波長は弦の長さと同じになる。この二つの波長のあいだには、以降の倍音の波長がどんどん短くなることから、ほかの波長は存在しない。

閉じ込められた電子

定常波の存在は、波動が閉じ込められたときに、何かの値がとびとびになることを意味している。ギターの弦の場合には、それはあきらかに波長だ。箱から出られない電子では、その電子をあらわす波が閉じ込められている。箱の内部には定常波だけが存在し、何かがとびとびの値しか取れないと類推できる。ギターの弦をどのようにつま弾いても、基音と倍音しか出せないように、電子の箱に存在する定常波もかぎられるのではないか？

さらに、電子の一般的な状態は、ギターの音色と同じように、このような定常波の重ね合わ

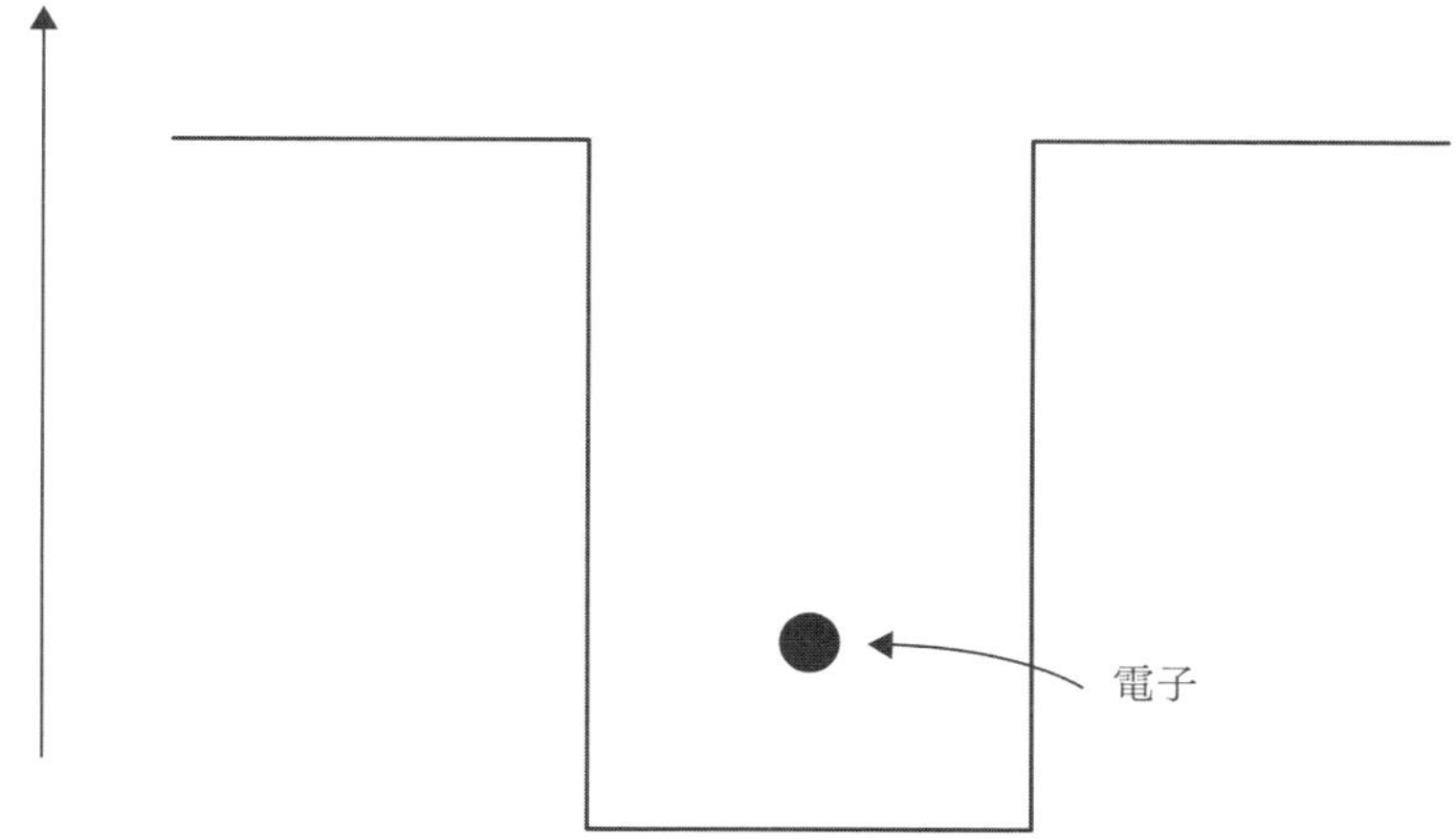

図 6.3　井戸型ポテンシャルに閉じ込められた電子。

せとして表現されるかもしれない。電子が定常波と関係づけられる点は、きわめて面白い。この関係を手がかりにして、原子の構造の解明をつづけよう。

説明を進めるために、電子が入っている箱の性質をより具体的に決める。簡単に言えば、電子は幅がLの領域を自由に跳ねまわるものとする。ただし、この領域の外へは、まったく出ることができない。出られないと決めつけなくてもいいが、原子の構造の単純なモデルとしては、正の電荷を帯びた原子核からのがれられないと考えるのが妥当だ。

電子がこのように閉じ込められている領域を、専門用語では「井戸型ポテンシャル」

と呼ぶ。図6・3に描かれた状況を見れば、名前の由来はあきらかだろう。

電子を閉じ込めているポテンシャルというのは、きわめて重要な考えだ。実際に閉じ込めることは、どのような原理で可能なのか？　この問題はかなり難しく、答えを理解するには、粒子の相互作用の知識が必要になる。

その説明は第一〇章でおこなうが、いずれにせよ、あまり多くの疑問は持たないほうがいい。この「疑問を持ちすぎない」という才能が物理学では重要だ。どんな問題を解く場合にも、対象が完全に孤立している状況などありえない。だから、どこかに線を引き、その外側を無視する必要がある。

たとえば、電子レンジの原理を知りたいなら、屋外の車の往来を考慮する必要はない。車の通過によって地面や空気が振動し、たしかに電子レンジも揺れるが、機能への影響はないだろう。同じことは、電子レンジの内部に侵入する地球の磁場にも言える。

もちろん、無視した現象が実際には重要で、誤った結論を導く場合もあるだろう。だが、そのときには観測される結果と一致しなくなり、仮定の見直しをせまられるはずだ。科学が成功をおさめてきた大きな理由は、あらゆる仮定が最終的には実験によって証明されたり否定されたりすることにある。判断をくだすのは自然であって、人間の直観ではない。

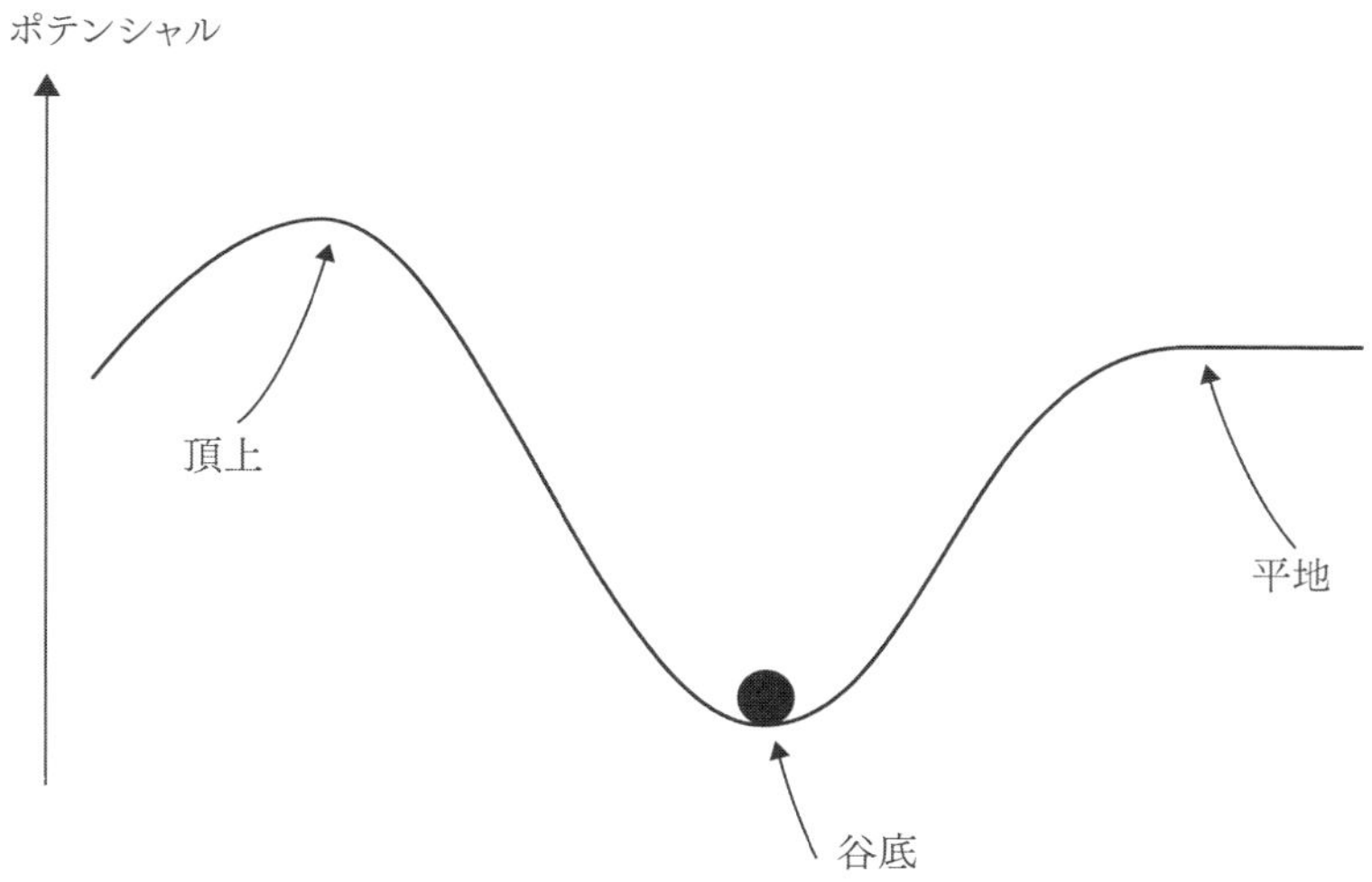

図 6.4　谷底に止まっているボール。ボールの動きを止めようとするポテンシャルは、地面の高さに比例する。

ここでの戦略は、電子を閉じ込めている機構について、その原理を追求しないで単にポテンシャルと呼ぶことだ。「粒子に物理的な影響をおよぼしているが、説明が面倒な効果」に、特別な言葉を与えたとも言える。いずれ粒子の相互作用を説明するので、当面はこれで納得してほしい。だが、あまりにも乱暴な説明と思われないために、物理学で使われるポテンシャルの例をあげておこう。

ボールが谷間に閉じ込められた状況を図6・4に示す。このボールが蹴られると、斜面をのぼることもできるが、のぼり切ることができなければ、やがて転がり落ちてくる。この例は、電子がポテンシャルに閉じ込められた状況と見事に類似している。ボールの場合、ポテンシャルを発生させているのは地球の重力で、斜面が急なほどポテンシャルの変化が激しい。

ボールが谷を転がる速度の計算は、ボールと谷の詳細な相互作用を考えなくても可能だ。だが、ボールの原子と谷の原子の相互作用がボールの動きに大きな影響を与えるとわかれば、相互作用を無視したことは間違いになる。実際、摩擦は原子の相互作用によるもので、その影響は無視できないかもしれないが、量子力学による説明を必要とするほどではない。

谷間のボールの例は、ポテンシャルの形状が実際に見られるので、きわめて有用だ。地球の表面では、重力のポテンシャルは地面の高さにほぼ比例し、地形に依存する。

だが、ポテンシャルの概念そのものは、もっと一般的な意味を持つ。たとえば、井戸型ポテンシャルに閉じ込められた電子の場合には、壁の高さに相当する概念は、実際の何かの高さではない。その高さは、むしろ、電子が井戸から脱出するために必要な速度をあらわしている。

谷間のボールになぞらえるなら、じゅうぶんな速度で転がって、斜面をのぼり切るようなものだ。電子がゆっくりと動いているかぎり井戸から出られないことが保証されるので、ポテンシャルの高さが実際にどれほどなのかは問題にならない。

では、電子が井戸型ポテンシャルに閉じ込められている状況に着目しよう。電子が脱出できないことから、それが存在する確率を示す波は、井戸という箱の端において、つねにゼロでなければならない。つまり、その波長は、図6・2のギターの弦とまったく同じになる。

もっとも長い波長は箱の幅の二倍に当たる2L、つぎに長い波長は箱の幅と同じL、三番目に長い波長は2L/3、という具合だ。一般的な波長は、nを一以上の整数として、2L/nと表現できる。

よって、電子が存在する確率を示す波は、井戸型ポテンシャルに閉じ込められている場合には、ギターの弦とまったく同じ定常波になる。それは正弦波で、波長には特定の値しか許されない。すると、前章のド・ブロイの方程式から、電子の運動量をp、波長をλ、プランク定数をhとすると、p = h/λという関係があるので、波長が運動量に置き換えられる。つまり、閉じ込められている電子の運動量は、p = nh/2Lと表現される値にかぎられる。この式は、ド・ブロイの方程式に許される波長を代入したものにすぎない。

このように、原子の内部では電子の運動量がとびとびの値になる。これはきわめて重要な事

(c)SCIENCE PHOTO LIBRARY/amanaimages

図 6.5　砂がまかれたドラムの膜の振動。砂は定常波の節点に集まってくる。

実だが、喜ぶのは早計だ。

図6・3の井戸型ポテンシャルは特殊な場合で、ほかのポテンシャルのときには定常波が正弦波とはかぎらない。図6・5にドラムの定常波の写真を示す。膜には砂がまかれていて、定常波の節点に集まっている。振動する膜の境界は正方形ではなく円形なので、定常波の形状は正弦波ではなく、「ベッセル関数」と呼ばれるもので与えられる。

このことは、陽子に捕らわれた電子という現実の状況では、定常波がやはり正弦波ではないことを意味している。すると、ド・ブロイの方程式による波長と運動量の関係が成り立たない。では、電子が存在する確率を示す定常波は、どのように解釈すればいいのだろうか？　閉じ込められた粒子でとびとびの値になるものは、運動量でないなら何なのか？

電子の運動エネルギー

答えをあかせば、それは運動エネルギーだ。運動エネルギーと運動量にはきわめて単純な関係があり、一方がとびとびの値なら、もう一方もとびとびの値しか取らない。

具体的には、電子の質量をm、運動エネルギーをEとすると、$E = p^2/2m$が成り立つ。この式は、電子の速度をvとすると、運動エネルギーが$E = mv^2/2$、運動量が$p = mv$であらわされることから得られる。実際には、運動エネルギーにも運動量にも特殊相対性理論による補正が必要だが、水素原子の内部の電子では無視できる。運動エネルギーに着目することは、あながち的はずれではない。なぜなら、井戸型ポテンシャルよりも複雑なポテンシャルにおいても、すべての定常波がつねに粒子の特定のエネルギーに対応するからだ。

運動エネルギーと運動量には重要な違いがある。$E = p^2/2m$が成り立つためには、粒子の移動する範囲のポテンシャルが一定でなければならない。この条件によって、なめらかな水平面に置かれたビー玉や、井戸型ポテンシャルに閉じ込められた電子は、運動エネルギーと運動量の単純な関係を保ちながら、自由に動くことができる。

だが、一般的な粒子では、$E = p^2/2m$ は成り立たない。その理由は、粒子が運動エネルギーだけではなく、位置エネルギーも持つことにある。

この状況の説明にも、図6・4の谷間のボールが利用できる。ボールが谷底に止まっていれば、何も起こらない。粒子の波束が広がる影響は、大きな物体では無視できるからだ。いま、この影響が気になったなら、量子力学に慣れてきた証拠だ。ともあれ、ボールが動くためには、だれかに蹴られなければならない。これはエネルギーを与えられることに相当する。

蹴られた直後には、すべてのエネルギーが運動エネルギーの状態だ。ボールは斜面をのぼるにつれて速度がだんだんと遅くなり、のぼりきることができなければある高さに達したときに完全に止まる。それから転がり落ち、今度は反対の斜面をのぼっていく。斜面で止まったとき、運動エネルギーはゼロになるが、エネルギーそのものが魔術によって消えたのではない。運動エネルギーのすべてが位置エネルギーに変わっただけだ。ボールの質量をm、地表での重力による加速度をg、谷底からの高さをhとすると、位置エネルギーはmghという式で計算される。

止まったボールが斜面を転がりはじめると、位置エネルギーが徐々に運動エネルギーに戻るので、速度がふたたび増していく。つまり、ボールが谷間を行き来するとき、エネルギーの総量は一定だが、状態は運動エネルギーと位置エネルギーのあいだで周期的に変化する。ボールの運動量は絶えず増減しているものの、エネルギーは同じ値に保たれる。

ただし、ここでは摩擦による速度の減少を無視している。だが、摩擦によって熱などに変わるエネルギーを考慮すれば、やはりエネルギーの総量は一定だ。この原理は「エネルギー保存則」と呼ばれている。

つぎに、エネルギーが一定の粒子と定常波の関係を、井戸型ポテンシャルという特殊な場合に頼ることなく、べつの方法で調べよう。そのために、小さな時計による表現を使う。まず、ある時点での電子が定常波であらわされるなら、のちの時点でも同じ定常波であらわされることに注意しよう。

ここでの同じとは、図6・1の水面の定常波がふるまうように、もっとも激しく上下する場所が変わらないことを意味している。当然ながら、波形がまったく変わらないわけではない。

重要な点は、水面が揺れつづけても、山と谷が同じ場所につくられることだ。この性質から、

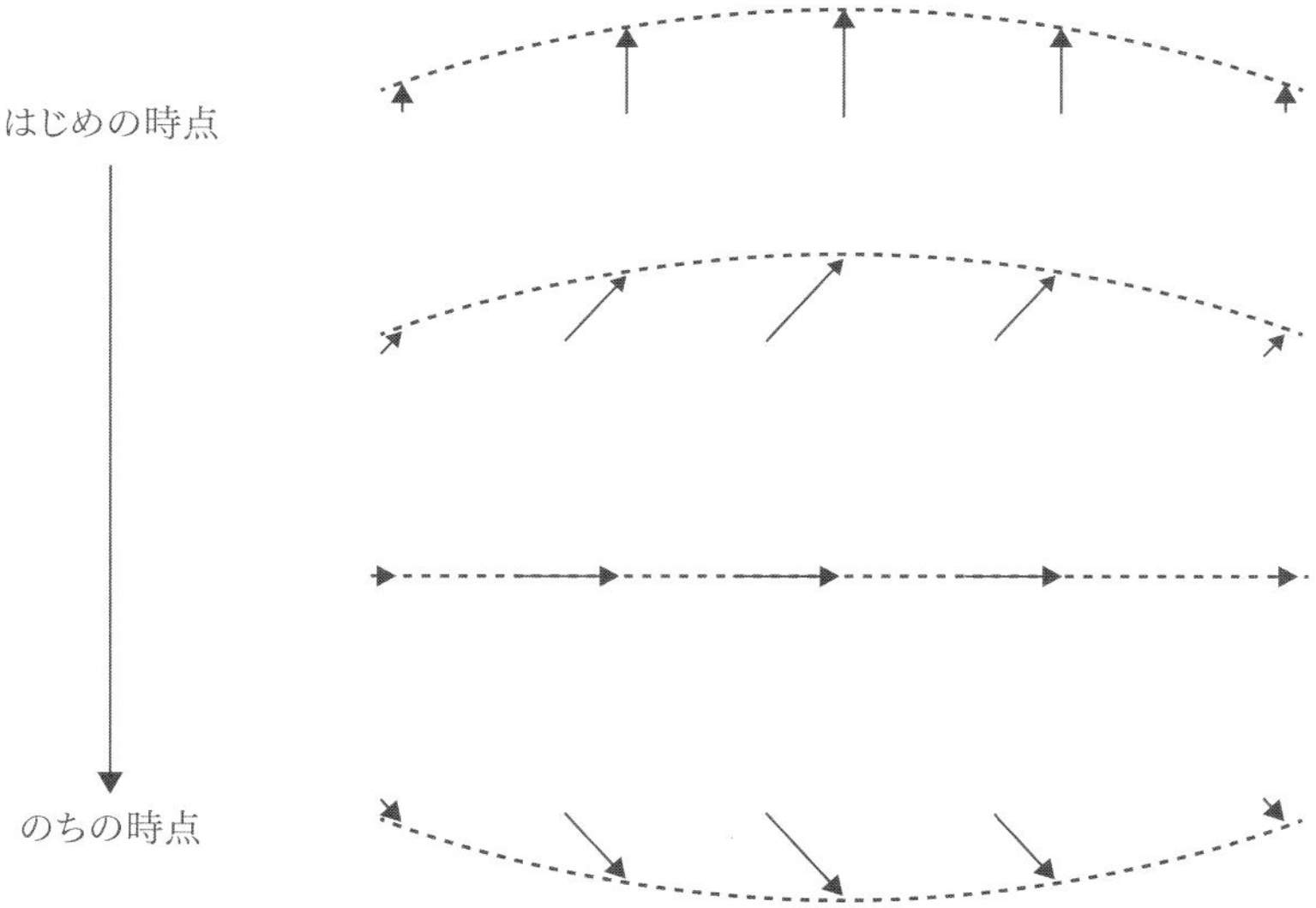

図 6.6　一定の間隔での４つの時点における定常波。矢印は針をあらわしていて、それを12時の方向に投影した長さが点線のようにつながる。針はすべて同じ速度で一斉に回転する。

定常波をあらわす時計の特徴が決まり、波長のもっとも長い定常波では図６・６のようになる。針の長さは山と谷や節点にどれだけ近いかによって異なるが、すべての針は同じ向きになり、同じ速度で一斉に回転する。

その特徴が読み取れるだろうか？　節点はつねに節点で、山と谷はつねに同じ場所にあらわれ、どちらも動くことはない。針は節点の近くではつねに短く、山と谷の場所ではつねに最長になるばかりか、どの針も同じ長さを保ったまま、調子を合わせて回転することしかできない。

時計を縮めたり、巻き戻したりする前章までの手順にしたがえば、図6・6のはじめの時点における時計の集まりから、のちの三つの時点における時計の集まりが生成できる。

やや高度な計算になるので、この本では紹介しないが、面白い工夫をしないと正確な値が得られない。それは、粒子が目的地に達するまでの経路として、「箱の壁で跳ね返る」場合を含めることだ。ついでながら、この時計の集まりによってあらわされる電子は、針の長さの分布から容易にわかるように、箱の端よりも中央で見つかる可能性が高い。

このように、閉じ込められた電子をあらわす時計の集まりは、すべて同じ速度で回転する。ただし、そんな表現を物理学者はしないし、きっと音楽家もしないだろう。どちらも、「定常波は一定の周波数を持つ」と言うはずだ。周波数が高いほど、その波をあらわす時計は高速で回転する。針が一周する時間は、波が山から谷に変わり、ふたたび山に戻るまでの時間に等しい。

音楽においては、中央のハ音の周波数は二六二ヘルツで、ギターの弦なら一秒間に二六二回の振動に相当する。それより高い最初のイ音は四四〇ヘルツで、さらに素早く振動する。ちなみに、このイ音は、世界じゅうのオーケストラで楽器の調律の基準として使われている。以前にも指摘したように、純粋な正弦波では一定の周波数が一定の波長に対応する。一般的にも、周波数は定常波の特徴をあらわす基本的な数値だ。

では、きわめて魅力的な問題に進もう。電子をあらわす波が定常波とわかると、いったい何がうれしいのか？　その理由は、この状態の電子のエネルギーがとびとびの値しか取らないことと、だれかに蹴飛ばされないかぎり、この状態をずっとつづけることにある。

まず、「同じ状態をつづける」という点が、定常波の重要性の鍵になる。この章で紹介したエネルギー保存則は、物理学では異議をとなえる余地のない基本法則の一つだ。井戸型ポテンシャル、あるいは、原子の内部に閉じ込められた電子が持つエネルギーは、何かが起こるまでその値を変えない。べつの表現をすれば、電子が理由もなく勝手にエネルギーを増減させることは不可能だ。

なんの変哲もない平凡な主張だと思うなら、ある場所に置かれた単独の電子の場合と対比してみよう。その電子は、つぎの瞬間には宇宙のすみずみまで広がり、無限に多くの時計を生成する。だが、定常波をあらわす時計の集まりは違う。何かに妨害されるまで、すべての針が同じ長さを保ったまま、同じ周期で回転をつづける。この不変という性質から、電子が一定のエネルギーを持つ理由として、定常波の概念は有力な候補になる。

ギターの弦が短いほど素早く振動することから類推すると、定常波の周波数が高いほど波長は短い。ド・ブロイの方程式によって、短い波長はより大きな運動量に対応する。井戸型ポテンシャルという特殊な状況では、粒子のエネルギーは運動量の二乗に比例する。以上から、定常波の周波数を粒子のエネルギーと結びつけると、周波数が大きいほどエネルギーも大きいと予測される。

捕らわれた電子のエネルギーがとびとびの値しか取らないことは、物理学の専門用語を使うと、特定の「エネルギー準位」でしか存在できないと表現される。

電子に許される最小のエネルギー準位は「基底状態」と呼ばれ、周波数が最小の定常波であらわされる。井戸型ポテンシャルの場合なら、nが一の定常波の状態だ。基底状態を除いたエネルギー準位はどれも「励起状態」と呼ばれ、周波数が最小ではない定常波の一つに対応する。一般的には、電子は複数の定常波で同時にあらわされる。つまり、エネルギーの値が唯一には予測できない。

一般的には、電子は同時に複数のエネルギーを持ち、異なるエネルギー準位に同時に存在する。あるエネルギー準位に存在する確率は、対応する定常波の時計において、針の長さを二乗した値に等しい。すべてのエネルギー準位について確率を計算すると、その総計は厳密に一になる。だからこそ、電子はいずれかのエネルギー準位にかならず存在する。

電子が同時に複数のエネルギーを持つことは、同時に複数の場所に存在することと同じくらい奇妙だ。もちろん、この本をここまで読めば、日常の感覚では驚くことでも、もはや平気で受け入れられるかもしれない。だが、同じように複数の定常波が重なっていても、プールやギターの弦とはまったく違う点に注意を払う必要がある。ギターの弦の場合にも、基音や倍音に相当する定常波のエネルギーはとびとびの値で、実際の振動では数多くの異なる定常波が重なり合っている。

ところが、弦の持つエネルギーは、個々の定常波のエネルギーをすべてくわえたものとして計算される。それぞれの定常波はどんな大きさでもかまわないので、振動する弦のエネルギーは実質的にどんな値でも取れる。

水の波は水分子の波動だが、電子の波は特定のエネルギーの電子が見つかる確率をあらわしていて、電子そのものの波動ではない。原子に閉じ込められた電子のエネルギーは、とびとびの値しか取ることがなく、それ以外になりえない。まるで、自動車が時速一〇キロメートルか時速四〇キロメートルでは走れるが、そのあいだの速度では走れないようなものだ。このきわ

図 6.7　水素原子のバルマー系列。水素ガスから放射された光を分光器にとおすことで得られる。

めて奇妙な性質によって、電子が光を絶え間なく放射する理由も、らせんを描いて原子核に落下することもない理由も説明できる。

電子にはエネルギーを徐々に発散する方法がなく、ある量をまとめて一気に放出するしかない。そのため、原子から放射される光は特定の色になる。

原子スペクトルの正体

原子の構造がもっとも単純な場合、すなわち、水素から放射される可視光線の分布を図6・7に示す。

この線状のスペクトルは「バルマー系列」と呼ばれ、波長が六五六ナノメートルのあざやかな赤、波長が四八六ナノメートルのあかるい青、紫外線の領域に近い三種類の紫という五つの異なる色からなる。スイスの数理物理学者ヨハン・バルマーは、一八八五年、この分布の規則性を発見して単純な数式で表現した。だが、量子力学が提唱される前だったので、その規則性の理由が説明できなかった。

いまや理由ははっきりしていて、これは、水素原子に適合する電子の定常波に関係がある。光は光子の流れと見なすことができる。一個の光子のエネルギーをE、プランク定数をh、真空での光速をc、光の波長をλとすると、$E = hc/\lambda$の関係にあることを思い出そう。

ちなみに、光子のような質量のない粒子では、その運動量をpとすると、アルベルト・アインシュタインの特殊相対性理論から$E = cp$が成り立つので、この式とド・ブロイの方程式$p = h/\lambda$からも同じ関係が導かれる。

いずれにせよ、原子が決まった色の光だけを放射することは、特定のエネルギーの光子しか放出しないことを意味している。そして、原子に捕らわれている電子のエネルギーは、とびとびの特定の値しか取らない。

いまや、長年の謎に答える準備が整った。原子から放射される光の色は、電子のエネルギーが許される一つの値からべつの値にさがるときに放出される光子のエネルギーに対応している。つまり、観測される光子のエネルギーは、二つのエネルギー準位におけるエネルギーの差に等しい。

この結論が得られたのは、電子の状態をエネルギーによって表現したからだ。もしも電子の状態を運動量で表現していたなら、とびとびの値を取ることが明白ではなく、原子が特定の波長の光を放射することは、これほど簡単には説明できなかっただろう。

この結論を検証するためには、実際の原子における電子のエネルギーを計算する必要がある。「箱に閉じ込められた粒子」のモデルには、その目的にかなうほどの正確さがない。だが、電子が捕らわれているポテンシャルのモデルを精密にすれば、エネルギーの正確な計算が可能になる。そして、バルマー系列と見事に一致する結果が得られる。

電子が光子を放出しエネルギーを失う理由については、説明をしていないことに気づいただろうか？　この章の目的としては、その説明の必要はない。だが、電子が何かの原因で一つの定常波の状態を捨てることは間違いないし、その何かが第一〇章の話題だ。

いまの時点では、「電子のエネルギーが一つの値からべつの低い値にさがるときに光が放射されると仮定すれば、原子から放射される光のスペクトルの分布が説明できる」とだけ考えておこう。エネルギー準位はポテンシャルの形状によって決まる。原子によって放射される光の色が違うのは、ポテンシャルの形状が異なるからだ。

これまでのところ、原子のきわめて単純なモデルでも、観測される現象をうまく説明することができた。だが、実際には、電子がポテンシャルの井戸のなかを自由に動きまわるというモデルでは、さほどじゅうぶんとは言えない。電子の周囲には、原子核やほかの電子が存在する。原子の構造を本当に理解するためには、ポテンシャルの形状をもっと正確に記述する必要がある。

原子のポテンシャル

ポテンシャルの概念を使って、原子の構造をより正確に記述しよう。まず、もっとも単純な水素について考える。水素原子を構成する粒子には、一個の陽子と一個の電子しか存在しない。陽子の質量は電子の約二〇〇〇倍もある。よって、陽子はあまり動かないで、じっとしたままポテンシャルを生成し、電子を捕らえていると仮定できる。

陽子は正の電荷を帯びていて、電子は同じ大きさの負の電荷を帯びている。余談になるが、陽子と電子の電荷に正負の逆があり、大きさがまったく等しいことは、物理学における重要な謎の一つだ。おそらく、原子よりも小さな粒子の隠れた法則が発見されたとき、きわめて適切に説明されるだろう。だが、この本の執筆の時点では、まだだれにもわかっていない。

だれにでもわかっていることは、正と負の電荷が引き合うので、陽子が電子を引き寄せると

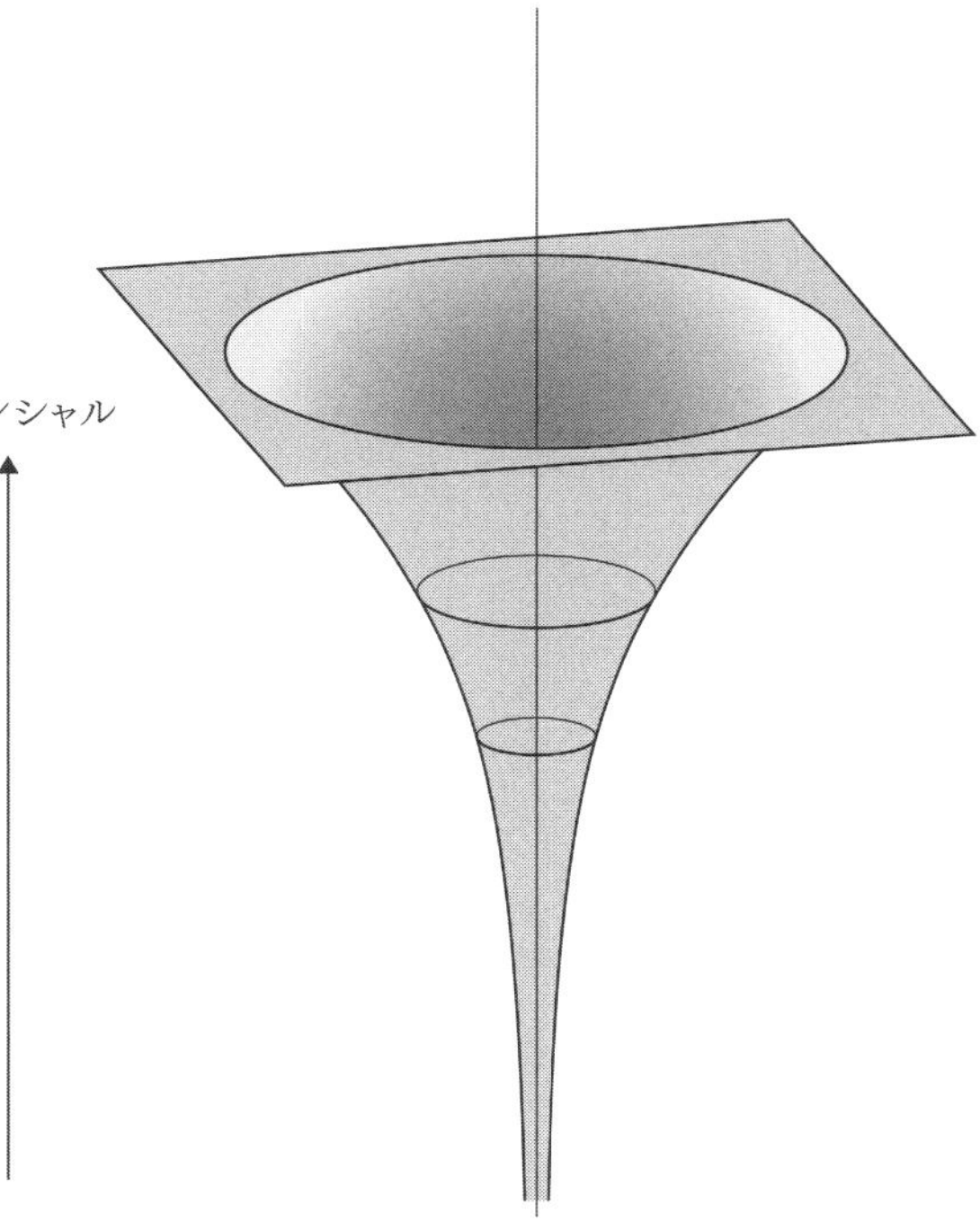

図 6.8　陽子の周囲のクーロン・ポテンシャル。穴のもっとも深い場所に陽子が存在する。

いうことだ。量子力学が登場するまでは、両者は限界にいたるまでの任意の距離を取るものと考えられていた。どこが限界かは、陽子の厳密な形状に依存する。たとえば、硬い球体であるとか、何かが雲のように漂っているとかの違いだ。

だが、いまや陽子の形状を考えても意味はない。電子のエネルギーには最小値があり、大まかに言って、その値はポテンシャルに適合する定常波のもっとも長い波長によって決まる。

陽子が生成するポテンシャルを図6・8に示す。深い穴は井戸型ポテンシャルと同じように機能するが、その形状は単純ではない。このポテンシャルは二つの電荷の相互作用を規定する法則から得られ、シャルル・オーギュスタン・ド・クーロンによって一七八三年にはじめて計算されたので、「クーロン・ポテンシャル」と呼ばれている。

ポテンシャルの形状が異なっても、問題は基本的に同じだ。ポテンシャルに適合する定常波を求めることで、水素原子の電子に許されるエネルギーの値が決まる。

難しく言えば、この問題は「クーロン・ポテンシャルを対象にエルヴィーン・シュレーディンガーの波動方程式を解く」ことに相当し、時計を操作する規則が適用される一例だ。実際には、水素原子のような単純な構造でも、かなり専門的な計算をしなければならない。だが、その計算を説明しても、原子の構造の本質的な理解が深まるわけではないので、あっさりと答えだけ示すことにしよう。


水素原子における電子の定常波のいくつかを図6・9に示す。いずれも陽子の周囲の電子が存在する場所をあらわしたもので、あかるい領域ほど見つかる確率が高い。実際の水素原子は

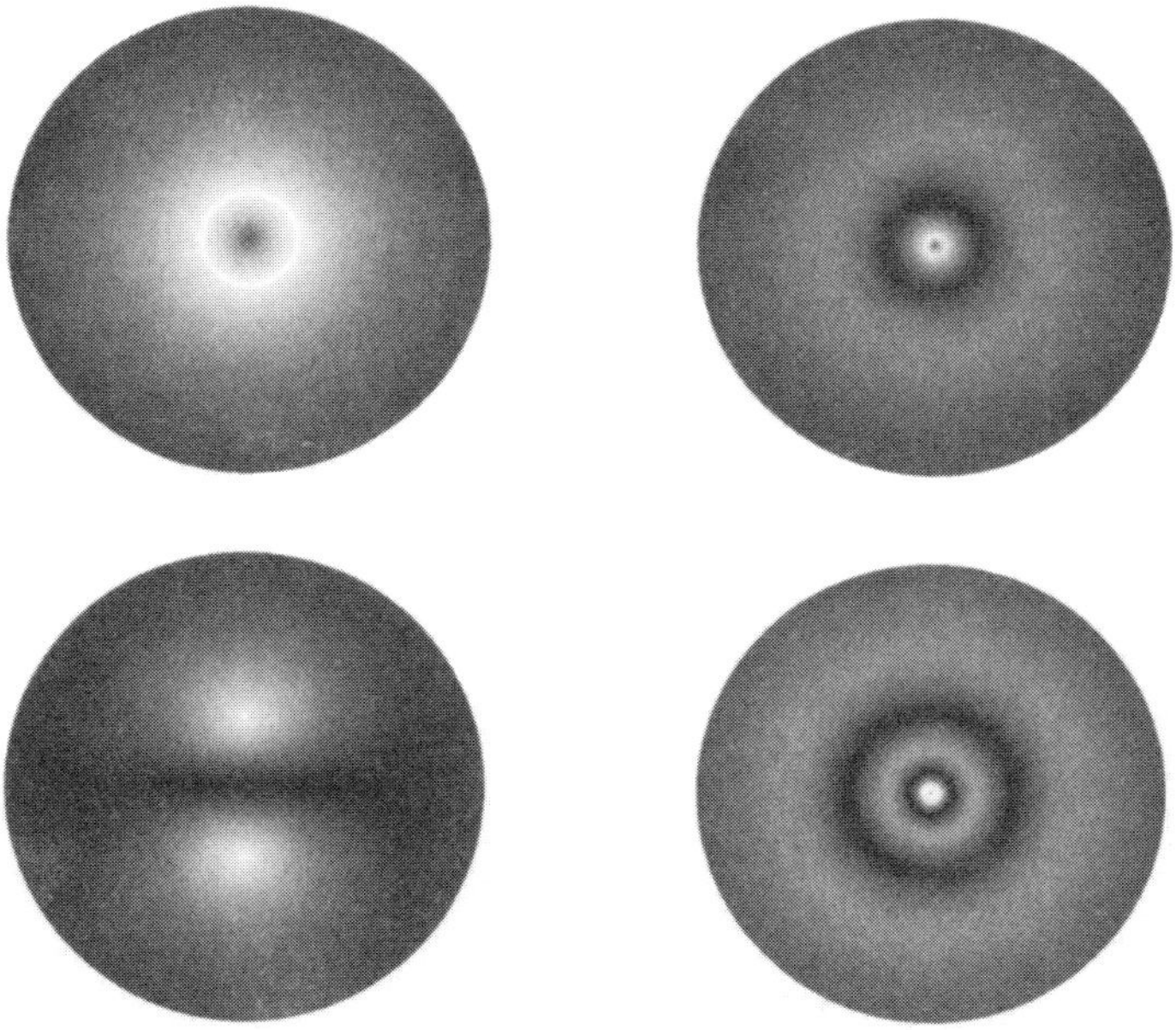

図 6.9　水素原子において電子が存在する場所をあらわす定常波のうち、エネルギーが低いほうの4つ。陽子は中心に存在し、電子が見つかる確率はあかるい領域ほど高い。左上に比べて、右上と左下は4倍、右下は8倍に縮小されている。左上に示されている領域の直径は、約 3×10^{-10} メートル。

もちろん三次元なので、原子の中心をとおる断面図が描かれている。

図6・9の左上の定常波は基底状態の波動関数に対応していて、この状態の電子のほとんどは陽子から約 1×10^{-10} メートルの範囲で見つかる。

定常波のエネルギーは、左から右へ、上から下へと高くなっていく。また、縮尺も左上と右下では八倍の開きがあり、左上でのあかるい領域の大きさは、右側の二つでの中心のあかるい領域の大きさにほぼ等しい。

つまり、電子はエネルギーが高くなるにつれて陽子から離れていき、両者の結びつきが弱まる。いずれの定常波も正弦波ではないので、運動量の特定の値には対応しない。だが、これまでに力説してきたように、エネルギーの特定の値に対応している。

クーロン・ポテンシャルに適合する定常波の独特の形状について、いくつか指摘しておきたい。もっともあきらかな特徴は、陽子を中心として球状に対称なものがあることだ。この定常波は、どの方向から眺めても同じに見える。

バスケットボールのボールにまったく模様のない場合を考えよう。それは完全な球体で、どう回転しようと同一の形状をしている。水素原子の内部の電子を微小なボールに捕らわれた状態と見なすことは、大胆な発想だろうか？　じつのところ、井戸型ポテンシャルに捕らわれているると考えるよりは妥当であり、面白いことに、ボールにおいて類似の現象が観測される。

ボールの内部で発生する音の定常波のうち、エネルギーが低い順から二つを図6・10の左側に示す。これもボールの中心をとおる断面図を描いたもので、黒から白になるほど空気の圧力が高い。右側には水素原子における電子の定常波の二つを示す。左と右はまったく同じではないが、きわめてよく似ている。

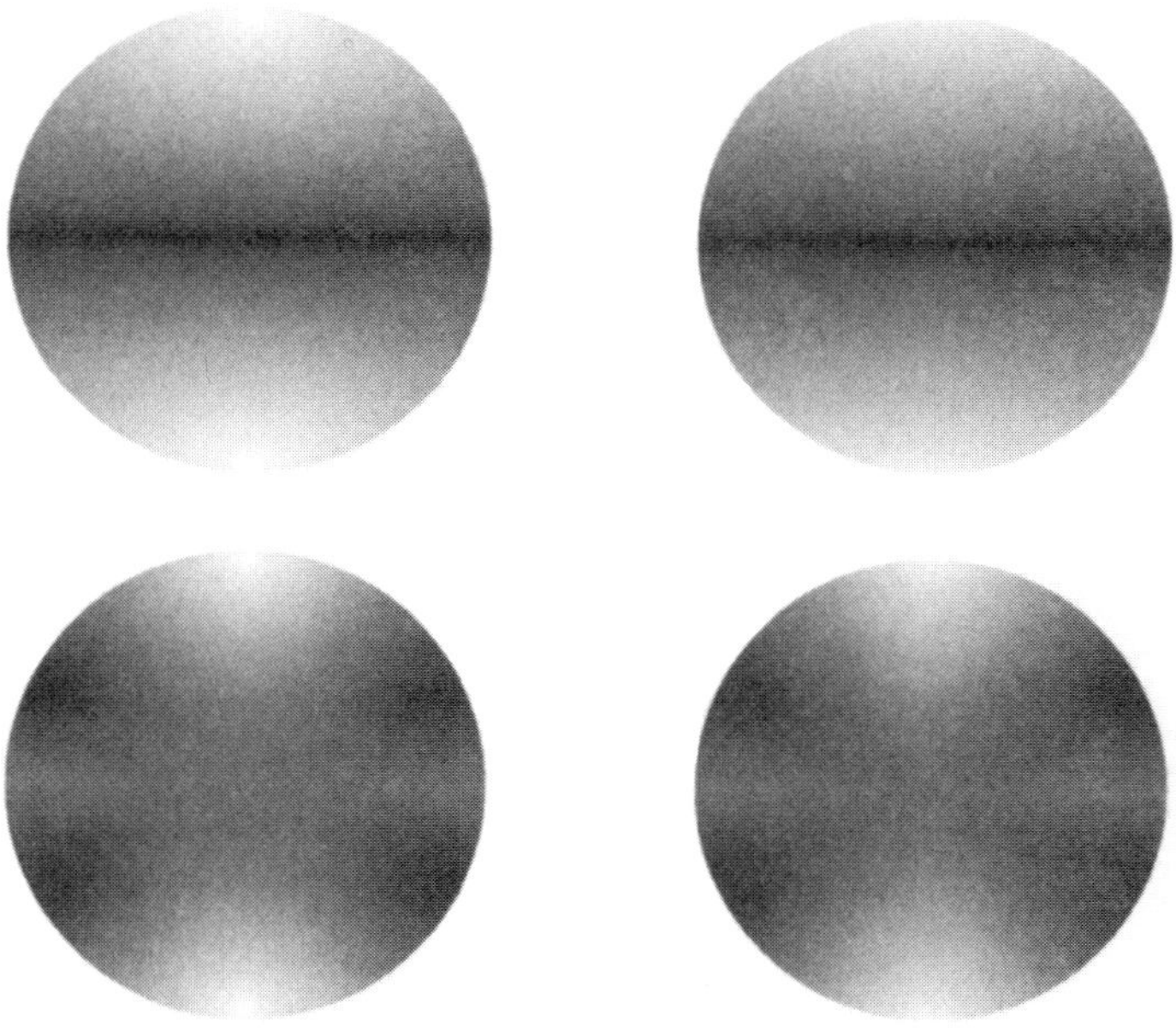

図 6.10　ボールの内部で発生する音の定常波の2つを左側に、水素原子における電子の定常波の2つを右側に示す。両者はきわめてよく似ている。右上は、図 6.9 の左下の定常波において中央の領域を拡大したものに相当する。

つまり、水素原子の内部の電子がボールのような何かに捕らわれていると仮定することは、さほどでたらめな考えでもない。この対比によって、粒子の波動のようなふるまいが説明され、その謎もいくらか解明されることが期待される。水素原子での電子のふるまいの複雑さは、ボールの内部での空気の振動と変わらない。

水素原子の構造の説明を終える前に、陽子によって生成されるポテンシャルと、電子が光子を放出することでエネルギーの高い状態から低い状態に移行する様子について、少し補足しておこう。

ポテンシャルの概念の導入によって、陽子と電子の相互作用を考えることは巧妙に避けられた。それによって、ポテンシャルに捕らわれた電子のエネルギーがとびとびの値になることを簡単に示すことができた。だが、粒子がなぜ閉じ込められているのかを説明しなければ、この現象を本当に理解したことにはならない。

粒子が実際に箱のなかを動きまわっている場合には、箱を構成している原子との相互作用のために、外に出られないものと予想される。「突き抜けられない」という現象を正しく理解するためには、粒子の相互作用を避けてとおることはできない。原子に捕らわれた電子の場合には、これまでの説明では、陽子がポテンシャルを発生させ、そのポテンシャルに電子が閉じ込められるものとした。だが、この現象を突き詰めると、電子と陽子の相互作用がかかわってくる。

第一〇章では、粒子の相互作用を扱うために、いくつかの新しい規則を追加する。これまでに導入した規則はきわめて単純だ。粒子が移動すると、その距離と時間に応じて、針を巻き戻した仮想的な時計が生成される。あらゆる移動が許され、経路も無限に存在する。粒子が複数の場所から同じ場所に達するとき、それぞれの移動によって生成された時計をすべて加算したものが、新しい場所での時計になる。時計の針の長さを二乗すると、その場所で粒子が見つかる確率になる。

相互作用の規則を追加することは、驚くほど簡単だ。粒子が飛びまわる状況以外に、ほかの粒子の放出や吸収の規則を決めればいい。相互作用の前に一個の粒子が存在すれば、あとには二個になっている可能性もある。相互作用の前に二個の粒子が存在すれば、あとには一個になっている可能性もある。

もちろん、実際の計算をするためには、どんな粒子が融合または分離するかとか、相互作用によって時計がどうなるかとかを、明確に決めなければならない。この問題は第一〇章にゆずるが、原子の構造とのかかわりだけは指摘しておく。

相互作用の規則として、電子が光子を放出したり、吸収したりする場合があるものとしよう。すると、水素原子のなかの電子が光子を放出し、エネルギーを失って、低いエネルギー準位に移ることを説明できる。また、電子が光子を吸収し、エネルギーを得て、高いエネルギー準位に移ることも説明できる。

線状のスペクトルの存在は、電子が光子を吸収し、放出することを示している。そして、この現象は、ふつうはどちらか一方がはるかに起こりやすい。電子が光子を放出しエネルギーを失うことは、どんなときにも可能だ。逆に、電子が光子を吸収し高いエネルギー準位に移動するためには、衝突する相手の光子か、何らかのエネルギー源が必要になる。

だが、水素ガスのなかでは、たいていの場合、電子と光子が衝突する機会はきわめて少ない。そのため、励起状態の電子による光子の放出は、いかなる電子による光子の吸収にもまさる。結果として、電子のエネルギー準位はさがる傾向にあり、時間の経過とともに基底状態に落ち着いていく。

例外は、人工的な操作によってエネルギーを与えつづける場合だ。この技術は、「レーザー」としていたるところに応用されている。電子にエネルギーを与えて励起状態に押しあげ、エネルギー準位がさがるときに発生する光子を集める。この光子を使うと、CDやDVDの表面からデータがきわめて正確に読み取れる。このように、量子力学は日常生活に数多くの恩恵をもたらしている。

この章では、電子のエネルギーがとびとびの値を取るという考えだけで、放射される光に線状のスペクトルがあらわれる理由を説明することができた。だが、原子のふるまいがすべて解明されたと思うのは早計だ。まだジグソーパズルには最後の一片が欠けていて、それがないと、水素よりも重い原子の構造を説明することができない。

身近な例をあげるなら、原子の内部はほとんどからっぽなのに、なぜ人間の足は床を突き抜けないのか、という疑問がある。その理由を説明するための基本法則は、オーストリア生まれの物理学者ヴォルフガング・パウリの洞察によって発見された。

足が床を突き抜けない理由

7

人間の足が床を突き抜けないのは、ある意味で不思議だ。床が堅いからだという説明では、まったく答えにならない。アーネスト・ラザフォードが発見したように、原子の内部には、もっぱら何もない空間が広がっている。問題をさらに難しくしているのは、現在の知見にもとづくかぎり、自然界の基本的な粒子にはまったく「大きさ」がないことだ。

粒子に大きさがない状況は、想像しにくいどころか、ありえないようにさえ思われる。だが、前章までの説明において、粒子の大きさが仮定されたり、必要になったりしたことは一度もない。大きさがまったくない粒子という概念は、まだ読者に常識が残っていて、その常識にいくら反しているとしても、量子力学にまったく整合している。

もちろん、将来の実験や、ヨーロッパ原子核研究機構の大型ハドロン加速器による今日の実験でも、電子やクオークが無限に小さくはないと示される可能性はある。だが、現在までに裏づけられた証拠からは、粒子の大きさが、量子力学の基本的な方程式に入る余地はない。

大きさのない粒子にも、たしかに問題はある。ゼロではない電荷を無限に小さな体積に押し込めなければならない状況は、その代表的な例だ。だが、これまでのところ、理論は破綻をきたしてはいない。おそらく、物理学で未解決の大きな問題に取り組むとき、すなわち、万有引力の量子論を構築するときに、ゼロではない大きさが必要になると思われるが、まだ明確な証拠には欠ける。粒子に大きさがなければ、「電子を二つに割ったらどうなるか？」と尋ねるのは愚問だ。「電子の半分」という概念には、まったく意味がない。

物質の構成要素にまったく大きさがないと考えると、宇宙全体がかつてはグレープフルーツほどの大きさだった、あるいは、針の先ほどの大きさだったという理論は、なんの抵抗もなく受け入れられる。ふつうなら、一つの山をエンドウ豆の大きさに圧縮することさえ想像しづらい。ましてや、恒星や、星雲や、宇宙に散らばる三五〇〇億個の巨大な銀河が一塊になっていたなどと、どうして信じられようか。だが、不可能と考える理由はどこにもない。

それどころか、宇宙の起源にかかわる現在の理論では、そんな高密度な状態が当たり前の性質として扱われる。理論がいかに突飛でも、数多くの観測の結果が支持しているからだ。

この本のエピローグでは、「針の先ほどに圧縮された宇宙」とまではいかないが、「エンドウ豆ほどに圧縮された山」くらいの密度の物体に出合う。恒星が地球ほどの大きさに押しつぶされた白色矮星と、一〇キロメートルくらいの半径の完全な球体に圧縮された中性子星だ。このような天体はサイエンスフィクションの産物ではない。天文学者が観測したデータは、量子力学による計算の結果と高い精度で一致している。白色矮星や中性子星の成り立ちを解明するために、まず、この章では身近な問題に取り組もう。床がほとんど何もない空間なら、なぜ人間の足は突き抜けないのか？

量子数

この問題は物理学者を長く悩ませてきて、驚くほど最近の一九六七年、フリーマン・ダイソンとアンドルー・レナードの論文がはじめて答えを示した。二人が問題に取り組んだのは、からっぽな物質がつぶれない理由を解明した物理学者に高級なシャンパンの贈呈が約束されたからだった。

ダイソンの言葉によれば、証明は並はずれて複雑で難しく、理解もしづらい。だが、結論は単純で、物質が安定しているのは、ある原理に電子がしたがわなければならないからだ。その原理は「排他律」と呼ばれ、量子力学のもっとも面白い特徴の一つになっている。

前章で述べたように、もっとも単純な水素原子の構造は、陽子によるポテンシャルの井戸に適合する定常波を考えることで説明できる。それによって、少なくとも理屈としては、水素原子から放射される光に線状のスペクトルがあらわれる理由もわかる。残念ながら、ここでは電子のエネルギー準位を実際に計算している時間がない。大学で物理学を専攻する学生なら、だれもがこの計算の方法を学習し、観測されるデータと見事に一致することを知るはずだ。

電子を「箱に閉じ込められた粒子」として単純化することは、前章での説明の目的にじゅうぶんにかなっている。だが、完全な計算を実行するためには、現実の水素原子が三次元に存在することを考慮しなければならない。

箱に閉じ込められた電子のモデルでは、一次元だけを考え、エネルギー準位をｎという一つの数値であらわした。ｎが一の場合にもっとも低く、つぎに低いのはｎが二の場合という具合だ。

だから、三次元で許されるエネルギー準位を表現するために三種類の整数が必要だと聞いても、さほど意外に思わないかもしれない。その三つの数値はそれぞれｎ、ｌ、ｍという記号であらわす習慣になっていて、「量子数」と呼ばれている。この章の説明では、ｍが粒子の質量ではないことに注意しよう。

量子数ｎはもっとも重要で、箱に閉じ込められた電子のモデルでのｎに相当する。一、二、三と順に大きくなっていき、ｎが大きいほどエネルギーが高い。量子数ｌと量子数ｍに許される値は、ｎの値に依存する。

ｌはゼロ以上で、ｎより小さくなければならない。たとえば、ｎが三の場合には、ｌはゼロ、一、二のいずれかだ。

ｍはマイナスｌからプラスｌまでの値を取る。ｌが二なら、ｍはマイナス二、マイナス一、ゼロ、一、二のどれかになる。

それぞれの量子数の詳しい説明は、とくに必要がないので省略する。図６・９の定常波については、ｎとｌの組み合わせが左上、右上、左下、右下の順に一とゼロ、二とゼロ、二と一、三とゼロで、ｍがすべてゼロとだけ補足しておこう。

繰り返しになるが、量子数ｎはもっとも重要で、電子のエネルギーの値をほとんど決める。エネルギーの値は量子数ｌにもわずかに依存するが、放射される光をきわめて正確に測定しないと、その違いは検出できない。ニールス・ボーアが水素の線状のスペクトルによって示されるエネルギーの値をはじめて計算したとき、数式にはｎだけが含まれていた。

また、量子数ｍは「磁気量子数」と呼ばれていて、水素原子を磁場のなかに置かないかぎり、電子のエネルギーにまったく影響を与えない。だからといって、重要でないと決めつけるのは早計だ。それを説明するために、量子数の組み合わせの分析をもう少し進めよう。

量子数ｎが一の場合、いくつの異なるエネルギー準位が可能だろうか？　規則にしたがえば、量子数ｌと量子数ｍはともにゼロでなければならない。つまり、ｎが一のときのエネルギー準

族	1	2	3	4	5	6	7	8	9	10	11	12	13	14	15	16	17	18
1	1 H																	2 He
2	3 Li	4 Be											5 B	6 C	7 N	8 O	9 F	10 Ne
3	11 Na	12 Mg											13 Al	14 Si	15 P	16 S	17 Cl	18 Ar
4	19 K	20 Ca	21 Sc	22 Ti	24 V	24 Cr	25 Mn	26 Fe	27 Co	28 Ni	29 Cu	30 Zn	31 Ga	32 Ge	33 As	34 Se	35 Br	36 Kr

図 7.1　元素の周期表におけるはじめの4周期。

位は一種類だけだ。

量子数nが二の場合、量子数lはゼロと一の二種類の値を取る。lがゼロのときには量子数mはゼロにかぎられ、lが一のときにはmはマイナス一、ゼロ、プラス一の三種類が可能だ。よって、nが二のときのエネルギー準位は四種類になる。

量子数nが三の場合、量子数lはゼロ、一、二のいずれかになる。lが二のとき、量子数mはマイナス二、マイナス一、ゼロ、プラス一、プラス二の五種類が考えられる。そこで、nが三のときのエネルギー準位は、1+3+5の九種類と計算される。

量子数と周期表

以上のように、量子数nの小さなほうから三つの値に対応するエネルギー準位は、順に一種類、四種類、九種類とわかった。つぎに、元素の周期表を眺めてみよう。

図7・1に、はじめの四周期を示す。それぞれの行に含まれる

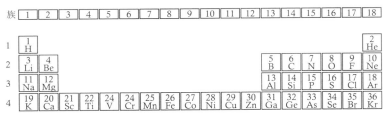

元素を数え、二で割ると、順に一、四、四、九という値が得られる。この数の並びには、エネルギー準位との重要な関係が隠れている。

元素の周期表を発明した功績は、ロシアの化学者ドミトリ・メンデレーエフにあるとされる。この配列がロシア化学学会で発表されたのは一八六九年三月六日で、水素原子における電子のエネルギー準位という考えがあらわれるよりも、かなり前のことだ。

元素は原子量の小さい順に並べられていた。原子量は原子核を構成する陽子と中性子の総数に相当するが、もちろん、その事実はまだ当時は知られていない。元素は陽子の数の小さい順に並べるべきで、中性子の数をくわえるのは間違っているものの、軽い元素ではどちらでも順序が変わらないので、メンデレーエフの周期表は正しかった。

いくつかの元素では、原子量が異なるにもかかわらず、化学的な性質が酷似している。そのような元素は縦の同じ列に並べられた。たとえば、右端の列のヘリウム、ネオン、アルゴン、クリプトンは、どれもほかの元素とあまり反応しない気体だ。

メンデレーエフは元素を正しく分類したばかりか、当時の周期表に欠けていた原子番号三一と三二の元素の存在を予測した。この二つはのちにガリウムとゲルマニウムとして、それぞれ一八七五年と一八八六年に発見されている。予測が正しかったことから原子の構造になんらかの秘密があることは間違いなかったが、その正体はだれにもわからなかった。

周期表のそれぞれの周期における元素の数に注目しよう。はじめの周期には二個、二番目と三番目の周期には八個、四番目の周期には一八個の元素が並んでいて、どの数も、水素原子におけるる量子数nが三までのエネルギー準位の種類の二倍だ。これには何か理由があるのだろうか？

周期表の元素は、すでに説明したように、原子核を構成する陽子の少ない順に並んでいる。だが、原子における陽子と電子の数は等しい。陽子の正の電荷と電子の負の電荷がたがいに打ち消し合い、原子は電気的に中性の状態を保っている。電子が原子核をまわるときに許されるエネルギー準位には、元素の化学的な性質とのあいだに何か面白い関係がありそうだ。

原子番号が一つ大きくなると、陽子が一個だけ増えるとともに、電子も一個だけ増える。増えた電子は、エネルギー準位のどれかを占めなければならない。いま、どのエネルギー準位にも二個までの電子が入ると仮定すると、周期表のパターンにうまく合致する。具体的に説明しよう。

水素には電子が一個しかなく、量子数nが一のエネルギー準位に入る。

ヘリウムの二個の電子は、どちらもnが一のエネルギー準位を占める。これで、nが一のエネルギー準位は満席だ。よって、リチウムの三個目の電子は、nが二のエネルギー準位に入らなければならない。

つぎの七つの元素、すなわち、ベリリウム、ホウ素、炭素、窒素、酸素、フッ素、ネオンでは、電子が順に一つずつ増えていき、nが二のエネルギー準位を占めていく。量子数lがゼロの場合と、lが一で量子数mがマイナス一、ゼロ、プラス一のそれぞれの場合に対応して、四種類のエネルギー準位が八個の電子を受け入れるネオンまでの元素における電子のエネルギー準位は、このようにして決まる。

量子数nが二までのエネルギー準位はネオンですべて埋まるので、ナトリウムからはnが三のエネルギー準位を占めなければならない。八種類の元素で電子が一つずつ増えていくのにしたがい、はじめは量子数lがゼロの準位に、つづいてlが一のエネルギー準位に入っていく。こうしてアルゴンまでの電子のエネルギー準位が決まると、三番目の周期が終わる。

四番目の周期では、量子数nが三で量子数lが二のエネルギー準位と、nが四でlがゼロまたは一のエネルギー準位を占めていくと仮定することで、説明が可能だ。前者には一〇個、後者には八個の電子が入るので、一八個という元素の数と見事に一致する。図7・1の周期表で

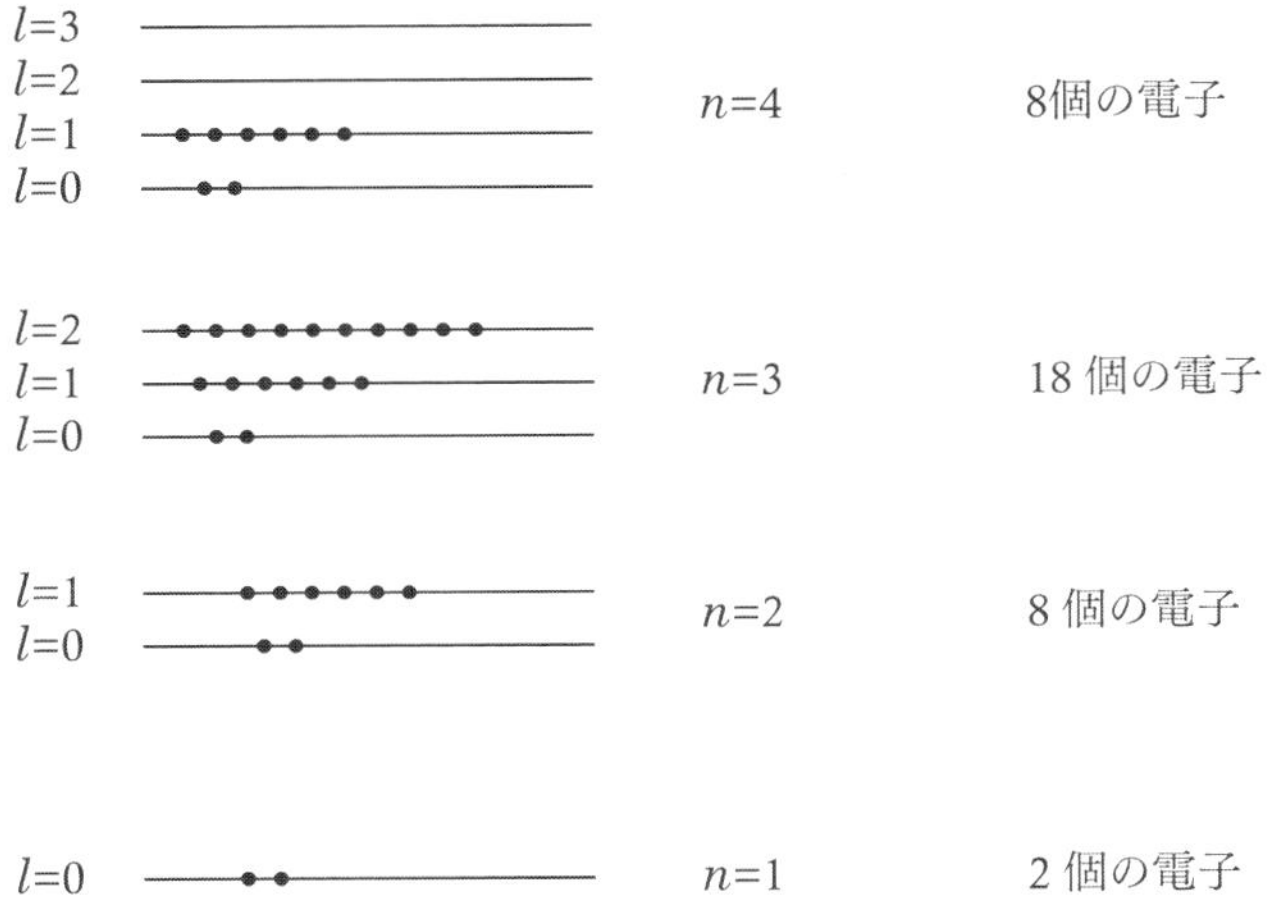

図 7.2　クリプトンの電子が占めるエネルギー準位。黒丸が電子を、横線がエネルギー準位を示す。量子数mだけが異なるエネルギー準位は、量子数nと量子数lが同じエネルギー準位にまとめられている。それぞれのエネルギー準位の横に、nとlの値を記す。

原子番号がもっとも大きいクリプトンには、三六個の電子がある。その電子が占めるエネルギー準位を図7・2に示す。

以上のように解釈すると、化学的に似た性質の元素が周期表で縦に並ぶ理由もわかる。あとで簡単に説明するように、原子と原子が結合しようとする性質は半端な電子の配置で決まるからだ。たとえば、はじめの三つの周期における左端の元素では、電子が量子数nの新しい値のエネルギー準位を占めはじめる。水素の単一の電子は、nが一のエネルギー準位に入る。二番目の周期のリチウムではnが二のエネルギー準位に、三番目の周期のナトリウムではｎが三のエネルギー準位に、いずれも新しく電子が入る。このような一個だけの電子は、化学結合において余分な電子の役割を果たす。

量子数ｎが三のエネルギー準位は一八個の電子を受け入れるが、不思議なことに、三番目の周期には元素が八個しかない。だが、その理由の推測は可能だ。この周期で増えていく八個の電子は、ｎが三で量子数ｌがゼロまたは一のエネルギー準位を占める。そのあと、なんらかの理由によって四番目の周期がはじまり、ｎが三でｌが二のエネルギー準位に一〇個、ｎが四でｌがゼロまたは一のエネルギー準位に八個、それぞれ電子が入っていく。

電子のエネルギー準位と化学の関係は、周期ごとの元素の数が量子数ｎの値だけで説明できるほど単純ではない。実際のところ、四番目の周期における左端の二つの元素、すなわち、カリウムとカルシウムの電子は、ｎが三の残りのエネルギー準位ではなく、ｎが四で量子数ｌがゼロのエネルギー準位を先に占める。そして、つぎの一〇種類の元素、つまり、スカンジウムから亜鉛までにおいて、遅ればせながら、電子はｎが三でｌが二のエネルギー準位に入っていく。カリウムやカルシウムでは、ｎが三でｌが二のエネルギー準位は、ｎが四でｌがゼロのエネルギー準位よりも高いエネルギーを持つので、このような順序になる。

励起状態の電子はいつでも光子を放出して、基底状態に移ることができる。そのため、原子では一般的に電子のエネルギーがもっとも低い状態に保たれる。だから、「この元素の原子において、このエネルギー準位を電子が占める」という説明は、すべて基底状態での話と理解してほしい。

もちろん、実際のエネルギーの値を計算すれば、高さは簡単に比較できる。だが、電子が三個以上の場合に許されるエネルギー準位の計算はきわめて難しく、電子が二個のヘリウムの場合でさえ容易ではない。量子数nの増加とともにエネルギーが高くなるという単純な関係は、水素原子の場合には、はるかに簡単な計算によって裏づけられている。

周期表の右端の元素では、エネルギー準位の特定の集まりがすべて電子に占められている。たとえば、ヘリウムでは量子数nが一のエネルギー準位に、ネオンではnが二のエネルギー準位まで、アルゴンではnが三で量子数lがゼロと一のエネルギー準位まで、もう新しい電子が入る余地はない。このことから、化学的に重要な現象が理解できる。ありがたいことに、この本は化学の教科書ではないから、無理を承知で、この話題を数少ない段落にまとめてしまおう。

その重要な現象とは、原子が電子を共有して結合することだ。なぜ結合する必要があるのかという理由は、二個の水素原子から水素分子が構成される場合を取りあげ、つぎの章で詳しく説明する。ここでは一般的な規則として、原子にはエネルギー準位を巧妙に埋めようとする傾向があるとだけ考えよう。

ヘリウム、ネオン、アルゴン、クリプトンの場合には、エネルギー準位の集まりがはじめから電子で占められている。それ自身で幸福な状態なので、ほかの原子と反応する必要がない。そのほかの元素では、原子と原子が電子を共有するという方法によって、空いているエネルギー準位を埋めることに挑戦する。

たとえば、水素の場合、量子数nが一のエネルギー準位を埋めるためには、もう一個の電子が必要だ。そこで、べつの水素原子とたがいの電子を共有する。その結果、化学式H_2であらわされる水素分子になる。これはふつうの水素ガスの構造だ。炭素の場合、nが二までのエネルギー準位をすべて満たすためには、四個の電子が不足している。その四個を補うことは、四個の水素原子と結合し、CH_4というメタンガスになれば可能だ。あるいは、二個の酸素原子と結合してもいい。酸素のほうも、nが二までのエネルギー準位をすべて埋めるために、二個の電子を求めている。生成されるCO_2はおなじみの二酸化炭素だ。酸素原子には二個の水素原子と結合し、H_2Oという水になる方法もある。

このような結合は、物質の基本的な性質の一つだ。原子がエネルギー準位を電子で満たすことは、たとえ隣の原子との共有であっても、状態として安定している。この欲求は、結局のところ、自然界がエネルギーのもっとも低い状態に落ち着こうとするという原理に由来する。そして、水からDNAにいたるまで、あらゆる分子を構成する原動力になる。元素として水素、酸素、炭素が豊富に存在する世界なら、二酸化炭素、水、メタンが多いのは当然なのだ。

パウリの排他律

物質の構造が電子のエネルギーで説明できることはきわめて面白い。だが、まだ一つ問題が残っている。それぞれのエネルギー準位を、なぜ二個しか電子が占めないのか？　この制約がなかったら、原子の構造はまったく異なるものになる。

電子が何個あろうとも、すべてがエネルギーのもっとも低いエネルギー準位に入り、ひしめき合っていてもいいはずだ。ただ、その結果は、かなり悪い状況になる。化学反応が起こらず、分子が形成されないから、宇宙に生命が誕生することもない。

どのエネルギー準位もきっかり二個の電子で埋まるという主張は、まったく根拠に欠けるように思われる。歴史的にも、はじめて提案されたときには、だれにも説明がつかなかった。

その状況を打破したのは、エドマンド・ストーナーだった。父親がクリケットのプロの選手で、『ウィズデンのクリケット年鑑』によれば、一九〇七年の南アフリカとの試合で八人の打者をアウトにしたという。当人は学生のときにラザフォードの指導を受け、のちにはリーズ大学で物理学の研究を指揮した。一九二四年一〇月のストーナーの提案では、三つの量子数n、l、mの組み合わせで決まるエネルギー準位のそれぞれには、電子が二個しか入らないとされた。この考えをヴォルフガング・パウリが発展させ、一九二五年、ポール・ディラックが翌年に「パウリの排他律」と名づける原理を発表した。その主張によれば、量子数の組み合わせが同じ状態には一個の電子しか入らない。

では、三つの量子数n、l、mが同じ状態を、なぜ二個の電子が占めるのか？　この問題を解決するために、パウリは新しい量子数を導入した。その値は二つのうちの一つを取るように制限されたが、何に対応しているのかは不明だった。論文にも書かれている。「この規則に対しては、いまのところ明確な理由を与えることはできない」

さらなる洞察は、一九二五年、ジョージ・ウーレンベックとサミュエル・ゴーズミットによってもたらされた。原子から発生する光のスペクトルを正確に測定して、パウリの導入した量子数が電子の「スピン」と呼ばれる性質だと突き止めたのだ。

スピンとは電子のきわめて単純な回転のことで、基本的な概念は量子力学が確立されるずっと前から存在する。一九〇三年、ドイツの物理学者マックス・アブラハムは、電子は帯電した微小な球体で、それ自身も回転していると主張した。これが正しいなら、電子は磁場に置かれたとき、回転軸と磁力線の向きに応じた影響を受けることになる。ウーレンベックとゴーズミットの一九二五年の論文は、アブラハムが死んだ三年後に発表され、回転する球体のモデルが間違っていることを指摘している。観測されるデータと一致するためには、回転の速度が光速を超えなければならないからだ。

だが、モデルの着眼点は正しく、たしかに電子はスピンという性質をそなえているし、磁場の影響も受ける。スピンの正しいモデルはアルベルト・アインシュタインの特殊相対性理論から直接的に導かれるが、かなりの洞察が必要で、厳密に説明されたのは一九二八年にディラックが電子のふるまいを方程式であらわしたときだ。

この章の目的としては、電子には二つの種別があり、それぞれが「スピンアップ」、「スピンダウン」と呼ばれるとだけ理解すればじゅうぶんだ。両者では角運動量が反対の値になり、大ざっぱに言えば、電子が逆まわりに回転している。

アブラハムは電子が球体だという信念を最後まで捨てなかった。わずか数年の違いでスピンの正体を知らずに死んだことは、残念に思われる。マックス・ボルンとマックス・フォン・ラウエによる一九二三年の追悼の言葉では、「アブラハムは高潔な論敵で、正直さを武器に戦い、敗北を嘆いたり、嘘でごまかしたりはしなかった。（中略）絶対的なエーテルの存在、自身が提唱した場の方程式、剛体として表現される電子を愛したのは、若者が初恋に情熱を燃やし、その記憶がいつまでも消えなかったようなものだ」と評された。すべての論敵がアブラハムのようだったら、どんなに素晴らしいことか。

排他律を時計であらわす

この章の残りの部分では、電子のふるまいがパウリの排他律という奇妙な原理にしたがう理由を説明する。ここでもまた、時計による表現を最大限に活用しよう。

問題を解く糸口は、電子が散乱する状況を考えることにある。図7・3には、その一例として、はじめに電子1と電子2があり、位置Aと位置Bに到達する場合が描かれている。薄く塗った丸い部分が象徴するように、二個の電子の詳細な相互作用については、まだ必要がないので追求しない。

図の上側の場合なら、電子1がはじめの場所から位置Aに移動し、電子2が位置Bに移動す

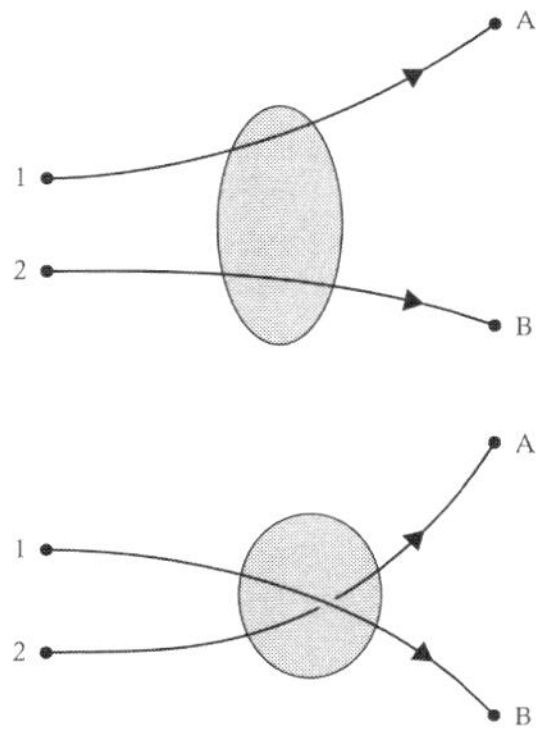

図 7.3　2個の電子の散乱

るとだけ理解すればじゅうぶんだ。実際のところ、このあとの説明は、電子の相互作用を無視しても適用できる。つまり、電子1が位置Aで見つかり、同時に電子2が位置Bで見つかる確率は、二個の電子が相互作用をしてもしなくても、それぞれの電子が独立に見つかる確率の単純な積として計算される。

たとえば、電子1が位置Aに移動する確率を四五パーセント、電子2が位置Bに移動する確率を二〇パーセントとしよう。このとき、電子1が位置Aで見つかり、電子2が位置Bで同時に見つかる確率は、0.45×0.2 =0.09 なので九パーセントになる。ここで使われている論理は、コインとさいころを投げたときに「裏」と「六」が同時に出る確率の計算で、二分の一と六分の一を掛けて一二分の一とするのと同じだ。

図7・3の下側の場合が示すように、二個の電子が

位置Aと位置Bで見つかる可能性はもう一つある。つまり、電子1が位置Bに、電子2が位置Aに到達してもいい。電子1が位置Bに移動する確率を五パーセント、電子2が位置Aに移動する確率を二〇パーセントとしよう。電子1が位置Bで、電子2が位置Aで同時に見つかる確率は、$0.05 \times 0.2 = 0.01$なので一パーセントになる。

こうして、二個の電子が位置Aと位置Bで見つかる二種類の場合の確率は、それぞれ九パーセントと一パーセントになった。では、どちらが位置Aでどちらが位置Bかを気にしなければ、確率は九パーセントと一パーセントをくわえて一〇パーセントになるのだろうか？　それならば話は簡単だが、残念ながら間違っている。この間違いの原因は、位置Aと位置Bにどちらの電子が到達したかを区別できると考えた点にある。

もし、電子が何から何までまったく同じだとしたら、はたして区別できるだろうか？　つまらない疑問だと思ってはいけない。粒子が区別できないという主張は、はじめはマックス・プランクの黒体放射の法則に関連して提案された。ラディスラス・ナタンソンという物理学者はあまり知られていないが、はやくも一九一一年に、光子が区別できると仮定するとプランクの法則と矛盾することを指摘した。べつの表現をすれば、光子に目印をつけ、動きを追跡することが可能なら、プランクの法則を導くことはできない。

電子1と電子2が完全に同じという前提で、散乱の過程を表現し直そう。はじめに二個の電子があり、時間が少し経過したあと、やはり二個の電子が位置Aと位置Bにある。これまでにも説明してきたように、粒子ははっきりとした経路をたどらないから、追跡は原理的にも不可能だ。そのため、電子1が位置Aにあらわれたとか、電子2が位置Bにあらわれたとかは主張できない。どちらが到達したのかわからないなら、はじめの電子を区別しても無駄だ。二個の粒子が区別できないと、このような状況が起こる。では、そのときの確率は、どのように計算されるのか?

図7・3の例においては、上側と下側の状況が起こる確率は、それぞれ九パーセントと一パーセントになった。この計算は間違いではないが、じつは、それだけでは情報が不足している。ここで、粒子のふるまいが時計で表現されることを思い出そう。つまり、電子1が位置Aに到達することは、針の長さの二乗が四五パーセントに等しい時計に対応する。同様に、電子2が位置Bに到達することは、針の長さの二乗が二〇パーセントに等しい時計であらわされる。

時計の一体化

そこで、一つの状況を単一の時計で表現するために、量子力学の新しい規則を導入しよう。そうすれば、図7・3の上側と下側の状況は、それぞれ一つの時計であらわされる。そして、たとえば、この状況に対応する時計の針の長さを二乗すると、電子1が位置Aで見つかり同時に電子2が位置Bで見つかる確率、すなわち、九パーセントが得られる。

状況を全体的に表現する時計の針の長さは、二つの粒子のふるまいに対応する時計の針の長さを掛けたものだ。では、針の向きはどうなるだろうか？　この質問に答えるためには、第一〇章で説明する「時計の乗算」の概念を必要とする。

この章の問題を解くかぎりでは、時計が何時かは関係ない。新しい規則のもっとも重要な点は、状況を単一の時計であらわすことだ。そして、この手法は量子力学できわめて一般的に使われるので、繰り返し強調しておこう。どのような状況も、その確率は時計で表現されなければならない。一つの粒子が一つの場所で見つかる状況は、この規則がもっとも単純に適用できる例だ。だが、粒子が二個以上の状況になると、一気に複雑さを増す。

図7・3の上側の状況に対応する時計では、針の長さが〇・三になる。〇・三の二乗は〇・〇九で、九パーセントに等しいからだ。同様に、下側の状況をあらわす時計では、二乗して一パーセント、すなわち、〇・〇一になることから、針の長さは〇・一に等しい。この二つの時計から、位置Aと位置Bに電子が一個ずつ見つかる確率をどう決めるのか？　もしも二個の電

子が区別できるのなら、答えは簡単だ。それぞれの確率を加算し、一〇パーセントと計算すればいい。この場合の加算の対象は確率、すなわち、針の長さの二乗で、時計そのものではないことに注意しよう。

実際の二個の電子は区別がつかないので、図7・3の上側と下側のどちらが起こったのかを知ることはできない。そこで、一個の粒子が場所から場所へと移動するときと同じように、複数の時計をなんらかの方法で一体化する。その規則は、ある意味で、粒子が一個の場合に似ている。

ある場所で粒子が見つかる確率は、その場所に到達する可能性のすべてに時計を対応させ、加算することで求められる。複数の場所で同じ粒子が見つかる確率は、それぞれの場所に粒子が到達する可能性のすべてに時計を対応させ、一体化することで計算される。

言葉が慎重に選ばれていることに、気づいただろうか？　新しい規則では、時計を「加算」するのではなく、「一体化」しなければならない。この表現の違いには、じつはそれなりの理由がある。

時計を一体化するもっとも明白な方法は、加算をすることだ。だが、この答えに飛びつく前に、加算が正しい方法かどうかを検討しなければならない。物理学においては、何かを当たり前と考えないことが重要だ。べつの仮説を探せば、これから示されるように、しばしば新しい洞察が生まれる。そこで、一歩さがって、なるべく一般的な方法を考えよう。たとえば、一方の時計を巻き戻し、拡大または縮小してから加算してはどうだろうか？　この方法の可能性についていて、さらに詳しく調べてみよう。

まず、問題を整理すると、「ここに二つの時計がある。それを一体化して、二個の電子が位置Aと位置Bで見つかる確率を示したい。どのように一体化すればいいか？」ということだ。まわり道をあえて選んだ目的は、加算が正しい方法だと示すことだけではない。選択はかなりかぎられているが、面白いことに、単純な加算のほかにもう一つの方法があるからだ。

説明を簡単にするために、電子1が位置Aに移動して、同時に電子2が位置Bに移動する場合の時計を「時計1」と名づける。この時計は、図7・3の上側の状況に対応する。下側の状況に対応する時計は「時計2」と呼ぶことにする。ここで、重要な制約を与えよう。いま、時計1を巻き戻してから時計2と加算すると、正しい確率が得られるものとする。このとき、時計2を同じ角度だけ巻き戻してから時計1と加算しても、同じ確率が得られなければならない。

その理由は、位置Aと位置Bの名前を入れ替えればあきらかだ。入れ替えの前後では、状況がまったく変わらない。図7・3では上側と下側が入れ替わるので、時計1を巻き戻してから時計2と加算することは、時計2を巻き戻してから時計1と加算することに変わる。ここで使う論理はきわめて重要なので、頭にたたき込んでほしい。二個の粒子が区別できないなら、時計の名前を入れ替えるのは自由だ。二つの時計が区別できないなら、時計1を巻き戻す操作と、時計2を同じ角度だけ巻き戻す操作では、結果が完全に一致しなければならない。

この制約はかなり厳しく、きわめて重要な結果をもたらす。二つの時計を加算する前に、一方にだけ巻き戻しや拡大や縮小といった操作をするとき、どちらを対象にしても同じ結果を得るためには、操作がわずか二種類にかぎられるのだ。

図7・4に示す例で説明しよう。上側には、時計1の針を九〇度にわたって巻き戻してから時計2と加算する場合と、時計2の針を九〇度にわたって巻き戻してから時計1と加算する場合が描かれている。

あきらかに、それぞれの加算でつくられる時計の針の長さが異なる。時計1を巻き戻すと、針は点線の矢印のようになり、時計2の針の反対を向く。よって、加算すると針は短くなる。逆に、時計2を巻き戻すと、針の方向が時計1と同じになるので、加算によって針は長くなる。べつに九〇度の場合が特別なのではない。ほかのほとんどの角度でも、どちらの針を巻き

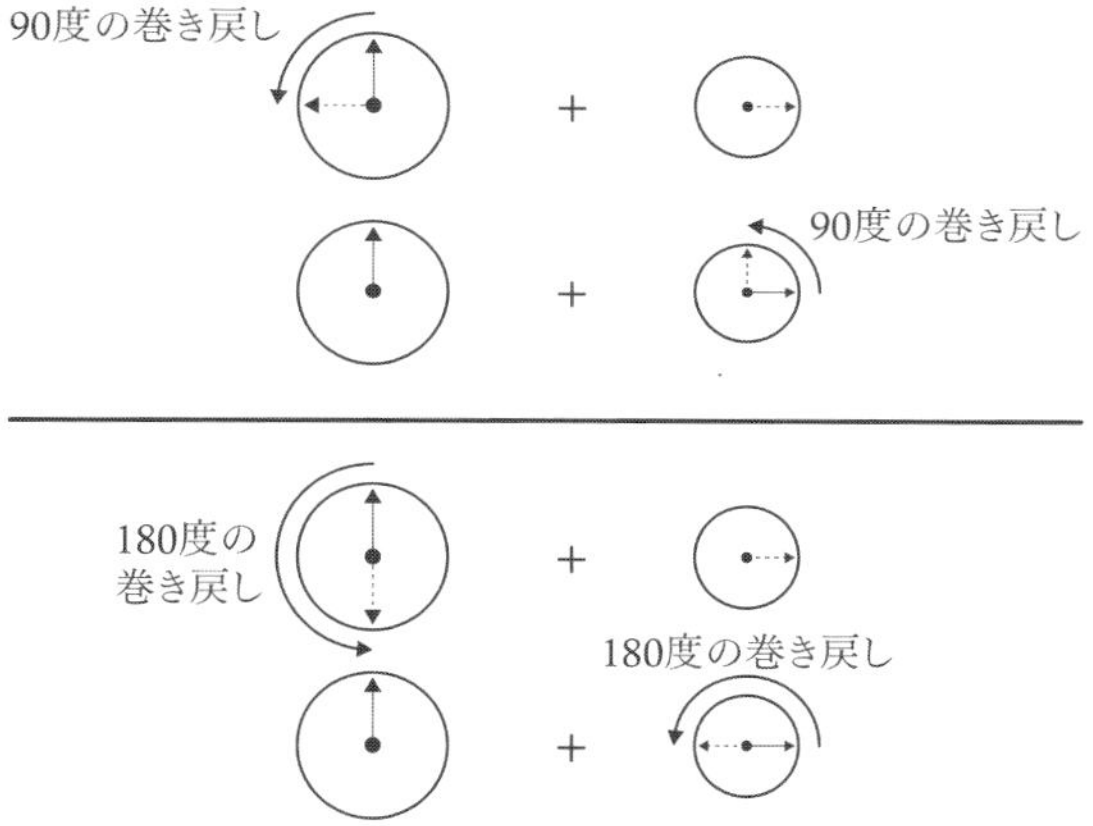

図 7.4　上側では、時計1と時計2を加算する前に、いずれかの針が 90 度にわたって巻き戻されている。それぞれを加算した結果、針の長さが同じにはならない。下側では、いずれかの針が 180 度にわたって巻き戻されている。どちらを巻き戻しても、面白いことに、加算した結果の針の長さが同じになる。

戻すかによって、結果が異なってくる。

自明な例外は、巻き戻す角度が〇度の場合だ。時計1の針を〇度だけ巻き戻して時計2と加算しようが、時計2の針を〇度だけ巻き戻して時計1と加算しようが、当然ながら、まったく同じ結果になる。つまり、時計をいっさい巻き戻さないで加算することは、求めている規則の有力な候補だ。

図7・4の下側には、時計を一体化する方法として、ことによると意外な、もう一つの例外が示されている。つまり、時計を加算する前に、いずれかの針を一八〇度にわたって巻き戻すのだ。どちらを巻き戻すかによって加算した結果の時計は異なるが、

針の長さは同じだ。よって、それぞれの時計があらわす確率は等しい。

二つの時計を加算する前に一方だけ拡大したり縮小したりする操作は、〇度でも一八〇度でもない巻き戻しと同様の論理によって除外される。たとえば、時計1をいくらか縮小してから時計2と加算する場合と、時計2を同じだけ縮小してから時計2と加算する場合では、結果として得られる時計の針の長さが違う。巻き戻しの操作とは異なり、針の長さが同じになるような拡大や縮小の特定の倍率は存在しないのだ。

以上から、面白い結果が得られた。二つの時計を一体化する規則として、なるべく一般的に考えるために加算する前に一方の巻き戻しや拡大や縮小の操作を自由に許すことにした。ところが、粒子が区別できないという制約から、その操作が二種類に限定された。つまり、何も操作しないで加算するか、いずれかの針を一八〇度にわたって巻き戻してから加算するしかない。そして、ここでの朗報は、自然界がこの二つの一体化の方法を使いわけていることだ。

フェルミ粒子とボース粒子

電子の場合には、時計を加算する前に、一方の針を反転する必要がある。光子やヒッグス粒子の場合には、反転してはいけない。このように、粒子は二種類にわかれ、反転が必要なものは「フェルミ粒子」、必要でないものは「ボース粒子」と呼ばれている。では、フェルミ粒子とボース粒子ではどこが違うのか？　その答えが「スピン」だ。

スピンは粒子の「固有角運動量」とも呼ばれ、プランク定数を円周率の二倍で割った値の何倍に当たるかによって表現される。この値がフェルミ粒子では整数に〇・五という端数をくわえたもので、ボース粒子では整数そのものになることが知られている。電子のスピンは二分の一で、光子では一、ヒッグス粒子ではゼロだ。スピンを詳しく説明すると専門的になるので、この本では深入りを避けてきた。だが、電子に二つの種別があることは、周期表を説明するために必要だったので、スピンアップ、スピンダウンという呼び名とともに紹介した。

一般的には、スピンがsの粒子には$2s+1$の種別がある。だから、電子のようなスピンが二分の一の粒子は二つ、スピンが一の粒子は三つの種別にわかれ、スピンがゼロの粒子の種別は一つしかない。

粒子のスピンと時計を一体化する方法の関係は、「スピン統計理論」として確立されている。もともとは、量子力学がアインシュタインの特殊相対性理論と矛盾するのを防ぐために提唱されたものだ。べつの表現をすれば、因果関係が破れるのを避けた結果と言える。スピン統計理論を導くことは、残念ながら、この本のレベルを超えている。いや、むしろ多くの専門書にとっても難題だ。リチャード・ファインマンの『ファインマン物理学　量子力学』にも書かれている。

わかりやすい説明ができないことを、謝らなくてはならない。パウリによる説明は、場の量子論と相対性理論にもとづく複雑なものだ。結論としては、この二つは両立する必要がある。だが、その理由をべつの表現で簡単に述べる方法は、まだ見つかっていない。規則が単純であるにもかかわらず、わかりやすい簡単な説明がだれにもできない領域は、物理学において数は少ないものの、たしかに存在する。

ファインマンの言葉が大学の教科書にあらわれることを考えれば、もろ手をあげて賛成するしかない。だが、難しいが証明はできるという主張は信じるしかないにしても、規則そのものは簡単だ。フェルミ粒子では針を反転し、ボース粒子では反転しない。じつのところ、この反転こそが排他律を成立させ、原子の構造を維持している。その理由の説明は、いまやきわめてやさしい。

図7・3において、位置Aと位置Bをどんどん近づけていくものとしよう。接近するにつれて、時計1と時計2の針はほとんど同じ長さになり、ほとんど同じ向きになる。位置Aと位置Bが完全に重なったとき、二つの時計は同一でなければならない。上側の状況でも下側の状況でも、二個の電子がまったく同じ場所に到達し、まったく同じ状況になるからだ。それでも時計は二つあり、確率を計算するためには一体化する必要がある。

ここで、針の反転が大きな意味を持つ。フェルミ粒子の場合には、時計を加算する前に、いずれかの針を一八〇度にわたって巻き戻さなければならない。すると、二つの時計はまったく反対の時刻を指す。一方が一二時なら、もう一方は六時だ。そして、この時計を加算すれば、つねに針の長さはゼロになる。

この結果はきわめて興味深い。二個の電子が同じ場所で見つかる確率は、どんな場合にもゼロになる。量子力学の法則によって、電子はたがいを避けなければならない。電子が近づこうとしても、時計の針が短くなるので、その状況は起こりにくい。このことから、パウリの排他律にべつの解釈がもたらされる。つまり、電子はたがいを避ける。

これまでの説明の発端は、水素原子においてスピンの種別が同じ電子は同じエネルギー準位に一個しか入らないという主張にあった。この主張が正しいことは、まだ厳密には示していない。だが、電子がたがいを避けるという原理は、原子の構造や、足が床を突き抜けない理由にかかわってくる。

いまや、靴の原子の電子が床の原子の電子から押し返される原因は、同じ種類の電荷が反発するという電磁力だけではないことがあきらかだ。パウリの排他律によって、電子が本質的にたがいを避けるためだ。実際のところ、ダイソンとレナードの証明によれば、人間が床に立っていられる理由のほとんどは、電子がたがいを避ける効果による。

その同じ効果によって、電子は異なるエネルギー準位を満たしていく。そのため、原子の構造が安定し、さまざまな元素が自然界に生まれる。このことは、物理学の法則が日常生活にきわめて有益な結果をもたらしている好例だ。この本のエピローグでは、パウリの排他律が果たすべつの重要な役割として、恒星が自身の重力によってつぶれる運命から救われる様子を紹介する。

二個の電子が同じ場所に同時に存在できないという事実から、二個の電子は原子の内部で量子数の組み合わせが同じ状態になれない。さらー般的には、二個の電子は同じ「量子状態」になることがない。そのことを、この章の最後に示そう。

粒子が無限に多くの時計の集まりで表現されたことを思い出してほしい。量子状態とは、この時計の集まりのことを意味している。いま、二個の電子が同じ量子状態にあるものと仮定しよう。それぞれの電子を位置表示の波動関数で表現すると、空間に広がる時計の集まりはまったく同じになる。

一個の電子がある場所で見つかり、同時にもう一個の電子がべつの場所で見つかる確率は、それぞれの電子の時計を一体化する操作によって、一つの時計であらわすことができる。そこで、空間から位置Xと位置Yを選び、「電子1が位置X、電子2が位置Y」で見つかる確率に時計1を、「電子1が位置Y、電子2が位置X」で見つかる確率に時計2を対応づける。二個の電子をあらわす時計の集まりはまったく同じだから、時計1と時計2は完全に同一になる。よって、「電子の一方が位置X、もう一方が位置Y」で見つかる確率を計算するために、いずれかの時計の針を反転してから加算すると、結果はつねに長さがゼロの時計だ。このことは、位置Xと位置Yをどこに選んでも成立する。よって、同じ量子状態であらわされる電子は、空間がいかに広くても、けっして見つけることはできない。

こうして、人間の身体を構成する原子は、今日も安定を保っている。

原子のきずな

8

これまでは、おもに孤立した原子を対象にしてきた。そのような原子に捕らわれている電子は、エネルギーが一定の定常状態にあるが、複数の異なるエネルギーの値を同時に取ってもいい。電子はべつの定常状態に移ることが可能で、そのときには同時に光子を放出する。この放出は原子から発生する光のスペクトルとして検出され、定常状態が実際に存在する証拠となっている。だが、日常の世界では、原子が孤立している状況はほとんどない。だからこそ、この章では原子の結合によって何が起こるのかを考えよう。

原子の集まりを考察すると、化学結合が起こる理由や、電気の良導体と絶縁体の違いや、さらには半導体のふるまいまでも理解できる。この半導体の興味深い性質を利用したトランジスターは基本的な論理演算を実行する。その原理には、いずれ説明するように、量子力学が深くかかわっている。もしも量子力学がなかったら、トランジスターの発明はなく、それが一〇〇万個をゆうに超えてつながったマイクロチップも存在しない。そのような現代社会は、はたして想像できるだろうか？

これは科学が秘めている大きな可能性の好例だ。自然のふるまいが直観に反することに興味を持ち、その解明に長い時間をついやした結果、日常生活に大きな変革がもたらされた。科学の研究を格づけしたり、統制したりすることの危険は、ベル研究所で固体物理学の研究を指揮し、トランジスターを発明したウィリアム・B・ショックレーの言葉に見事に要約されている。一九五六年にノーベル賞を受賞したときの講演から引用しよう。

物理学の研究を類別するために使われる言葉について、わたしの見解を述べたい。たとえば、純粋、応用、一般、基本、基礎、学術、商用、実用などの表現は、あまりにも多くの場合に、軽蔑の意味を持っていると思う。役に立つ製品を生み出そうとする現実的な目標も、成果の見えない新しい領域の探求が長期的な価値をもたらす可能性も、等しく過小評価されている。これまで実験を計画したとき、その研究は基礎なのか応用なのかと何度も尋ねられたが、わたしにとって重要なのは、自然についての新しい真理が得られるかどうかのほうだ。その見込みがあれば、価値のある研究だと思う。動機が研究者の美意識を満たすことだけにあろうと、高出力のトランジスターの安定性を向上させることにあろうと、さしたる問題ではない。むしろ、人類に最大の利益をもたらすためには、どちらの種類の動機も必要だろう。

車輪よりもあとの発明として、おそらくトランジスターがもっとも有用だという事実を考えると、その発明者の言葉には世界じゅうの政治家や経営者が耳を傾けるべきだ。量子力学は世界を変えた。そして、現在の最先端の物理学から出現する新しい理論は、ほとんど確実に、人間の生活をふたたび変える。

粒子が二個だけの世界

では、この章の説明をはじめよう。まず、世界に在存する粒子の数を一個から二個に拡張して、二個の水素原子が孤立している単純な状態を考えよう。それぞれの陽子の軌道上には、電子が一個ずつ捕らわれている。原子がたがいに近づいた状況は少しあとで説明するので、いまのところは、かなり離れて存在すると仮定する。

電子はたがいに区別のつかないフェルミ粒子なので、ヴォルフガング・パウリの排他律によれば、同じ量子状態には入れない。原子が遠く離れているのだから、時計の集まりはまったく異なるに決まっている。そう思うことによってきわめて面白い現実が導かれる。

いま、「電子1」が「原子1」に捕らわれていて、「電子2」が「原子2」に捕らわれているものとする。しばらく時間が経過すると、もはや「電子1が原子1に捕らわれている」ことは保証されない。電子1が一瞬のうちに移動して、原子2に捕らわれている可能性もあるからだ。

起こる可能性があれば実際に起こり、電子が宇宙の端まで駆けめぐることを思い出そう。

小さな時計によって表現するなら、一個の電子に対応する時計の集まりは、はじめに一方の陽子のまわりだけに存在しても、つぎの瞬間には、もう一方の陽子のまわりにも時計を生成する。その時計は量子のめったやたらな干渉のために小さいが、針の長さが完全にゼロではなく、電子がわずかな確率で見つかることを示している。

排他律によって課される制約をもっと明確に理解するためには、二個の孤立した原子のそれぞれではなく、両者を全体として考えたほうがいい。二個の陽子と二個の電子が存在するとき、どのような構造が形成されるのか？

状況を単純にするために、電子のあいだの電磁力は無視しよう。この力は電子が離れていればわずかだし、これからの説明に重要な影響を与えるわけではない。また、電子のスピンも無視するが、スピンがすべて同じ状況を仮定すれば、説明はまったくそのまま当てはまる。

二個の原子に捕らわれている電子には、どのようなエネルギーの値が許されるのだろうか？大まかな特性なら、計算するまでもなく、これまでの知識から得られる。陽子が何キロメートルも離れていて、それぞれの電子が孤立した水素原子を構成し、ともに基底状態にあれば、エネルギーの合計は確実に最小値になる。

　では、その状況では、それぞれの電子が相手を完全に無視して、ともにエネルギーの最小値を持っているのだろうか？　「そのとおり」と答えたくなるかもしれないが、それは間違いだ。二個の陽子と二個の電子が存在する世界には、その状況に特有の許されるエネルギーの分布がある。そして、二個の電子がたがいの存在をきれいに忘れ、まったく同じエネルギーの値を持つことは、パウリの排他律によって許されない。

　二個の離れた水素原子に捕らわれている電子のそれぞれが、完全に孤立した原子におけるエネルギーの最小値を持てば、全体としてのエネルギーは最小になる。だが、両者がまったく同じエネルギーの値を持つことはできない。少し頭をひねると、この板ばさみから抜け出す方法が見つかる。つまり、二個の原子が存在する世界には、完全に孤立した原子でのエネルギー準位のそれぞれに対応して、一つではなく、二つのエネルギー準位があればいい。そうすれば、パウリの排他律に反することなく、二個の電子はエネルギーの値が最小の状態を占められる。

　原子が遠く離れているときには、この二つの状態のエネルギーにほとんど差がないので、電子がたがいの存在をまったく知らないように見える。だが、実際には、パウリの排他律はどこまでも触手を伸ばしていく。二個の電子はエネルギーの異なる状態に仲よくわかれて存在し、この親密な関係はどれだけ離れていても揺るがない。

原子が三個以上の世界にも、同じ論理が拡張できる。もしも二四個の水素原子が宇宙全体に散らばっていたら、原子が一個しかない宇宙におけるエネルギーの状態のそれぞれには、いまや二四の状態が対応する。そのエネルギーの値はほとんど同じだが、まったく同じではない。ある電子が一つの状態を占めるためには、ほかの二三個の電子が占めている状態について、完全な「知識」が必要になる。

現実の宇宙においても、あらゆる電子はほかの電子の状態をすべて知っている。さらに言えば、陽子も中性子もフェルミ粒子だから、どの陽子も残り全部の陽子について、どの中性子も残り全部の中性子について、その状態を知っていなければならない。

宇宙全体に広がる粒子は、このような親交を結んでいる。だが、遠く離れた粒子のエネルギーの差はきわめて小さく、日常生活になんの影響もないという意味では、おぼろげな関係でしかない。

これほど奇妙な結論もないだろう。宇宙のすべての原子がつながっているという主張は、超常現象のとんでもない説明と同類に聞こえるかもしれない。だが、この主張は目新しいものではなく、この本での以前の主張の延長にある。第六章の井戸型ポテンシャルを思い出そう。ポテンシャルの形状によって、許されるエネルギー準位の分布が決まる。ポテンシャルの形状が変わればエネルギー準位の分布も変わる。同じ主張は、いまの状況にも当てはまる。

以前の主張と異なるのは、ポテンシャルの形状を複数の陽子が決めていることだ。二個の陽子が存在すれば、両者の位置によってエネルギー準位の分布が決まる。宇宙に10^{80}個の陽子が存在するなら、どの一個もポテンシャルの形状に影響を与える。エネルギー準位の分布はつねに一つしかなく、そこには10^{80}個の電子が捕らわれているかもしれない。そんな状況でも、たとえば、電子の一個がエネルギー準位を変えるときには、二個のフェルミ粒子が同じエネルギーの状態を占めないように、宇宙全体が一瞬のうちに調節する。

電子がたがいの状態を即座に知ると主張すると、アルベルト・アインシュタインの相対性理論に反することが疑われる。この瞬時の交信を利用すれば、ある種の信号の伝達が光速を超えられるかもしれない。

このパラドックスとも思われる仮説は、アインシュタインとボリス・ポドルスキー、ネイサン・ローゼンの三人の共同研究によって、一九三五年にはじめて指摘された。アインシュタインは「薄気味悪い遠隔操作」と呼び、この仮説を嫌った。だが、やがて、離れた電子の相互関係は、薄気味悪いのは事実としても、光速を超える情報の送信には使えないことがわかり、因果律は守られた。

二重井戸型ポテンシャル

エネルギーの状態の数をおびただしく増やすことは、排他律の制約をかわすための方便ではない。じつのところ、化学結合の背後にある物理学の奥義なのだ。さらには、物質に電気の良導体と絶縁体がある理由や、トランジスターの働きを理解するためにも欠かせない。

その説明を進めるために、第六章の単純化された原子と同じように、電子が井戸型ポテンシャルに捕らわれているモデルを考えよう。このモデルではエネルギーの正確な計算はできないが、原子のふるまいは明確に説明できる。いま、隣り合う二個の水素原子を表現するために、二つの井戸型ポテンシャルが並んだ単純なモデルを使う。

まず、二個の陽子によってつくられるポテンシャルに、電子が一個だけ捕らわれている状況を考える。図8・1の上側に、そのポテンシャルの形状を示す。平面の二か所に掘られている井戸によって、二個の陽子は電子を閉じ込めることができる。中央の厚い壁のような部分がじゅうぶんに高ければ、電子は左右の井戸のあいだを行き来しにくい。専門用語では、このポテンシャルは「二重井戸型ポテンシャル」と呼ばれる。

このモデルを使って、まず、二個の水素原子が近づいたとき、何が起こるかを調べよう。すぐに説明するように、じゅうぶんに近づいた原子は結合し、分子を構成する。つぎに、原子が三個以上の場合を考察する。その結果からは、固体の内部で発生する現象が理解できる。

二重井戸型ポテンシャルのエネルギーがもっとも低い状態を探すために、第六章の結果を参考にしよう。単一の井戸に一個の電子が捕らわれている場合、エネルギーが最小の状態は、波長が井戸の幅の二倍に等しい正弦波であらわされる。エネルギーがつぎに小さい状態は、波長が井戸の幅に等しい正弦波になる。

二重井戸型ポテンシャルにおいて、一個の電子がじゅうぶんに深い井戸の一方に捕らわれているなら、その状況は井戸が単一の場合に酷似している。すると、許されるエネルギーの状態をあらわす波動関数にもほとんど差がなく、形状もほぼ同じ正弦波になるのではないか？

そこで、一個の電子が左右の井戸のいずれか、すなわち、どちらかの原子に捕らわれている場合を、図8・1の四つの波動関数のうち、上側の二つのそれぞれになるものと仮定しよう。形

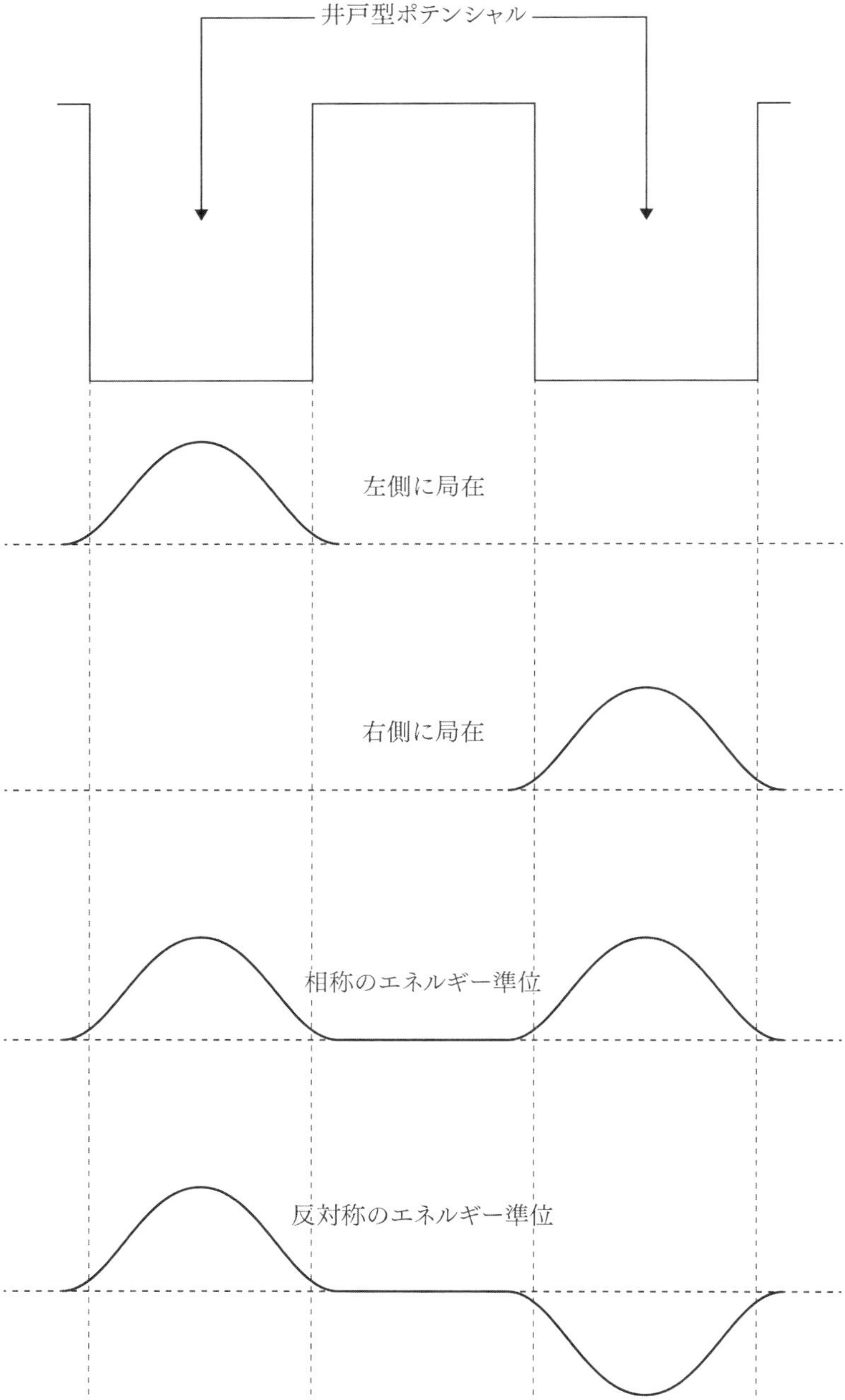

図 8.1　二重井戸型ポテンシャルとそこに捕らわれた電子の興味深い4つの波動関数。この4つのなかでは、下側の2つだけが定常状態を保つ。

状はほとんど正弦波で、波長は井戸の幅の二倍に等しい。だが、二重井戸型ポテンシャルにおけるエネルギーが最小の状態としては、この二つの波動関数には重大な欠陥がある。以前にも説明したように、井戸がいかに深く、いかに離れていようと、わずかな確率で、電子は井戸の一方からもう一方へと移動できる。じつは、図の波形が井戸の幅からいくらかはみ出していることは、隣の井戸に針のきわめて短い時計が生み出されることを暗示している。

電子が井戸から井戸へと移動する可能性のために、図8・1における上側の二つの波動関数はどうしても一定の形状を維持できない。第六章で説明したように、定常状態の波動関数は一定の形状の定常波になる。時計の集まりで表現するなら、どの針もそれぞれの長さをずっと同じに保つ。はじめに何もなかった井戸に新しい時計が生み出されるなら、波動関数はかならず時間とともに変化する。

では、二重井戸型ポテンシャルにおいては、エネルギーの定常状態はどのような形状になるのか？　その答えは、電子がどちらの井戸でも等しい確率で見つかるという、ある意味で民主的な状況で与えられる。波動関数が定常波を形成し、井戸のあいだを行き来しないようにするためには、それしか選択肢はない。

図8・1における下側の二つの波動関数は、この性質を満たしている。じつのところ、この二つはエネルギー準位がもっとも低い状態をあらわしたものだ。それぞれの井戸での波動関数を単一の井戸の場合になるべく一致させ、電子が見つかる確率を同じにすると、定常波は必然的にこの形状になる。

この章において、二個の離れた水素原子を考えたとき、二個の電子にパウリの排他律に反することなくエネルギーの最小値を持たせるために、完全に孤立した原子でのエネルギー準位のそれぞれに対応して、二つのエネルギー準位を導入した。このエネルギー準位の波動関数こそが、図8・1における下側の二つだ。

一方の電子がどちらかの波動関数であらわされれば、もう一方の電子は残っているほうの波動関数であらわされる。なお、いまは電子のスピンが同じと仮定していることを、ここでも念を押しておく。

井戸がじゅうぶんに深いなら、あるいは、原子がじゅうぶんに離れているなら、二つのエネルギー準位はほとんど等しく、孤立した単一の原子でのエネルギー準位にほぼ一致する。

一方の波動関数の右側が引っくり返っていても、あまり心配する必要はない。粒子が見つかる可能性は、針の長さだけで決まる。したがって、図8・1のもっとも下側に示される「反対称のエネルギー準位」の波動関数は、下側から二番目に示される「相称のエネルギー準位」の波動関数と同じく、電子が左側の井戸と右側の井戸に等しい確率で捕らわれた状態をあらわしている。

もちろん、二つの波動関数が完全に同じなら、パウリの排他律に反する。波動関数の違いがもたらす効果を理解するためには、井戸のあいだに着目しなければならない。

図8・1に示されているように、波動関数のエネルギー準位の一方は相称で、もう一方は反対称だ。「相称」とは、井戸と井戸の中間において、両側の波形が左右対称なことを意味している。「反対称」の場合には、片側の波形が引っくり返ると左右対称になる。

呼び名はさほど重要ではないが、一方の波形が反転しているという違いによって、エネルギーの値に差が生じる。具体的には、相称のほうがエネルギー準位は低い。だが、井戸がかなり深いか、じゅうぶんに離れていれば、その差はわずかだ。

粒子のエネルギーの定常状態には、間違いなく困惑することだろう。先ほど説明したように、波動関数が示す確率はどちらの井戸でも同じで、このことは文字どおりに解釈しなければならない。つまり、電子を探したときに、二つの井戸のそれぞれで見つかる可能性は、その場所がたとえ宇宙の両端にあろうとも、まったく等しくなる。

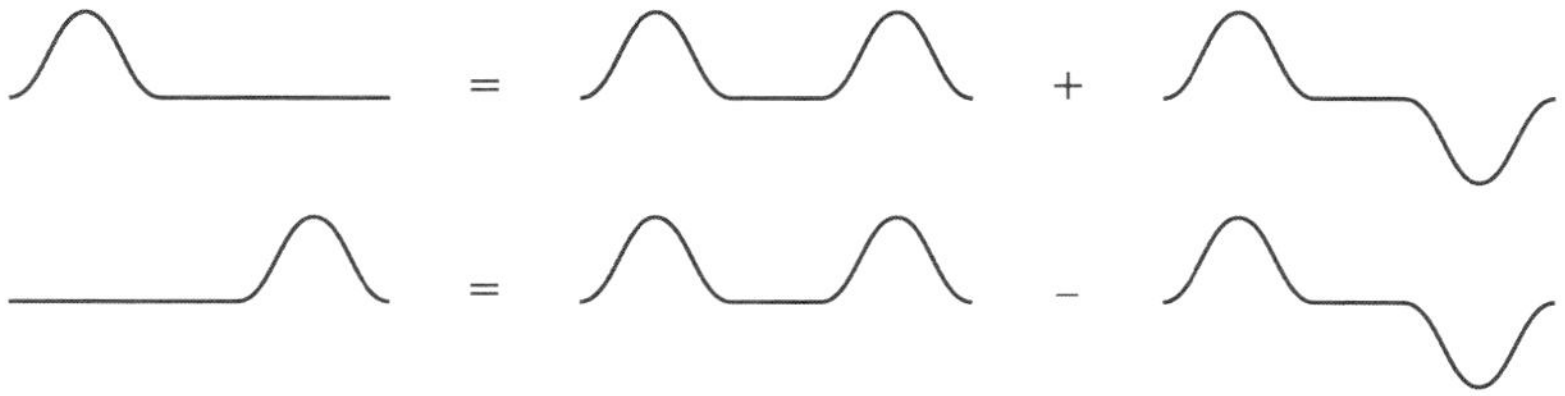

図 8.2　上側のように、左側の井戸に捕らわれている電子は、エネルギーがもっとも小さい2つの波動関数の和として表現される。下側のように、右側の井戸に捕らわれている電子は、同じ2つの波動関数の差として表現される。

二つの井戸に二つの粒子

では、二つの井戸のそれぞれに電子が一個ずつ捕らわれている状況は、どのように解釈するべきなのか？　いずれの電子も、先ほど説明したように、井戸のあいだを瞬時に移動できる。波動関数が定常状態でなければ、隣の井戸に時計を生み出し、飛び移ってしまう。

この問題を解決する方法は、一方の陽子に捕らわれている電子を、エネルギーが最小の二つの波動関数を重ね合わせたものとして表現することにある。その具体的な方法を図8・2に示す。

このことは、ある時点で電子が一方の井戸に捕らわれているなら、そのエネルギーの値が唯一には決まらないことを意味している。実際、電子のエネルギーを測定すると、二つの波動関数に対応する値のいずれにもなる。よって、電子はエネルギーの二つの定常状態を同時に取っている。このように説明されても、もう驚くことはないだろう。

さらに面白い特徴もある。第六章で説明したように、定常波のエネルギーは周波数が高いほど大きい。ここでの二つの定常状態は、エネルギーが完全に同じではないので、時計の進む速度がわずかに異なる。そのため、二つの波動関数を重ね合わせたときの確率の分布は、ある時点で一方の陽子に片寄っていても、じゅうぶんに時間が経過すると、もう一方の陽子に片寄るようになる。

詳しくは説明しないが、きわめてよく似た現象が音波でも起こることだけ指摘しておく。二つの音の周波数がほとんど同じとき、その音が重なると、時間が進むとともに、位相が同じになって強まったり、位相が反対になって弱まったりする。

この現象は「うなり」と呼ばれ、周波数の差が小さいほど強弱の間隔が長くなる。そして、周波数がまったく同じになると、「純音」が発生する。音楽家が音叉をたたくとき、背景にある波動の理論は知らなくても、この現象を利用している。

二つの波動関数の和で表現される電子も差で表現される電子も、井戸のあいだを同じように移動する。だが、どちらに片寄るかといえば、たがいに正反対だ。それぞれの陽子に捕らわれている電子は、いつの間にか、その位置が入れ替わっている。

二個の電子が捕らわれている状況の分析をつづけよう。原子がたがいに近づくと、じつに興味深い現象が起こる。二重井戸型ポテンシャルのモデルでは、井戸を隔てている障壁が薄くなるにつれて波動関数がつながりはじめ、陽子のあいだの領域で電子の見つかる可能性が高くなる。この状況において、エネルギー準位の低いほうから四つの波動関数の形状がどうなるかを図8・3に示す。

エネルギー準位がもっとも低い波動関数は、面白いことに、だんだんと、幅広の単一の井戸におけるエネルギーが最小の波動関数に似てくる。つまり、二つの山がつながり、中央がくぼんだ一つの山になる。それに対して、エネルギー準位が二番目に低い波動関数は、幅広の単一の井戸においてエネルギーがつぎに小さい正弦波に近づいていく。

この変化はまったく当然の現象だ。井戸のあいだの障壁が薄くなるほど、障壁の影響は弱まる。そして、障壁が完全になくなれば、電子は単一の井戸に捕らわれている状態と同じになる。

原子が徐々に近づくとき、電子の定常状態のエネルギーがどう変わるのかは、離れた井戸と並んだ井戸という両極端の状況から推測できる。エネルギーが小さいほうから四つの定常状態

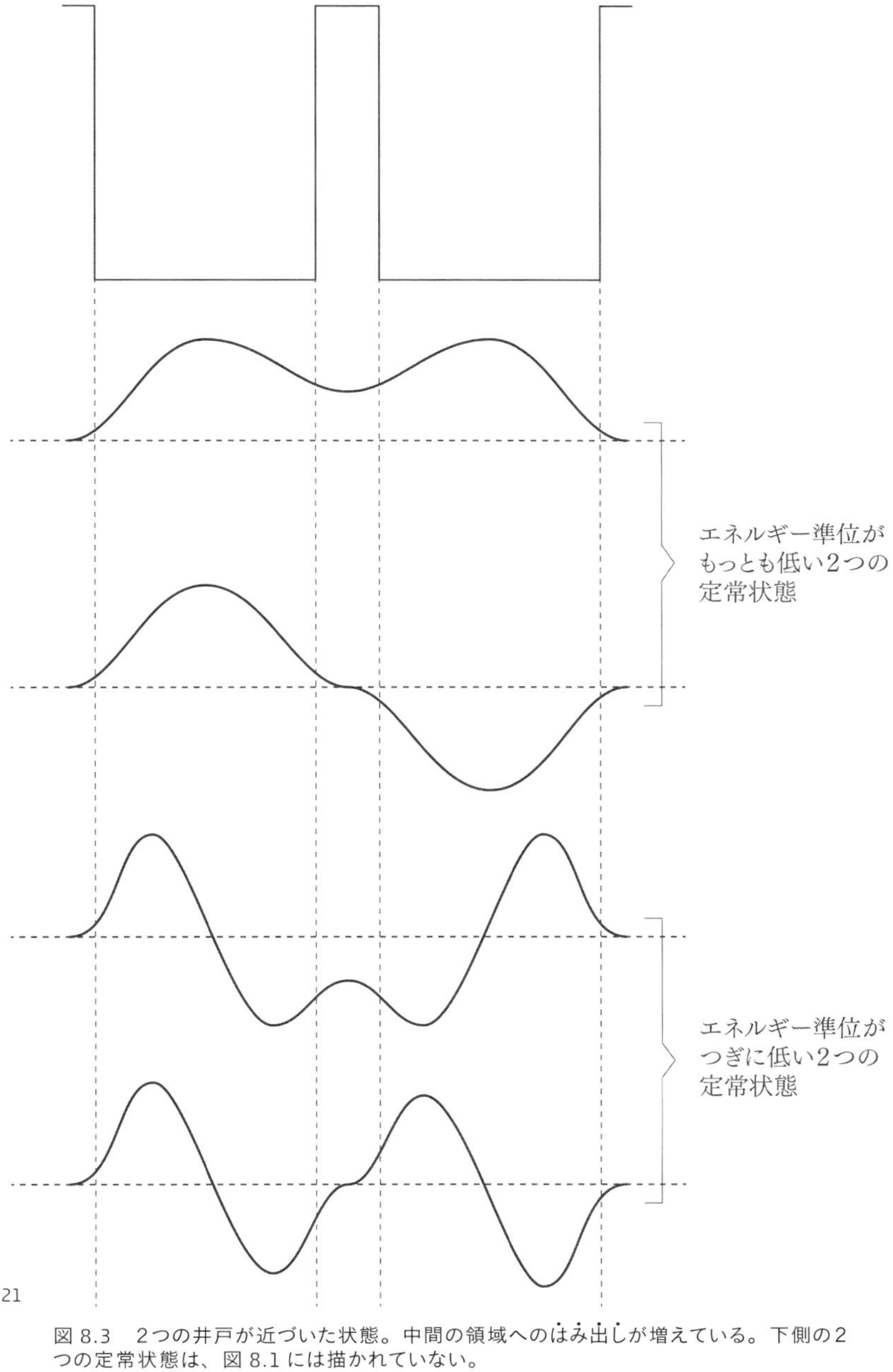

図 8.3　2つの井戸が近づいた状態。中間の領域へのはみ出しが増えている。下側の2つの定常状態は、図 8.1 には描かれていない。

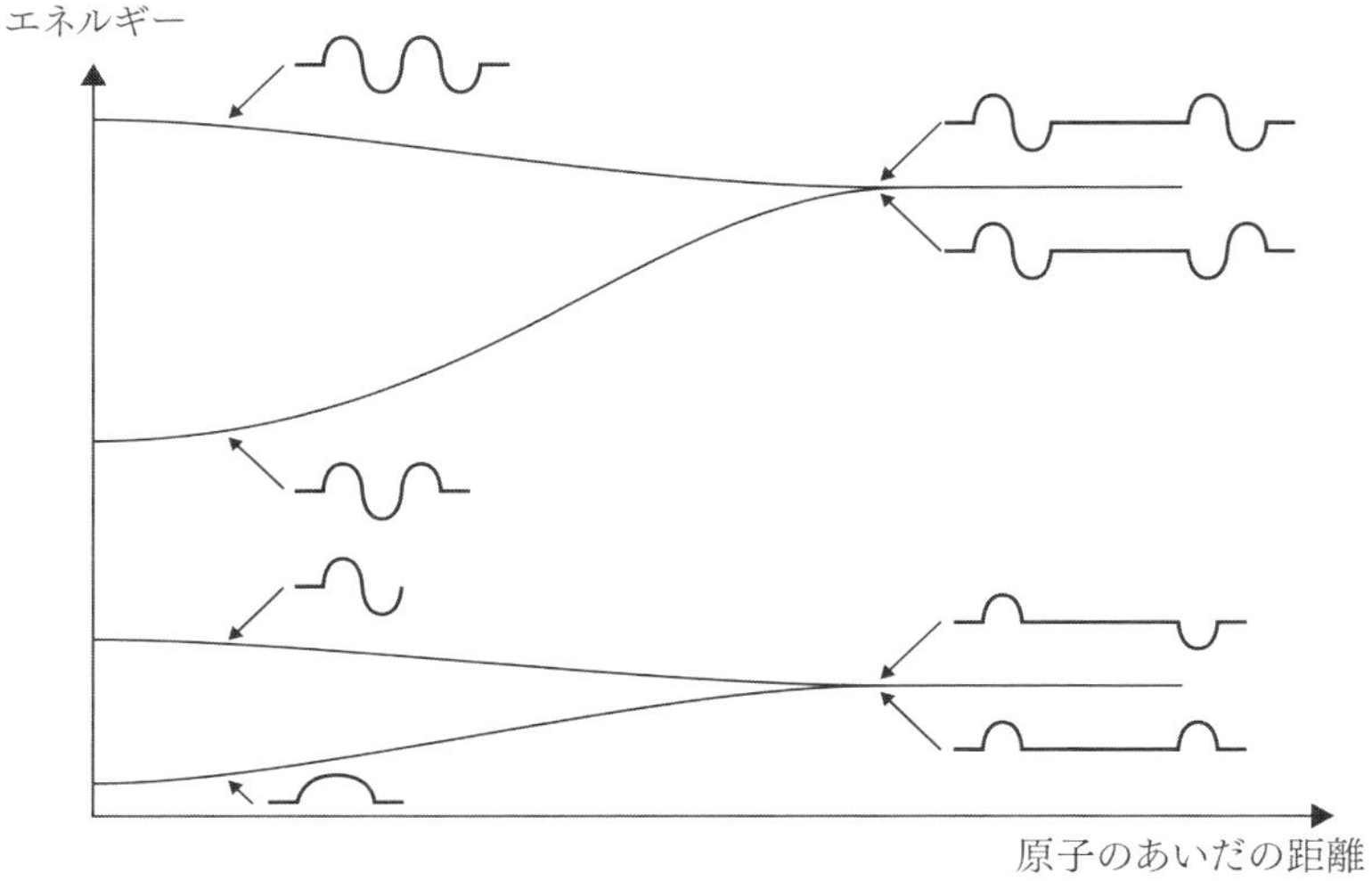

図 8.4　電子の定常状態のエネルギー準位が原子のあいだの距離とともに変化する様子。

を図8・4に示す。

エネルギー準位の変化が四本の曲線のそれぞれで描かれ、対応する波動関数が添えられている。右側の四つの波動関数は、図8・1にも示したように、井戸が遠く離れているときの形状だ。当然ながら、相称と反対称の波動関数のあいだでは、エネルギーの差がほとんど識別できない。だが、井戸が近づき、それぞれの波動関数が図8・3にも示した左側の四つの形状になるにつれて、エネルギーの差が拡大していく。エネルギー準位は反対称の波動関数では高くなり、相称の波動関数では低くなることに注意しよう。

相称の波動関数のエネルギー準位が低

くなるという事実は、二個の水素原子が現実に存在する状況で重要な意味を持つ。

ここで、電子が実際にはスピンによって二種類にわかれることを思い出そう。つまり、波動関数が相称で、エネルギーが最小の状態には、二個の電子が同時に入ってかまわない。このときのエネルギーの値は、原子が近づくほど小さくなる。そのため、二個の離れている水素原子は、エネルギーの状態を安定させるために、たがいに近づこうとする。

陽子が相対的にあまりにも高速で飛びまわっていないかぎり、実際にこの現象が起こる。相称の波動関数は、山が離れているときでも、電子が二個の陽子にきわめて公平に共有された状況をあらわしている。この共有の状態はエネルギーが小さいので、原子はたがいに引き寄せられる。その接近は、正の電荷を帯びた陽子のあいだの反発と、負の電荷を帯びた電子のあいだの反発によって、いずれは止まる。反発力が引力に打ち勝つのは、原子のあいだの距離が約〇・一ナノメートルよりも短くなったときだ。このとき、二個の水素原子は心地よく寄り添って、水素分子を構成している。

このように原子が電子を共有し、たがいにくっついた状態は「共有結合」と呼ばれる。水素分子の内部で電子が見つかる確率は、おおよそ図8・3のもっとも上側の波動関数のようにあらわされる。電子の見つかる確率が波の高さに比例することを思い出そう。それぞれの井戸、すなわち、陽子の場所には山があり、依然として、電子がどちらかの陽子の近くでもっとも見つかりやすいことを意味している。だが、電子が陽子と陽子のあいだに存在する確率もかなり高い。

化学者が電子の「共有」と呼ぶ現象は、二重井戸型ポテンシャルの単純なモデルでもはっきりと確認される。原子が電子を共有し、分子を形成する傾向は、前章で炭素や酸素を例にあげて説明したように、水素原子にかぎられた性質ではない。

これはかなり満足できる結論だ。水素原子が遠く離れている状況で、もっとも低い二つのエネルギー準位のわずかな差は、純粋に学問の対象でしかない。もちろん、宇宙のあらゆる電子がたがいの状態を知っていることも、たしかに魅力的な事実だろう。だが、原子を近づけたときに起こる現象は、それをはるかにしのぐ。

エネルギーの最小値がどんどん離れていき、低いほうが最終的には水素分子の電子の状態をあらわすことになる。この共有結合こそが、人間がばらばらになって雲のように漂う事態を防いでいる。

原子がN個の世界

では、いまの話題をさらに発展させて、原子が三個以上のときにどうなるのかを考えよう。まず、数がもっとも少ない場合として、三重井戸型ポテンシャルの例を図8・5に示す。

これまでと同様に、それぞれの井戸は陽子が存在する場所にある。原子が三個の場合には、一個の場合のもっとも低いエネルギー準位に対応して、エネルギーが最小の状態は三つあるはずだ。だが、二つの障壁で相称または反対称になる波動関数を組み合わせると、四種類の形状があらわれる。もちろん、全体を上下に反転しただけの実質的に同じ形状は含まれていない。この数が正しいとすると、エネルギーが最低の状態を四個の同一のフェルミ粒子が占めることになり、パウリの排他律に反する。

この問題を防ぐためには、三種類の状態だけが必要だ。少し観察すれば気づくように、四つのいずれの波動関数も、残りの三つの重ね合わせとして表現できる。そのため、波動関数を重ね合わせた状態に意味を持たせるためには、実際には四種類のどれかを除外しなければならない。図8・5のもっとも下側の式は、四番目の波動関数が上側の三つの加算と減算で表現されることを示している。

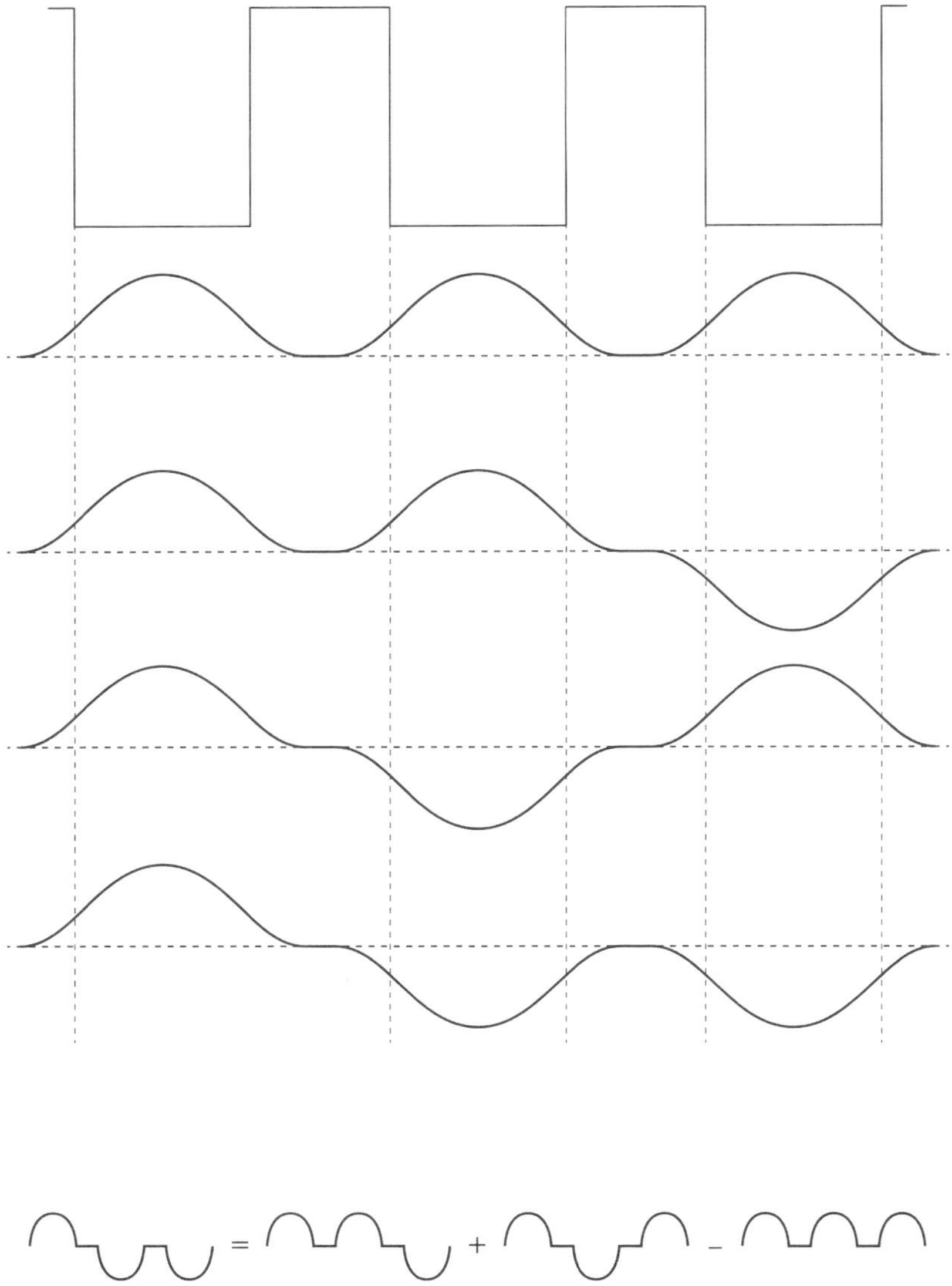

図 8.5　3個の原子が並んだ3重井戸型ポテンシャルのモデルと、エネルギーが低いほうの定常状態の波動関数。もっとも下側の式によって、4番目の波動関数は上側の3つから導かれる。

三重井戸型ポテンシャルにおける電子の定常状態のエネルギーは、原子の距離に応じてどう変わるのか？　その答えが図8・4と同様の形状になることには、まったく驚く必要はない。大きな違いは、エネルギーの値の組が二つではなく、三つになることだけだ。

原子が三個の場合はこれくらいにして、もっと多数の場合に進もう。その考察からは、固体のさまざまな性質が説明されるので、きわめて面白い。N個の原子が集まり、N個の井戸型ポテンシャルが形成されると、井戸が一つしかない場合におけるエネルギーの値のそれぞれに対応して、N個のエネルギー準位が存在する。

固体の物質なら小さな塊でも10^{23}個くらいは原子が含まれているから、エネルギーの異なる値は莫大な数にのぼる。このとき、図8・4に対応する電子のエネルギー準位の変化を描くと、図8・6のようになる。原子のあいだの距離が縦の点線で示されている長さのとき、電子の定常状態のエネルギーが分布する範囲はかぎられる。

そのこと自体は、さほど驚くことでもないだろう。だが、面白いことに、エネルギーの許される値は一団になっている。たとえば、AからBまでの値は存在するが、BからCまでの値はなく、CからDまでの値がふたたび許される、という具合だ。

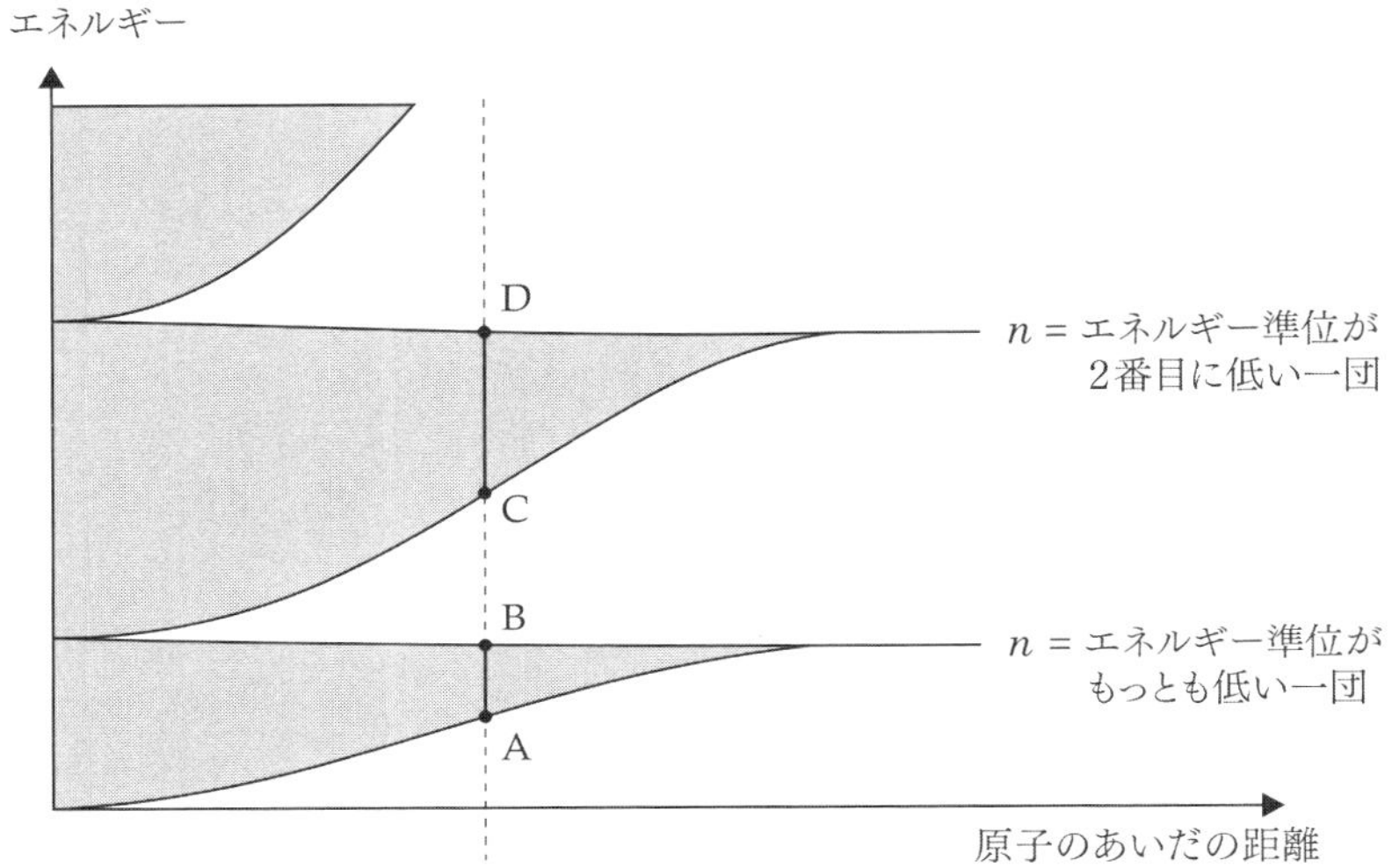

図 8.6　固体において電子の定常状態のエネルギーが一団になり、原子のあいだの距離とともに変化する様子。

現実のふつうの固体では、それぞれの一団にきわめて多くの値が押し込められる。その数があまりにも多いので、許されるエネルギーが連続的に変化すると考えてもいいほどだ。この特徴は、井戸型ポテンシャルの単純なモデルだけではなく、実際の物質にもあらわれる。

そして、電子のエネルギー準位が一団になって出現することは、固体の重要な性質を左右することになる。具体的には、電気の流れやすさに影響することで、物質が金属のような良導体になるか、絶縁体になるかを決める。

なぜ、そうなるのか？　その説明をす

るために、原子がいくつか集まり、井戸型ポテンシャルがいくつか並んでいる状況で、それぞれの原子に複数の電子が捕らわれている場合を考えよう。もちろん、このほうが現実にはふつうの状況で、電子が一個だけ単一の陽子に捕らわれているのは、水素という特別な原子だけだ。その意味で、話題は水素原子から、もっと重く、もっと面白い原子へと広がっていく。

まず、電子にはスピンアップとスピンダウンの二種類しかなく、パウリの排他律のために、同じエネルギー準位に三個以上の電子が入れないことを思い出そう。すると、原子ごとに一個の電子が捕らわれている場合、つまり、水素原子の集まりの場合には、その電子はエネルギー準位がもっとも低い一団の半分を占める。

五個の原子の集まりにおけるエネルギー準位の一団の分布を図8・7に示す。一団のそれぞれには、五つの異なるエネルギーの値が含まれている。この一団には最大で一〇個の電子が入るが、いまは五個しか存在しない。よって、エネルギーがもっとも小さい定常状態では、五個の電子がもっとも低いエネルギー準位の一団の下半分を占める。

もしも一〇〇個の原子が集まれば、エネルギー準位のもっとも低い一団には二〇〇個の電子が入る。このときにも、水素原子の場合には電子が一〇〇個しか存在しないので、エネルギーがもっとも低い定常状態では、やはり、もっとも低いエネルギー準位の一団の半分を占めるこ

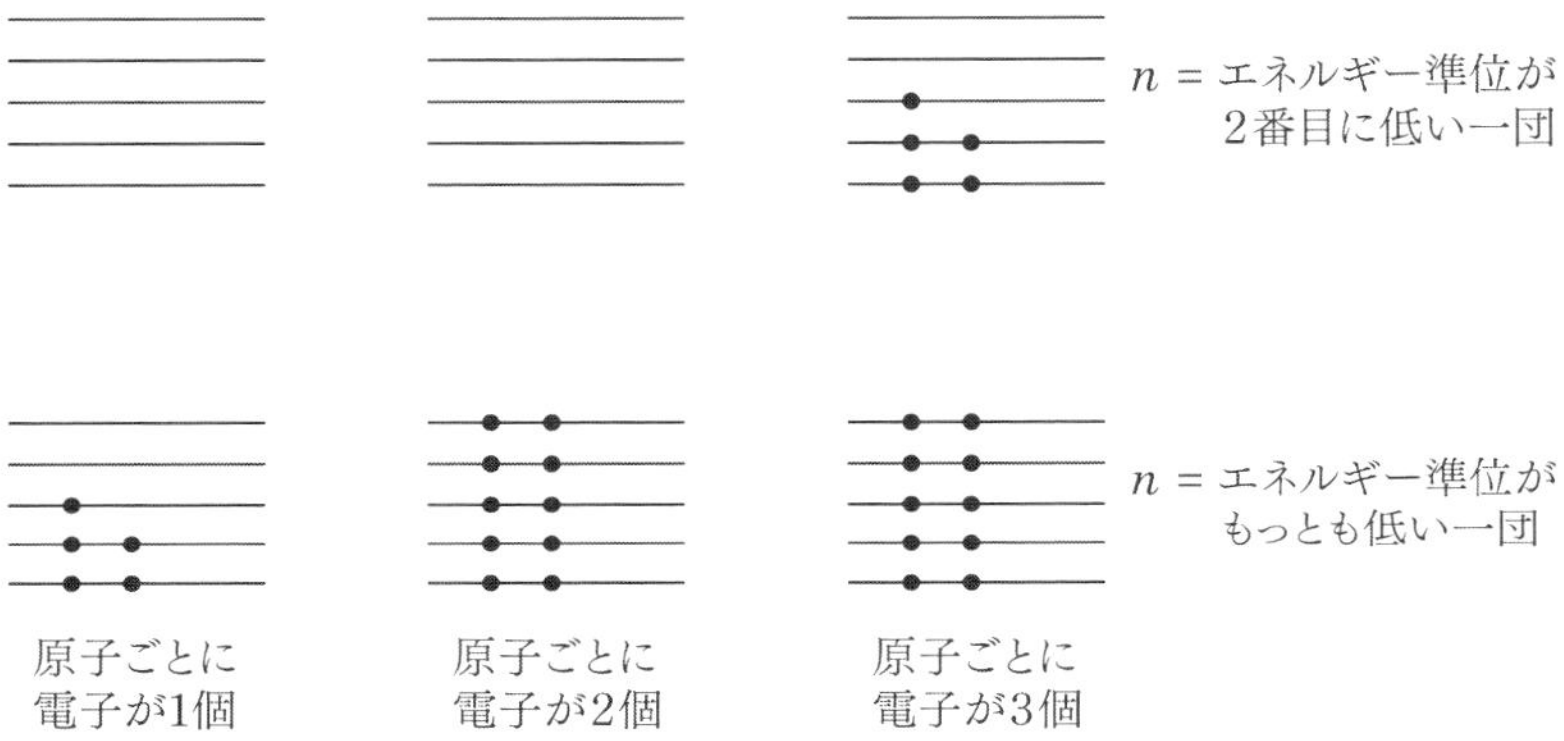

図 8.7　原子が5個で、それぞれに捕らわれている電子が1個、2個、3個の場合に、定常状態においてエネルギー準位が低いほうから占められていく様子。黒丸が電子をあらわす。

とになる。

図8・7には、原子ごとに二個の電子が捕らわれているヘリウムと、原子ごとに三個の電子が捕らわれているリチウムの場合も示されている。ヘリウムの場合には、エネルギーがもっとも低い定常状態では、もっとも低いエネルギー準位の一団が完全に電子によって占められる。リチウムの場合に占められるのは、もっとも低い一団のすべてと、つぎに低い一団の半分だ。この繰り返しの規則はあきらかだろう。

電子の流れ

原子ごとの電子の個数が偶数なら、エネルギー準位の一団はどれも完全に電子によって占められる。原子ごとの電子の個数が奇数なら、一団のうちの一つは半分しか占められない。この不完全に満たされた一団が残るかどうかによって、すぐに説明するように、電気の良導体と絶縁体の違いが生じる。

原子の集まりの両側を電池の両極につなぐものと仮定しよう。経験にもとづく知識では、原子によって構成される物質が金属なら電流が流れる。だが、それは具体的にどういう現象で、これまでの説明とどんな関係があるのだろうか？

電池が導線の内部の原子におよぼす作用の詳細は、幸運なことに、あまり考える必要がない。井戸型ポテンシャルに閉じ込められている電子をボールにたとえるなら、それを少しだけ蹴りあげる力が電池にそなわっていることと、蹴りあげる方向がつねに同じことだけを理解すればじゅうぶんだ。

やや専門的な表現をすれば、「電池によって導線の内部に電場が発生し、電子に力をおよぼす」ことになる。それ以上の正確な説明は、この本にふさわしくない。量子電磁力学の法則を使って、電子と光子の相互作用を記述する必要があるからだ。それを苦労して理解しても、これからの説明にはまったく関係がないので、むくわれない努力は避けることにしよう。

ある電子がエネルギーの低い定常状態にあるものとする。その電子は、電池からきわめて弱い力で蹴りあげられても、エネルギーを受け取ることができない。エネルギーが少しだけ高い定常状態にはすでにほかの電子が存在するので、移動が不可能だからだ。

たとえば、電池の蹴りあげる力では、エネルギー準位が同じ一団の内部で数段しかのぼれないものと仮定しよう。このとき、移動できるエネルギー準位がすべてふさがっている電子は、エネルギーを吸収する機会があっても、行き先がないというだけの理由で見送るしかない。ほかの電子が占めている場所に割り込むことは、パウリの排他律によって禁じられているからだ。このときに蹴りあげられた電子のふるまいは、電池がつながっていてもいなくても、まったく変わらない。

その状況が、エネルギーの高い定常状態にある電子では異なる。数段のぼれば空いている定常状態に達するかもしれないので、弱い力で蹴りあげられても、エネルギーを受け取って別の定常状態に移る可能性がある。これが起こるためには、同じエネルギー準位の一団が電子によって完全に占められていてはならない。

これは、図8・7が示すように、原子ごとの電子の個数が奇数の場合だ。偶数の場合には、同じエネルギー準位の定常状態はすべてふさがっているので、エネルギーがもっとも高い電子でも、やはり行き先がない。つぎのエネルギー準位の一団との隔たりは広く、飛び移るためには、かなりの力で蹴りあげられる必要がある。

このように、固体の原子に含まれている電子の個数が偶数なら、電池をつなげても特別な現象は起こらない。電子がエネルギーを吸収しないので、電流が流れることは不可能だ。その結果、固体は絶縁体の性質を示す。ただし、もっとも高い、完全にふさがっているエネルギー準位の一団が、つぎの空いているエネルギー準位の一団にじゅうぶんに近ければ、このかぎりではない。そのような場合については、あとで説明を補足する。

逆に、電子の個数が奇数なら、エネルギーの高い電子はいつでも自由に電池からエネルギーを吸収できる。より高いエネルギー準位に飛びあがるとき、つねに同じ方向に蹴りあげられるので、電子の動きが流れになって、電流が生じる。よって、かなり極端に単純化すれば、固体の原子に含まれている電子の個数が奇数なら、その固体は電気の良導体になる。

幸運にも、現実の世界はそれほど単純ではない。ダイヤモンドは炭素だけで構成される結晶で、炭素原子は六個の電子を持っているから、たしかに絶縁体だ。だが、グラファイトは同じく炭素だけで構成されるのに、完全に良導体の性質を持つ。じつのところ、電子の個数が奇数か偶数かという規則は、ほとんどの物質に適用できない。その理由は、「井戸型ポテンシャルが並んでいる」だけでは、固体のモデルとして単純すぎる点にある。

それでも、エネルギー準位の分布だけは、特徴を完全に正しくあらわしている。電気の良導体には、エネルギーの高い電子が手軽に飛び移れる場所として、エネルギーがやや高く、空いている定常状態がある。絶縁体では、エネルギーがもっとも高い電子でも、つぎのエネルギー準位との隔たりが広いために、飛び移ることができない。

いま、完全な結晶において、空いているエネルギー準位を電子が自由に動きまわれるものとしよう。結晶とは、共有結合などの化学結合によって、原子が規則的に配列したものだ。井戸型ポテンシャルが一次元に並んでいる固体のモデルでは、井戸の大きさがすべて同じで、間隔がどこも等しいことを意味している。そこに電池をつなげると、発生した電場に押しあげられて、電子は踊るように高いエネルギー準位へと移動する。電子がより多くのエネルギーを吸収し、より高速で動くにつれて、電流は着実に増加していく。

だが、電気についての知識があり、「オームの法則」を覚えている読者には、いまの説明が奇異に聞こえるかもしれない。電流をI、電圧をV、電気抵抗をRとすると、電流はV＝IRという関係によって制限されるのではないのか？

もちろん、オームの法則は成立する。なぜなら、電子はエネルギー準位をのぼるだけではなく、エネルギーを失って低いエネルギー準位に落ちることもあるからだ。この落下は、結晶の原子の配列が乱れているときに発生する。

その原因は二つあり、一つは結晶の主成分と異なる不純な原子の混入にある。もう一つは原子が激しく揺れ動く場合で、絶対零度でないかぎりは確実に起こる。このような結果として、電子はエネルギーの微視的なはしごの昇降を繰り返す。そして、エネルギーは平均の値に落ち着き、電子の流れも一定になる。電子のエネルギーの平均値は電子が流れる速度を決め、電流の大きさに反映される。電気抵抗は原子の配列がどれだけ不完全かを示す尺度なのだ。

だが、たとえ電子の配列が不完全でなくても、電流の増加はいずれ止まる。電子がエネルギー準位の一団の上端に達すると、じつに奇妙なふるまいをするからだ。すなわち、電子が蹴りあげられる方向は変わらないのに、逆向きに動きはじめるのだ。その結果、電子の流れが減少し、最後には反転する。その理由の説明はこの本のレベルを超えているので、原子の中心部が正の電荷を帯びるために、電子が逆向きに押し戻されるとだけ述べておく。

では、少し前に予告したように、もっとも高い完全にふさがっているエネルギー準位の一団が、つぎの空いているエネルギー準位の一団にじゅうぶんに近い場合を考えよう。このとき、絶縁体になるはずの物質は良導体としてふるまう。これからの説明に便利なように、専門用語を二つ導入する。

電子によって完全に占められているエネルギー準位の一団のうち、もっともエネルギーが高いものを、「価電子帯」と呼ぶ。そのつぎに高いエネルギー準位の一団で、まったく空いているか半分だけふさがっているものが「伝導帯」になる。価電子帯と伝導帯のエネルギー分布は重なることもあり、そのような両者の隔たりがまったくなければ、物質は電気の良導体になる。

それならば、価電子帯と伝導帯に隔たりはあるものの、それがじゅうぶんに小さいとすると、どうなるのか？　電子は電池からエネルギーを受け取れるので、電池が強力で、蹴りあげる力がじゅうぶんに大きければ、価電子帯の上端にいる電子が伝導帯に移動できるのではないか？たしかに、その可能性はある。だが、ふつうの電池はそれほど強力ではなく、固体の内部に発生する電場は、一メートルで数ボルト程度にすぎない。一方、たいていの絶縁体において、電子を価電子帯から伝導帯に蹴りあげるためには、一ナノメートルで数ボルトの差の電場が必要で、一〇億倍も強力でなければならない。

むしろ面白いのは、固体を構成する原子から受け取るエネルギーのほうだ。原子はじっと静止しているのではなく、小刻みに揺れ動いている。固体の温度があがるほど動きは激しくなり、電池よりもはるかに大きなエネルギーを電子に与える。室温くらいの温度では、電子が伝導帯に蹴りあげられることはめったにない。だが、固体に含まれている原子はかなり多いので、まれには実際に起こる。そのときには、価電子帯の束縛をのがれた電子がわずかな電流を発生させる。

じゅうぶんな数の電子が常温で価電子帯から伝導帯に移動する物質には、固有の特別な名前がついている。それこそ「半導体」であり、代表的なものにケイ素とゲルマニウムがある。だが、半導体を冷却すると、原子の動きが鈍くなり、電流が流れなくなって絶縁体に変わる。このような二重の特性から、半導体は大きな利点を持っている。それどころか、電子工学への応用によって世界に大変革をもたらしたと言っても、けっして大げさではない。

9

二〇世紀最大の発明

一九四七年、トランジスターが世界ではじめて組み立てられた。現在では、一年に一兆の一〇〇〇万倍の個数が製造され、世界の七〇億の人々が一年に食べる米粒の数の一〇〇倍にのぼる。一九五三年、マンチェスターで製造されたコンピューターには、九二個のトランジスターが世界ではじめて組み込まれた。現在では、一粒の米の値段で一〇万個以上が購入でき、携帯電話では約一〇億個が使われている。間違いなく、トランジスターは量子力学のもっとも有用な成果だ。この章では、その機構を説明しよう。

前章で述べたように、電気の良導体では電子の一部が伝導帯に存在する。この電子はかなり動きやすいので、電池につながれた電線のなかを流れることになる。このような電流は、水の流れにたとえるとわかりやすい。また、電池は電場を発生させるが、これはポテンシャルの一種と考えられるので、「電位のポテンシャル」と呼ぶことにしよう。

伝導帯の電子は、電位のポテンシャルから受ける力によって動く。ポテンシャルがくだり坂として機能するなら、電子は転がり落ちることになり、その過程でエネルギーを獲得する。前章では、電池の役割は電子をわずかに蹴りあげることだと説明した。エネルギーが高くなった電子は電線の原子の伝導帯を流れる。この様子を流れ落ちる水になぞらえることは、いささか古風だが、うまい方法だ。

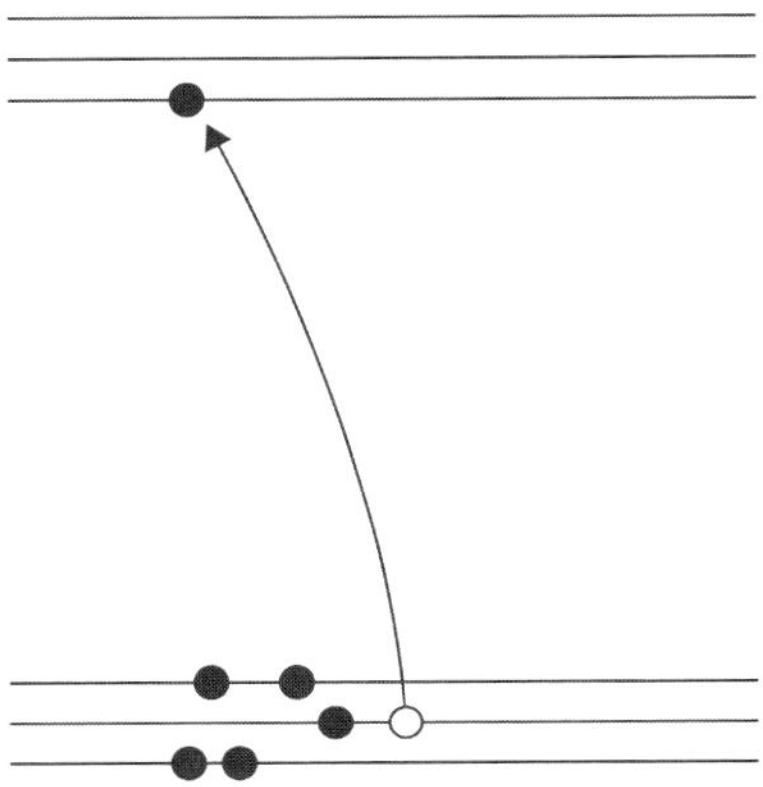

図 9.1　半導体における伝導帯の電子と価電子帯の正孔。

電子と正孔

ケイ素のような半導体では、きわめて面白いことに、電流の正体は伝導帯の電子の流れだけではない。価電子帯の電子の動きも電流になるのだ。図9・1は、本来は価電子帯に束縛されている電子の一個がエネルギーを吸収し、矢印のように伝導帯に飛びあがったところを示している。この電子は、間違いなく、自由に動きまわることができる。

だが、いまやほかにも動くものが存在する。それは価電子帯に残された穴だ。この穴は「正孔」と呼ばれ、ふつうは動けない価電子帯の電子の移動を可能にする。

この半導体が電池につながれると、伝導帯の電子が動くので、電流が発生する。では、正孔のほうはどうだろうか？

価電子帯に残っている電子の多くは、正孔に飛び移ることができる。そのためのエネルギーが必要なら、電池によって発生する電場から獲得すればいい。こうして一つの穴がふさがっても、べつの新しい穴が空く。つまり、電子が飛び移ることによって、価電子帯の正孔は動く。

ほとんどふさがっている価電子帯においては、多数の電子の動きを追跡するのはわずらわしい。そこで、電子ではなく正孔に着目しよう。正孔を電子の負債のように扱うことは半導体の物理学では常識で、たしかに、この章の説明を簡単にする。

重要な点は、伝導帯の電子と価電子帯の正孔が逆向きに動くことだ。さらに、正孔は正の電荷を持つと見なすことができ、その絶対値は電子の負の電荷と同じになる。

半導体の全体としては、電気的に正にも負にも帯電していない。電子の負の電荷は、原子核の正の電荷と均衡を保っている。だが、電子がエネルギーを獲得し、価電子帯から伝導帯に移ると、その電子が動きまわることで、平均よりも負に帯電した領域が生まれる。同じように、正孔が存在する領域は、電子が不足する分だけ正に帯電する。

電流は正の電荷が流れる速度として定義される。この定義はただの歴史の産物で、電子の流れる方向を基準にしても、本質的に同じだ。ともあれ、伝統にしたがうことにすると、電子の流れは逆向きの電流になり、正孔の流れは同じ向きの電流になる。半導体の内部のように、電子と正孔が逆向きに移動すれば、電子しか動かないときよりも大きな電流が発生する。

このように、半導体を流れる電流は、価電子帯を同じ方向に流れる正孔と、伝導帯を逆向きに流れる電子の両方からなる。良導体ではまったく異なり、電流のほとんどが伝導帯を流れる多数の電子によるもので、正孔の動きによる効果は無視できるほど小さい。

良導体の内部では電流がとめどもなく流れるのに対し、半導体の真価は電流を制御できることにある。電子と正孔の流れには微妙な性質があるので、少し巧みに操作すれば、スイッチがあるかのように電流を流したり止めたりできる。

偉大な不純物

その結果、電子工学の目覚ましい成果が応用物理学から生まれた。ケイ素やゲルマニウムにわざと不純物を混ぜると、純粋な結晶には存在しないエネルギー準位が形成され、電子の移動が容易になる。この新しいエネルギー準位を活用して、パイプの水流をバルブで調整するように、半導体における電子や正孔の流れを制御できる。

電流を止めたいだけなら、もちろん、単純にプラグを抜けばいい。だが、ここで話題にしているのは、そのような強引な方法ではなく、電流そのものを信号として使い、微少なスイッチを操作することだ。このスイッチから論理回路が構成され、論理回路からコンピューターのマイクロプロセッサーが構成される。では、どんな機構によって、それが実現されるのか？

いま、純粋なケイ素ではなく、いくらかリンが混じった結晶を考えよう。このような結晶において、リンの原子はケイ素が入るべき場所にぴたりとおさまる。さらに好都合なことに不純物のリンの量は自由に変えられる。

だが、リンにはケイ素よりも電子が一個だけ余分にある。この電子は原子核との結びつきがきわめて弱いが、完全に自由に動きまわるわけではなく、伝導帯よりもわずかに低いエネルギー準位を占めている。結晶におけるエネルギー準位の分布を図9・2の左側に示す。リンから提供される電子は、温度が低いときには、図の「ドナーのエネルギー準位」にある。

常温のケイ素の電子が価電子帯を飛び出し伝導帯に移ることは、めったにない。必要なエネルギーを熱による振動で獲得する原子は、一兆個に一個くらいだ。一方、ドナーのエネルギー準位にいるリンの電子は、原子核との結びつきがきわめて弱く、少し飛びあがるだけで伝導帯

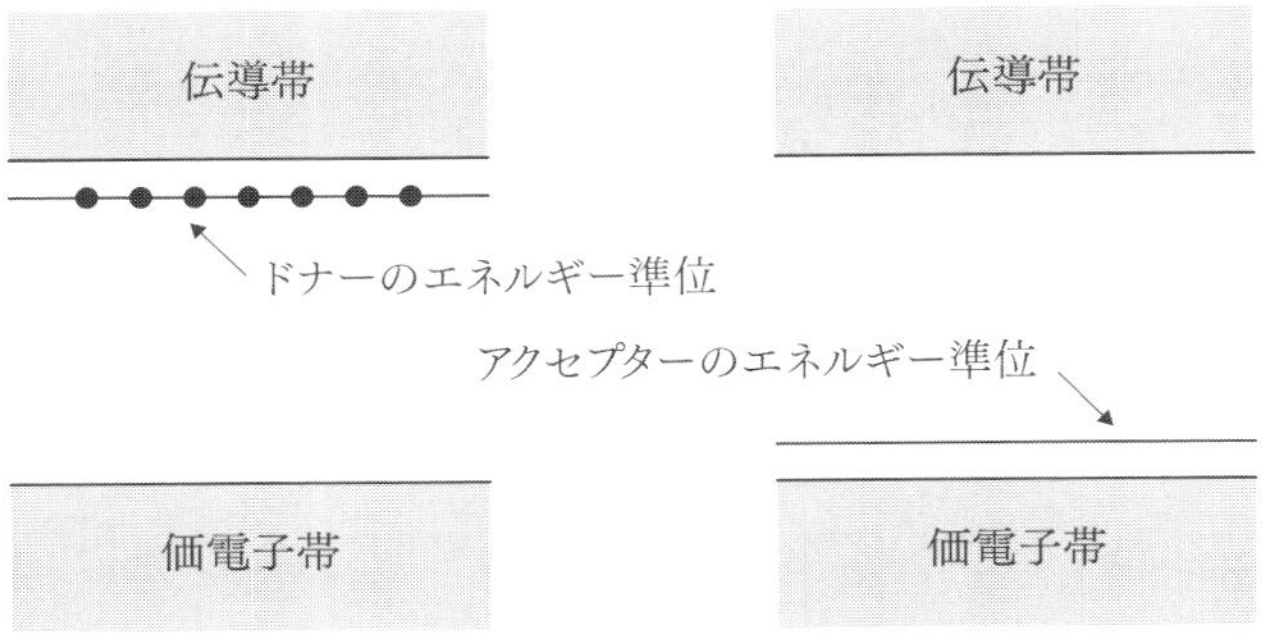

図 9.2　不純物の混入によって形成される新しいエネルギー準位。左側がｎ型半導体の場合で、右側がｐ型半導体の場合。

に移れる。そこで、一兆個のケイ素の原子に対してリンの原子が一個を超えていれば、より多くの電子を伝導帯に流すことができる。

リンの混入の度合いを変えるだけで動きまわる電子の個数が増減し、電流をきわめて正確に制御できる。この場合、電流の実体が伝導帯を流れる電子なので、この結晶は「ｎ型半導体」と呼ばれる。ｎは電子が持つ負の電荷を意味する英語のネガティブの頭文字だ。

つぎに、不純物としてリンではなくアルミニウムが混入した結晶を考えよう。この場合にも、アルミニウムの原子は、ケイ素が入るべき場所にぴたりとおさまる。リンと異なるのは、電子の数がケイ素よりも一個だけ不足することだ。そのため、リンが余分の電子を提供したように、結晶に余分の正孔を形成する。この正孔はアルミニウムの原子のそばで、価電子帯よりもわずかに高いエネルギー準位を占め、近くのケイ素から価電子帯の電子を受け入れる。この結晶のエネルギー準位の分布を図9・2の右側に示す。「アクセプターのエネルギー準位」と示されている場所には、正孔の穴が「満ちて」いる。

アルミニウムが混入したケイ素は、電流の実体が正孔なので、「p型半導体」と呼ばれる。pは正孔が持つ正の電荷を意味する英語のポジティブの頭文字だ。正孔はケイ素の熱による振動でも発生するが、n型半導体の場合と同じように、一兆個のケイ素の原子に対してアルミニウムの原子が一個を超えていれば、より多くの正孔を形成することができる。

半導体を接合する

このように、ケイ素に不純物を混ぜると、純粋な結晶よりも電流が流れやすくなる。その電流の実体は、リンを混入したときには伝導帯の電子、アルミニウムを混入したときには価電子帯の正孔だ。では、この現象がどんなふうに役に立つというのだろうか?

いま、図9・3の上側に示すように、二種類の半導体を接合した場合を考えよう。ただし、まだ電池には接続しない。つまり、Vという電圧はゼロとする。

もともとのn型半導体の内部には、リンから提供される電子が満ちている。p型半導体のほうには、アルミニウムによって形成される多数の正孔が存在する。この二つを接合すると、電子はn型半導体からp型半導体へ、正孔はp型半導体からn型半導体へと染み出ていく。

そこにはなんの魔術もない。インクのしずくが水中で広がるように、電子も正孔も境界を越え、それぞれの密度が低い領域に拡散していく。だが、電子と正孔が反対の方向に移動した結果、n型半導体には正の電荷が蓄積し、p型半導体には負の電荷が蓄積する。この電荷のために、「同じ符号の電荷は反発する」という法則によって、いずれは移動が止まり、平衡が保たれる。

この状態での電位のポテンシャルは、図9・3の中央のグラフに示すように、n型半導体とp型半導体の境界をはさんで変化する。それぞれの半導体の内部では、移動した電荷が均一に分布するので、電位のポテンシャルは一定になる。電子も正孔も、平らな地面のボールに重力が働かないように、電位のポテンシャルから力を受けることはない。

電位のポテンシャルに坂があると、そこに置かれた電子は転がり落ちるのだろうか？　やっかいなことに、物理学の伝統はその逆で、電位のポテンシャルのくだり坂は電子にとって「のぼり坂」を意味する。つまり、電子は坂を「駆けのぼる」わけだ。べつの表現をすれば、電位

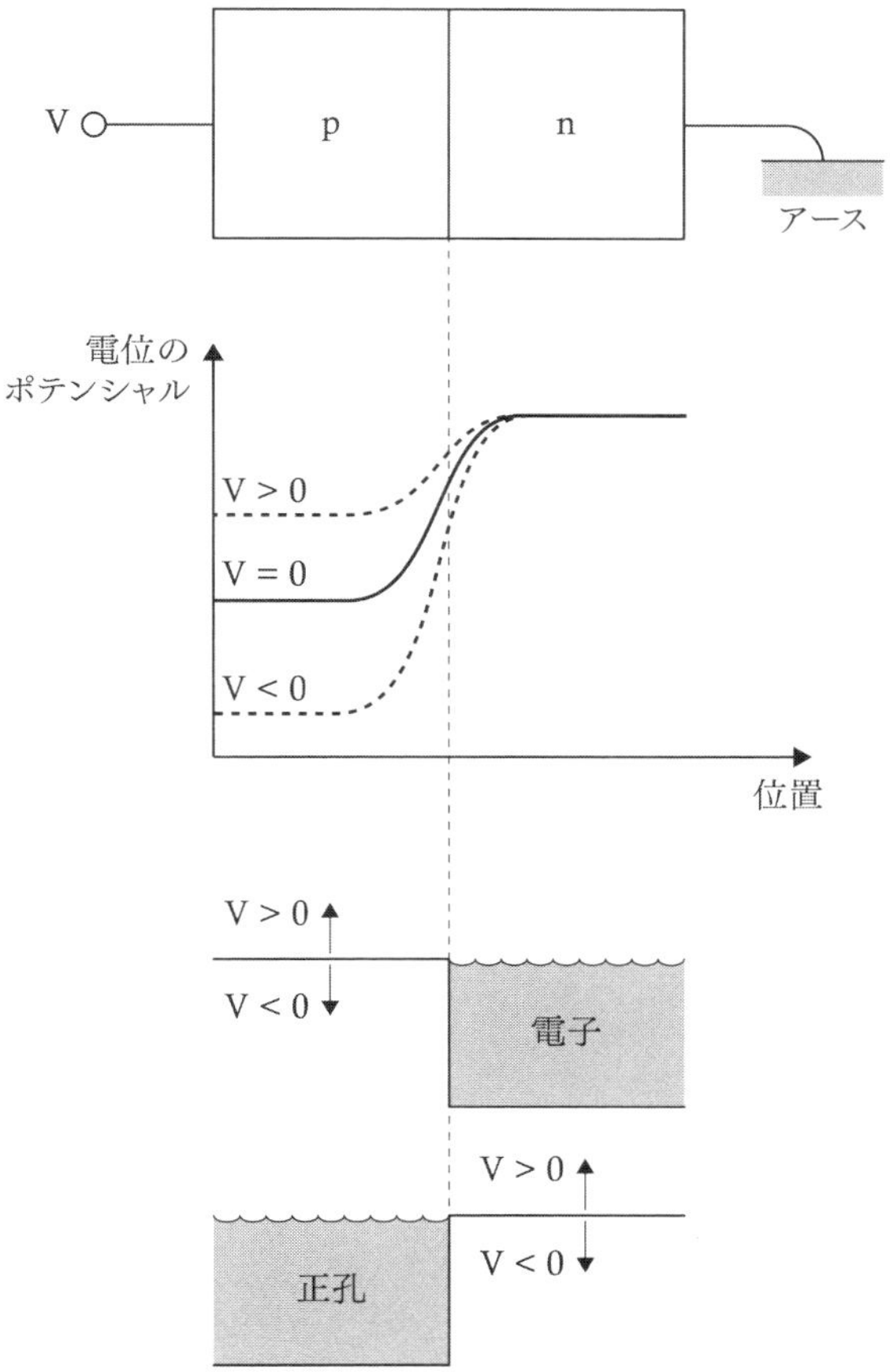

図 9.3　n型半導体とp型半導体の接合。

のポテンシャルのくだり坂は電子が動くときの障壁になる。先ほど説明したように、電子の移動によってp型半導体には負の電荷が蓄積されているので、新しく近づく電子は押し戻される。そのため、もはやn型半導体の電子は境界を越えられない。

電位のポテンシャルは、電子の動きを考えるときには面倒だが、正孔の視点から見ると、きわめて道理にかなっている。なぜなら、正孔はふつうに坂を転がり落ちるからだ。n型半導体で高く、p型半導体で低いという電位のポテンシャルによって、正孔のふるまいも説明される。つまり、境界に存在する坂のために、正孔はp型半導体から脱出できない。

水の流れにたとえた場合を図9・3の下側に示す。n型半導体の電子は流れる意欲が満々だが、段差によって邪魔をされている。同じように、p型半導体の正孔は反対側で立ち往生したままだ。水の流れを止めている段差は、電位のポテンシャルの段差を表現したものにすぎない。このような状態は、n型半導体とp型半導体を接合するだけで起こる。ただし、二種類の半導体をつくったあとで接着しても、電子や正孔が境界を自由に流れることはできない。n型半導体の領域とp型半導体の境界は、実際には、一つの結晶のなかにつくり込む必要がある。

このようにpn接合された半導体を電池につなげ、電位のポテンシャルの障壁を高くしたり低くしたりすると、面白いことが起こる。p型半導体の電位のポテンシャルをさげると、段差が広がり、電子や正孔はますます境界を越えられない。逆に、p型半導体の電位のポテンシャルをあげると、水をせき止めているダムが低くなったかのように、ただちに電子はp型半導体へ、正孔はn型半導体へと流れはじめる。つまり、pn接合はダイオードとして機能して、一方向だけに電流を流す。だが、半導体の究極の効用はダイオードではない。

トランジスターの原理

世界を変えた素子、すなわち、トランジスターの構造を図9・4の上側に示す。これはp型半導体をはさんで、両側からn型半導体を接合したものだ。ダイオードにおけるpn接合の効果は、基本的にトランジスターにも引き継がれている。V_cという電圧もV_bという電圧もゼロの状態では、電子はn型半導体からp型半導体に染み出ていき、やがて境界に形成される電位のポテンシャルによって止まる。図の中央のグラフには、この状態が破線の曲線で描かれている。水の流れとの類比では、電子の二つの貯水池が、幅の広い堤防によって隔てられる。

ここで、V_cには大きな正の電圧、V_bには小さめの正の電圧をくわえよう。電位のポテンシャルは電圧の値だけ押しあげられ、中央のグラフにおいて実線の曲線で描かれる状態になる。このとき、劇的な現象が発生する。右側の貯水池の電子が、低くなった堤防を乗り越え、左側に

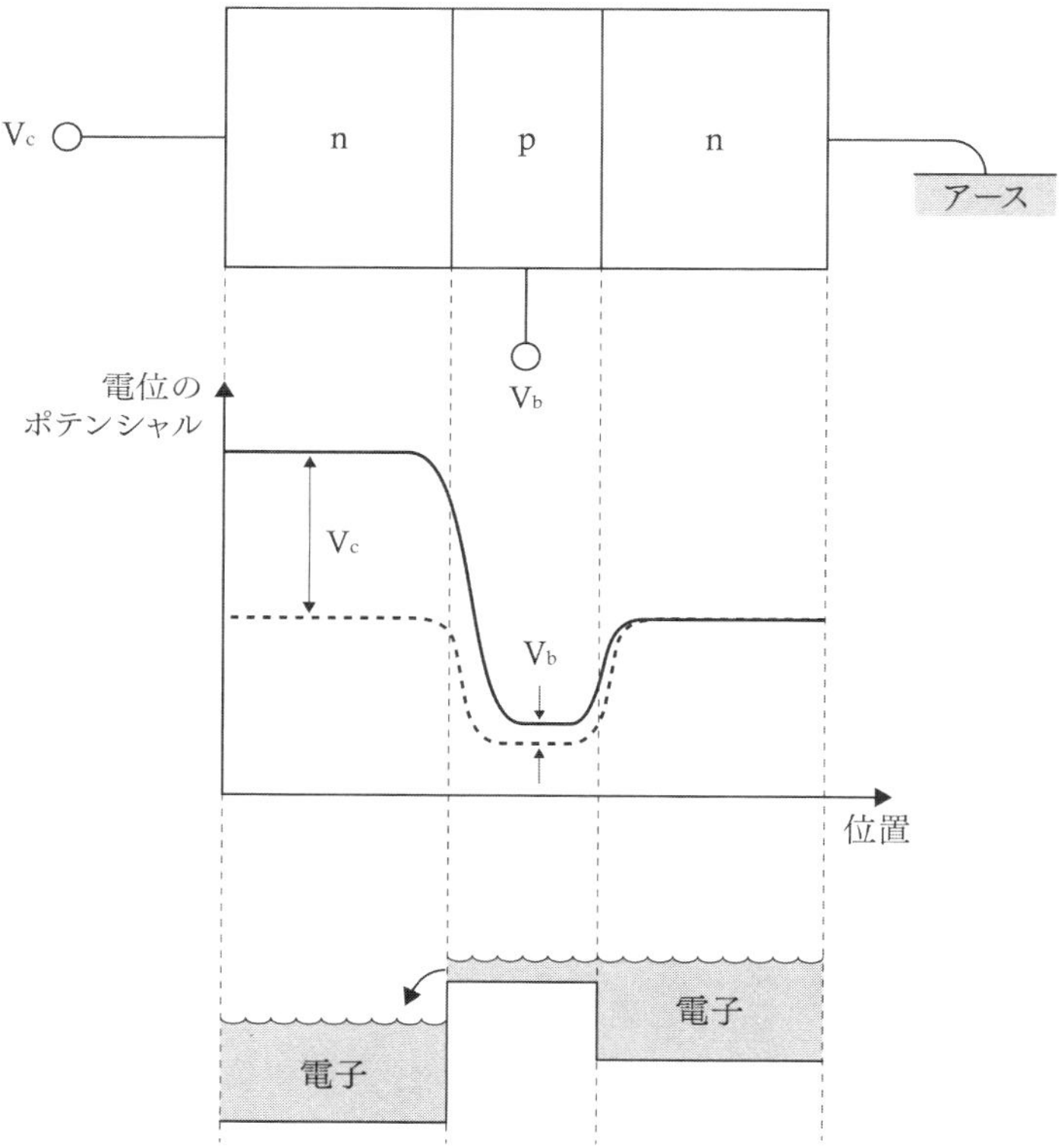

図 9.4　トランジスター

滝のように流れ落ちるのだ。もちろん、実際には、電子は左側のn型半導体へと、電位のポテンシャルの坂をのぼっていく。左側の貯水池の電子は、V_cがV_bより大きいので、堤防を乗り越えられない。よって、電子の流れは一方向になる。

たったいま、電

流の制御が可能なスイッチを紹介したことに気づいただろうか？　つまり、V_bに電圧をくわえるかどうかによって、電流を流すことも流さないこともできる。

さて、この章も大詰めを迎えたところで、いよいよ、ちっぽけなトランジスターの豊かな可能性の説明に入ろう。トランジスターの機能は、図9・5の上側に示すように、パイプの水流とバルブにたとえられる。このときの閉じられたバルブこそ、p型半導体に電圧がくわえられていない状態だ。

電圧をくわえることは、バルブを開くことに相当する。図の下側には、電子回路でトランジスターを表現する記号が示されている。どことなくバルブのように見えるのは、気のせいだろうか？

パイプとバルブを部品にして、コンピューターをつくることができる。この部品が小さいほど、コンピューターは小型になる。パイプとバルブで構成された「論理ゲート」の一種を図9・6に示す。もっとも左側のパイプでは、二つのバルブがどちらも開いているので、水は流れ落ちる。左から二番目と三番目のパイプでは、いずれもバルブの一方が閉じているので、水は流れ落ちない。バルブがともに閉じている組み合わせについては、わざわざ考えるまでもないだ

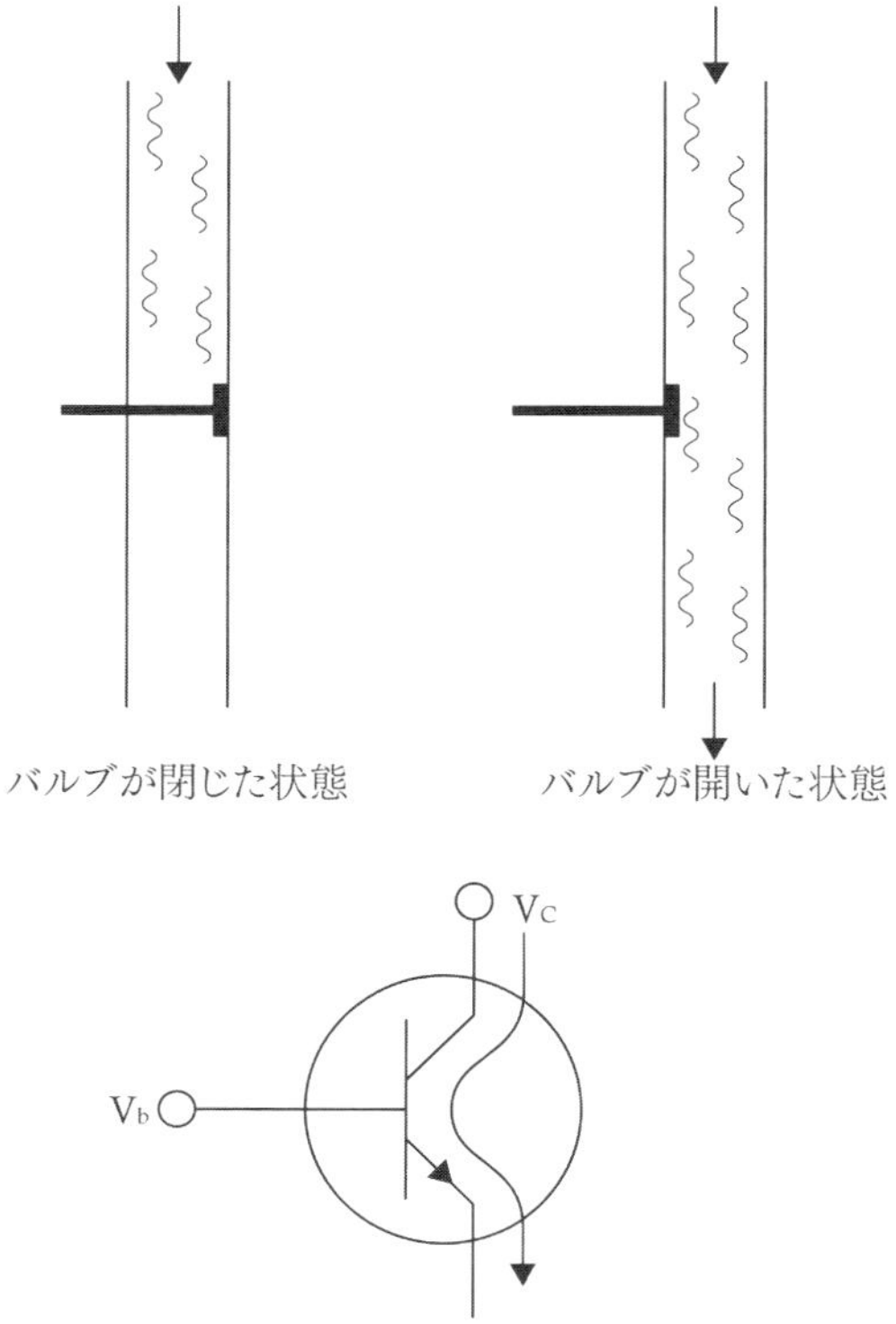

図 9.5　パイプを流れる水とトランジスターの類比。

ろう。

いま、水がパイプから出てくる状態を数字の「1」、出てこない状態を数字の「0」であらわそう。また、開いているバルブに数字の「1」、閉じているバルブに数字の「0」を割り当てる。

すると、このパイプとバルブの機能は、「1 AND 1＝1」、「1 AND 0＝0」、

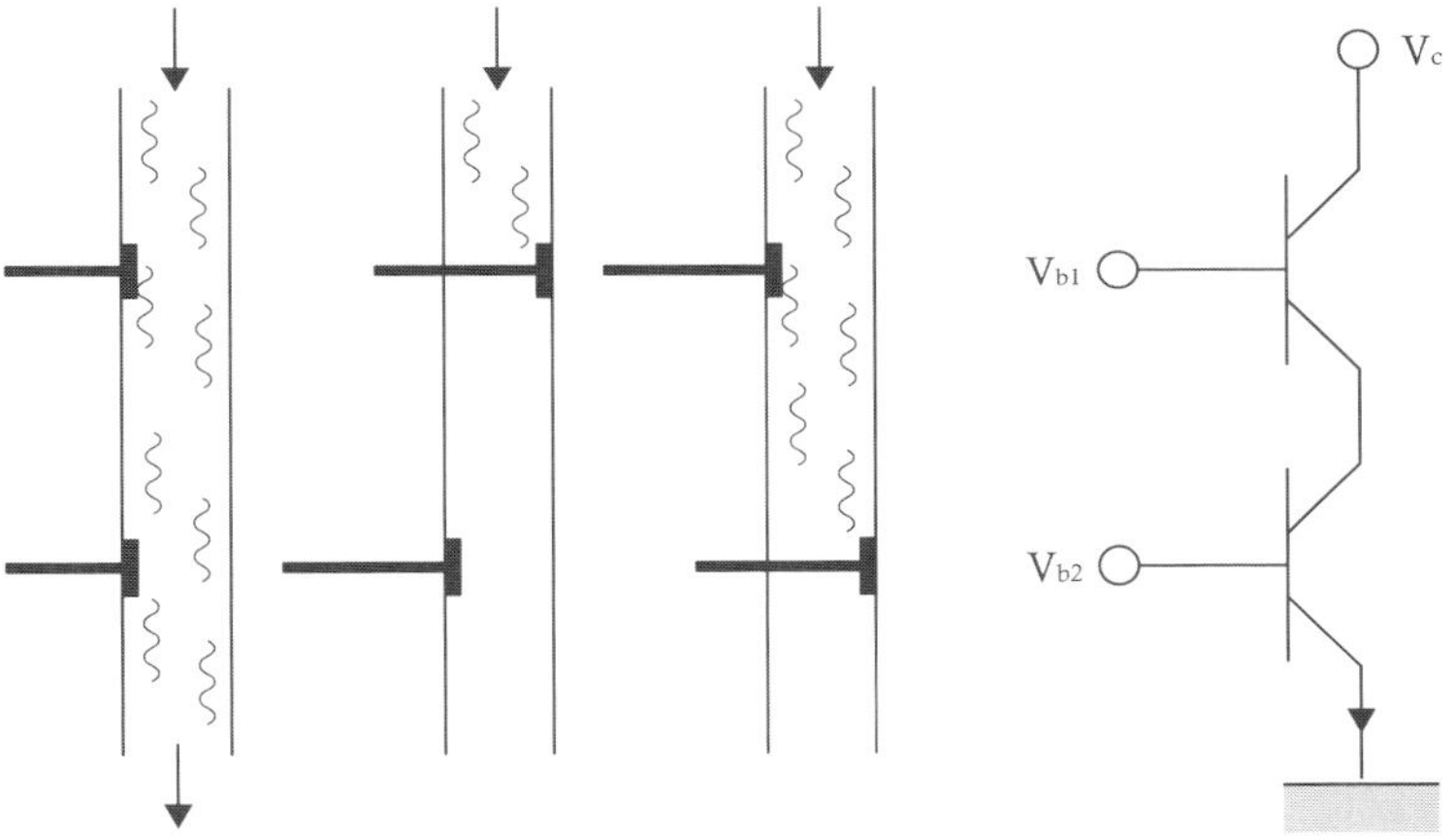

図9.6　左側のパイプは二つのバルブによるANDゲート。右側の電子回路は二個のトランジスターによるANDゲート。コンピューターをつくるための部品としては、電子回路のほうがはるかに適している。

「0 AND 1＝0」、「0 AND 0＝0」という四つの式で表現できる。ここで、「AND」は論理演算をあらわす専門的な記号で、この論理ゲートは「AND（「アンド」と読む）ゲート」と呼ばれる。ANDゲートはバルブの状態に当たる二つの入力と、水が流れるかどうかに当たる一つの出力を持つ。出力が「1」になるのは、入力がともに「1」のときだけだ。

二個のトランジスターを直列に接続すると、この論理ゲートが構成できる。その電子回路を図9・6の右側に示す。二つのトランジスターのスイッチをともに入れたとき、すなわち、p型半導体に正の電圧のV_{b1}とV_{b2}をくわえたときだけ、電子回路に電流

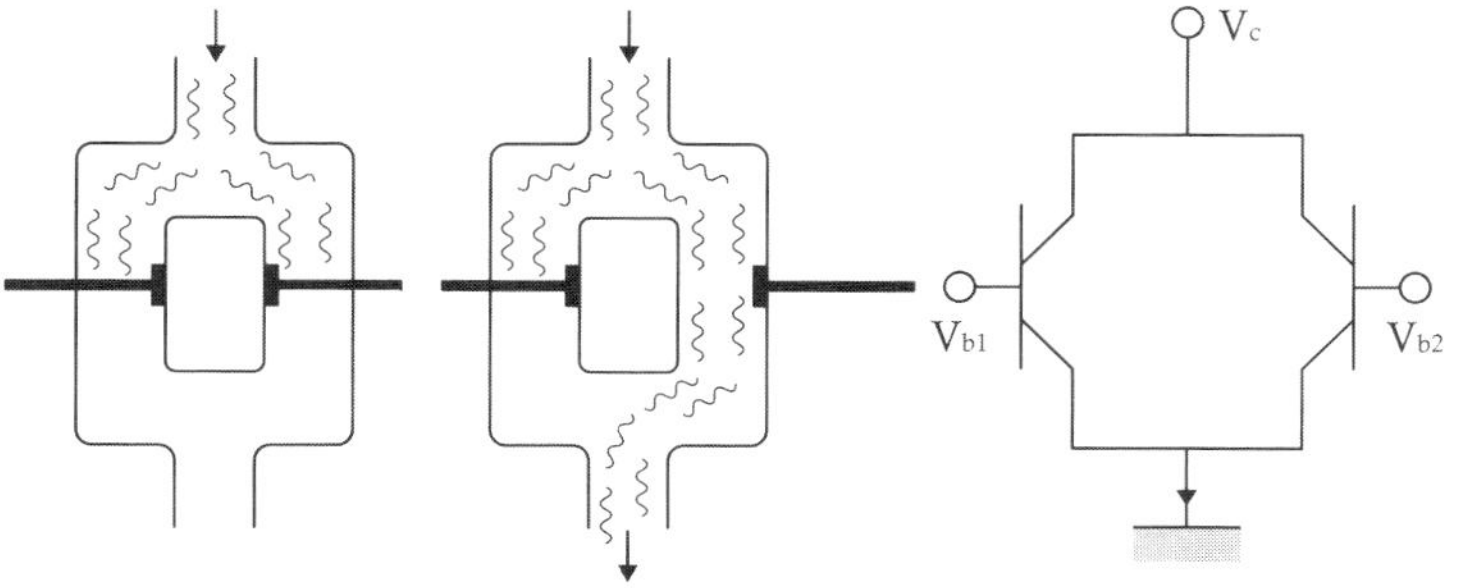

図9.7　左側のように配管されたパイプは二つバルブによるORゲート。右側の電子回路は二個のトランジスターによるORゲート。

が流れる。これこそ、まさにANDゲートに要求される機能だ。

べつの種類の論理ゲートを図9・7に示す。途中が二股にわかれたパイプの水は、バルブのどちらかが開いていれば流れ、両方が閉じているときだけ流れない。この論理ゲートは「OR（「オア」と読む）ゲート」と呼ばれ、その機能をANDゲートと同様の式で表現すれば、「1 OR 1＝1」、「1 OR 0＝1」、「0 OR 1＝1」、「0 OR 0＝0」となる。トランジスターによって構成される電子回路は図の右側のようになり、スイッチをともに切ったとき以外は電流が流れる。

このようなトランジスターの働きによって、電子機器はデジタル信号を処理する。一個ずつの論理ゲートの機能は単純でも、多数組み合わせれば、いくらでも複雑な関係が実装できる。巧妙に構成された「論理回路」をつくり、「0」と「1」が並んだ入力を与えると、それに応じた出力がやはり「0」と「1」の並びとして得られる。これを繰り返すことで、たとえば、数学の高度な計算がおこなえる。

あるいは、キーボードのキーが押されたことを検出し、対応する文字をディスプレーに表示できる。住宅への侵入者を見つけ、防犯ベルを鳴らせる。文字データを二進数に符号化し、光ファイバーのケーブルで地球の裏側まで送信できる。

現代の電子機器のほとんどには、トランジスターがぎっしりとつまっていて、あらゆる用途に使われている。その可能性は無限だ。人類はすでに半導体の技術を活用して、世界を大きく変えている。トランジスターを二〇世紀の最大の発明と言っても過言ではない。実用の面において、どれほどの人命が救われただろうか？　医療機器への直接の応用はもちろんだが、全世界に広がる迅速で確実な情報通信ネットワークや、科学の研究にも製品の生産にも不可欠なコンピューターにも、間接的な貢献ははかりしれない。

一九五六年、ウィリアム・B・ショックレー、ジョン・バーディーン、ウォルター・H・ブラッタンは「半導体の研究とトランジスター効果の発見」によってノーベル物理学賞を受賞した。これほど多くの人々の生活にかかわる業績による受賞は、おそらくほかにないだろう。

からみ合う粒子

10

微小な粒子のふるまいを説明するために、いくつかの規則を第四章で示した。粒子はえり好みをすることなく、広大な宇宙をまんべんなく飛びまわりながら、複数の場所に同時に存在する。ある場所からある場所へと移動する確率は、仮想的な時計によって表現される。どの場所にも、粒子がさまざまな場所から飛んでくる可能性に対応して、多数の時計が考えられる。それをすべて加算すると、最終的に一つの時計が得られ、粒子がその場所に存在する確率を計算できる。

このような無秩序で荒々しく見える規則から、日常のありふれた物質の性質があらわれる。人間の身体にある電子、陽子、中性子のすべては、ある意味で、いつも宇宙を自由に探検している。だが、ありがたいことに、その探検の結果を総合すると、原子はまずまずの安定した状態を少なくとも一世紀かそこらは保ちつづける。

ここまでの説明でほとんど言及していないのが、粒子のあいだの相互作用だ。粒子の会話の方法を具体的に示さなくても、ポテンシャルの概念を導入することで多くの現象が説明できる。だが、いったいポテンシャルとは何なのか？　世界が粒子だけで構成されているなら、ほかの粒子によってポテンシャルが生み出されるというまわりくどい表現を捨てて、粒子のふるまいと相互作用によって直接的に説明するべきだろう。

それを目指しているのが、現代の物理学における「場の量子論」だ。そこでは粒子が動きまわる規則にくわえて、相互作用の規則が導入される。この新しい規則は、これまでに説明してきた規則と同様に、少しも複雑なものではない。自然界は複雑きわまりないのに法則のほとんどが単純なのは、科学における驚きの一つだろう。「この世界が理解できるという事実こそ、永遠の謎だ」とアルベルト・アインシュタインは一九三六年の論文「物理学と実在」に書いている。「まさに、奇跡と言うしかない」

量子電磁力学

まず、場の量子論として最初に確立された量子電磁力学を紹介しよう。この理論の起源は、はるか一九二〇年代にまでさかのぼる。とりわけ、ポール・ディラックがジェームズ・クラーク・マクスウェルの電磁場に量子力学を適用したことは、初期の大成功を導いた。電磁場を生成する最小の粒子は、この本ですでにおなじみの光子だ。だが、この新しい理論には、一九二〇年代と三〇年代をとおして、問題としては明確なのに説明のつかない現象が数多くあった。

たとえば、原子において電子が下位のエネルギー準位に移動するとき、実際にはどのように光子を放出するのか？　そもそも、電子が光子を吸収するのなら、吸収された光子はどうなるのか？　原子の内部では、あきらかに光子が発生したり消滅したりする。ところが、この本でこれまで紹介してきた古典的な量子力学では、その機構を説明できない。

科学の歴史において伝説のように語られる会議がいくつかあり、一堂に会した科学者が研究の方向を変えたとされている。おそらく、それは事実ではない。新しい方向の研究は、伝説の会議の前から何年もつづけられていたはずだ。だが、一九四七年六月にニューヨーク州ロングアイランドの東に位置するシェルター島で開催された会議は、たしかに特別な活動のきっかけになったと言える。

数少ない参加者の顔ぶれも、二〇世紀のアメリカを代表する科学者ばかりだ。ここに列挙すれば、ハンス・ベーテ、デーヴィッド・ボーム、グレゴリー・ブライト、カール・ダロー、ハーマン・フェッシュバッハ、リチャード・ファインマン、ヘンリク・クラマース、ウィリス・ラム、ダンカン・マッキネス、ロバート・マーシャク、ジョン・フォン・ノイマン、アーノルド・ノルドジーク、J・ロバート・オッペンハイマー、アブラハム・パイス、ライナス・ポーリング、イジドア・ラービ、ブルーノ・ロッシ、ジュリアン・シュウィンガー、ロバート・サーバー、エドワード・テラー、ジョージ・ウーレンベック、ジョン・ハズブルック・ヴァン・ヴレック、ヴィクター・ヴァイスコップフ、ジョン・アーチボルド・ホイーラーとなる。この本でも何人かは紹介したし、物理学を専攻する学生なら、ほとんどの名前を聞いているだろう。

アメリカの作家デーヴ・バリーは、「人類がこれまでもこれからも能力をじゅうぶんに発揮できない元凶は、一つの言葉で表現すれば、『会議』にある」と書いている。これはおおむね真実だろう。だが、シェルター島での会議は例外だ。この会議の冒頭で、ウィリス・ラムが現在では「ラム・シフト」と呼ばれている現象について報告した。第二次世界大戦のために開発されたマイクロ波の技術を駆使し、水素から発生する光のスペクトルを高精度で測定したところ、従来の量子力学から予測される結果とわずかに違っていたのだ。観測されたエネルギー準位は、この本でこれまでに紹介した理論と完全には一致しない。その差は小さくても、会議に参加した理論物理学者には大きな試練となった。

ここで、ラムの報告に動揺したシェルター島を離れ、それ以降に歳月をついやして確立された理論へと進もう。最後にはラム・シフトの原因もあきらかになるが、読者の興味をそそるように、答えのヒントを与えておく。じつは、水素原子の内部には、陽子と電子だけがあるのではない。

電子のような帯電した粒子がたがいに作用したり、光子と相互作用したりする様子は、量子電磁力学によって体系化された。この理論の対象にならないのは、あらゆる自然現象のうち重力と核力がかかわるものだけだ。原子核の内部で働く核力についてはつぎの章で注意を向けるが、ここでも簡単に紹介しておく。陽子は正の電荷を帯びているのでたがいに反発する。この陽子と電荷を持たない中性子がつまっている原子核は、核力がなければ一瞬にして飛び散ってしまう。ともあれ、人間が見たり感じたりする現象のほとんどは、物質、光、電気、磁気にかかわっている。このすべてを説明するのが、量子電磁力学のもっとも深遠な知識だ。

この本ですでに何回も取りあげた世界から説明をはじめよう。その世界には、一個の電子しか存在しない。だが、図4・2の「時計のダンス」の小さな円であらわされるように、この電子はいつの時点でも複数の場所で見つかる可能性がある。電子がのちに位置Xで見つかる確率は、現在の可能なすべての場所からの移動として計算される。つまり、それぞれの移動に対応する時計のすべてを加算すればいい。

ここで、新しい表記を導入する。はじめは不必要に複雑なだけの印象を与えるかもしれない。

だが、もちろん、ちゃんと理由がある。A、B、Tなどの記号が出てきて、学生時代のいやな思い出がよみがえるかもしれないが、しばらくつき合ってほしい。

時刻ゼロにおいて位置Aにある粒子が、時刻Tにおいて位置Bに移動する場合を考えよう。このとき、位置Bに生成される時計は、位置Aの時計の針を巻き戻し、縮小したものになる。巻き戻す角度は、位置Aと位置Bの距離および移動の時間から決まる。縮小する割合は、時刻Tにおいて粒子の存在する確率が世界全体で一になるという条件から得られる。

そこで、時刻ゼロにおける位置Aの時計を$C(A, 0)$、位置Aから位置Bへの移動による針の巻き戻しと縮小を$P(A, B, T)$と表記して、位置Bに生成される時計を$C(A, 0)\ P(A, B, T)$とあらわす。そして、この$P(A, B, T)$を「伝播関数」と呼ぶ。

この表記にしたがうと、図4・2の位置Xに生成される時計はどう表現されるだろうか？ その時計は、はじめのさまざまな場所から位置Xへの移動によって、それぞれ一つずつ生成される時計をすべて加算したものだ。すると、やや大げさな表記だが、$C(X, T) = C(X_1, 0)\ P(X_1, X, T) + C(X_2, 0)\ P(X_2, X, T) + C(X_3, 0)\ P(X_3, X, T) + \dots$になる。ここで、$X_1$、$X_2$、$X_3$などは、粒子が移動する前の場所を指すもので、図の小さな円に対応する。

念を押しておけば、$C(X_1, 0)\ P(X_1, X, T)$という表記は、「位置X_1にあった時計に巻き戻しと縮小の規則を適用して、時刻Tにおいて位置Xに生成される時計」を意味している。これまでの知識を短く表現しているだけで、けむに巻こうとしているのではない。関係式を使わなくても、「時刻ゼロにおいて多数の場所に同時に存在した粒子が、時刻Tにおいて位置Xに移動してきたとき、それぞれの移動の距離と時間に応じて、はじめの時計の針をすべて巻き戻して縮小し、最後に加算して一つの時計にする」と説明できる。だが、この言葉が長たらしいことには読者も同意するだろう。ちょっとした表記をうまく使うことで便利になることは、日常生活でも多い。

伝播関数は針の巻き戻しと縮小の規則を具体化したものだが、これ自身、一つの時計として表現できる。たとえば、ある電子が時刻ゼロにおいて位置Aに確実に存在していて、針の長さが一で一二時を指している時計であらわされるものとしよう。さらに、この電子が位置Bに移動したときに生成される時計では、針の長さが五分の一、すなわち、〇・二に縮小され、二時間だけ巻き戻されるものとする。この伝播関数を表現する時計は、針の長さが〇・二で、向きが一〇時を指していればいい。そして、位置Aと伝播関数のそれぞれの時計から位置Bの時計を得る操作は、「時計の乗算」として定義できる。

複素数を知っている読者なら、C(A, 0)やP(A, B, T)が複素数として表現でき、C(B, T)を得る操作が複素数の乗算にほかならないことに気づくだろう。もちろん、複素数を知らなくても問題はない。時計の乗算は、時計そのものの操作として厳密に定義できる。重要な点は、視点を少しだけ変えると、針の巻き戻しと縮小の規則そのものを時計と見なせることだ。

では、二つの時計の乗算を定義しよう。結果の針の長さは、両方の針の長さを掛けたものとする。いまの例なら、1×0.2 ＝ 0.2だ。結果の針の向きは、一方の針が一二時にいたるまでの時間だけ、もう一方の針を巻き戻したものとする。いまの例では、伝播関数の針は一〇時を指していて、一二時にいたるまで二時間あるので、位置Aの時計を二時間だけ巻き戻す。この乗算の定義はやや煩雑だし、一個の粒子だけを考えているかぎりでは必要がない。だが、なまけ者の物理学者が使っているのだから、長い目で見て時間の節約になるということだ。この表記は、複数の粒子が存在する場合にきわめて大きな効果を発揮する。水素原子の内部も、そのような面白い状況の一つだ。

細かな点を無視すれば、宇宙に粒子が一個しか存在しない場合、その粒子がどこかで見つかる確率は、たった二種類の情報から計算できる。その一つは、時刻ゼロにおいて場所ごとに粒子が存在する確率を示す時計の集まりだ。もう一つは、粒子が移動するときの伝播関数で、それ自体が針の巻き戻しと縮小を規定する時計として表現される。出発点と到達点のあらゆる組み合わせの伝播関数がわかれば、もはや不足している情報はない。あとは自信を持って、退屈な計算をひたすら繰り返すだけだ。

だが、つまらないと思ってはいけない。つぎの段階には、粒子の相互作用という面白い現象が待っている。しかも、それを記述するために必要な規則は、さほど複雑ではない。

ファインマン・ダイアグラム

これから説明する重要な概念のすべてを図10・1に示す。このグラフは「ファインマン・ダイアグラム」と呼ばれていて、素粒子物理学の計算の道具として使われる。ここでの問題は、ある時刻Tにおいて、二個の電子が位置Xと位置Yで見つかる確率を求めることだ。前提として、時刻ゼロにおける電子の位置、つまり、最初の時計の集まりが与えられる。

この問題を解くことは、「宇宙に二個の電子が含まれる場合」の解明に等しい。たいした進歩に思えないなら、その認識は間違っている。むしろ、自然の基本的な構成要素の相互作用がわかるのだから、これ以上に重要な知識はない。

グラフを単純化するために、時間が左から右へと進むことにして、空間を一次元で表現する。

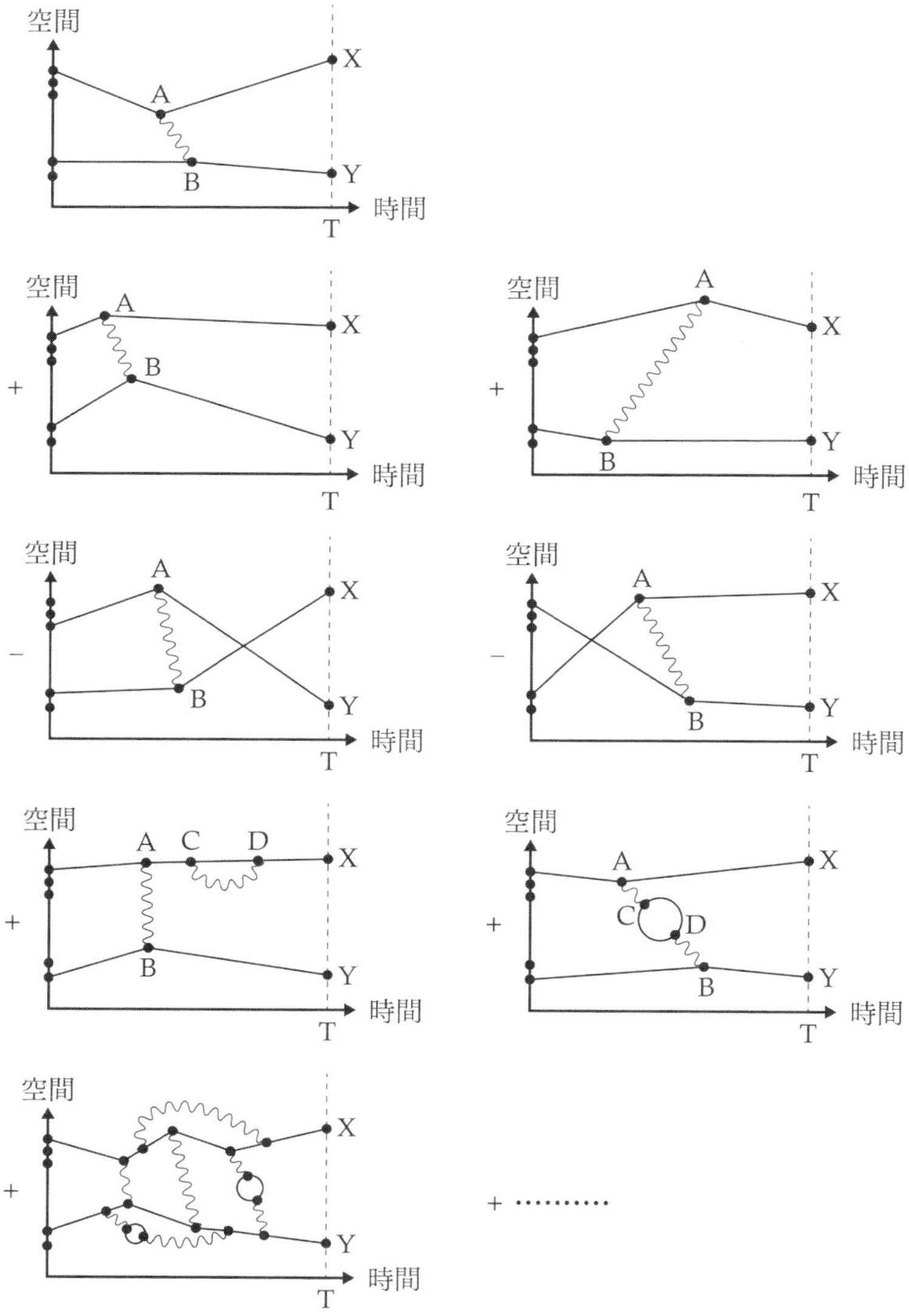

図 10.1　二個の電子による相互作用。二つの場所から出発した電子は、時刻Tにおいて、つねに同じ位置Xと位置Yの組み合わせに到達する。だが、途中の過程はグラフごとに異なる。

このように描いても、結論はまったく変わらない。まず、図10・1の最初のグラフに注目しよう。時刻ゼロにおける小さな黒丸は、二個の電子のそれぞれについて、最初に存在する可能性のある場所に対応している。グラフをいたずらに繁雑にしないように、高いほうに描かれる電子の場所を三つ、低いほうに描かれる電子の場所を二つにかぎっている。現実には存在する可能性がある場所は無限にあるが、すべてを描くとグラフが真っ黒になるだろう。

しばらくすると、高いほうの電子は位置Aまで移動して、かなり面白いふるまいをする。波線が示すように光子を放出するのだ。この光子は位置Bまで移動して、もう一個の電子に吸収される。そして、高いほうの電子は位置Aから位置Xへ、低いほうの電子は位置Bから位置Yへと到達する。こうして、二個の電子が位置Xと位置Yで見つかる可能性として、無限に考えられる過程の一つが終わる。このような過程のそれぞれには、時計が一つずつ対応する。量子電磁力学の役割は、この時計の計算に必要な規則を与えることだ。

計算の方法を詳細に説明する前に、図10・1の全体について、いくつか補足をしておこう。最初のグラフが示しているのは、はじめの二個の電子が位置Xと位置Yに到達する数多くの過程の一つだ。ほかのグラフのそれぞれも、移動の結果は同じだが、異なる過程をあらわしている。

ここでの重要な考えは、過程ごとに一つの時計を計算することだ。概念としては、図7・3でやった操作と変わらない。すべての時計がそろったら、それを加算して最終的に一つの時計にする。その時計の針の長さを二乗すると、二個の電子が位置Xと位置Yで見つかる確率になる。このように、電子が移動する過程は一つではなく、むしろ、あらゆる可能性に飛び散りながら進んでいく。

図10・1における最後の三つのグラフには、さまざまな複雑な過程が描かれている。電子は光子をやり取りするばかりか、いったん放出して自身で吸収する場合もある。さらに奇妙な現象は、光子が電子を放出し、その電子が一周して出発点に戻ってくるように見えるものだが、これはあとで取りあげよう。

いずれにせよ、飛びかう光子の数を増やせばグラフはいくらでも複雑になる。だが、きわめて明確な制約もある。それは、電子が光子を放出するときにも吸収するときにも、光子一個だけが対象になることだ。どのグラフを入念に調べても、この制約に反する例は見つからない。粒子の経路には分岐も合流も二股しかなく、どれも電子の経路が二本と光子の経路が一本の組み合わせになっている。

では、図10・1の最初のグラフについて、対応する時計を計算してみよう。結論から言えば、時計をつぎつぎに乗算すればいい。図の高いほうの電子が時刻ゼロに位置Uにあり、時刻T_1において位置Aで光子を放出するものとする。先ほどの説明と同じ表記を使えば、この電子の位置U、位置A、位置Xにおける時計は、それぞれ $C(U, 0)$、$C(A, T_1)$、$C(X, T)$ とあらわされる。また、位置Uから位置Aへ、位置Aから位置Xへと移動するときの伝播関数は、それぞれ $P(U, A, T_1)$ と $P(A, X, T-T_1)$ になる。さらに、$C(A, T_1) = C(U, 0)\,P(U, A, T_1)$ を適用して、$C(X, T) = C(A, T_1)\,P(A, X, T-T_1) = C(U, 0)\,P(U, A, T_1)\,P(A, X, T-T_1)$ と計算される。

同じように、図の低いほうの電子が時刻ゼロにおいて位置Dにあり、時刻T_2において位置Bで光子を吸収するものとすると、$C(Y, T) = C(D, 0)\,P(D, B, T_2)\,P(B, Y, T-T_2)$ が得られる。

これ以降の計算は少し専門的なので、理屈を完全には説明しないが、了解してほしい。図10・1の最初のグラフにおいて、光子のやり取りがなく、二個の電子が位置Xと位置Yに到達するだけなら、この過程は $C(X, T)$ と $C(Y, T)$ の乗算として表現される。だが、実際には光子が位置Aで放出されて位置Bで吸収されるので、乗算がさらに必要だ。具体的には、光子が位置Aから位置Bへ移動するときの伝播関数 $L(A, B, T_2 - T_1)$ を乗算し、光子の放出と吸収の二回にわたって縮小の因子gを掛けたもので、この過程をあらわす時計は $g^2\,C(X, T)\,C(Y, T)\,L(A, B, T_2 - T_1)$

になる。

光子の伝播関数に電子と違う記号を使っているのは、時計を巻き戻したり縮小したりする規則が異なるからで、その原因には特殊相対性理論がかかわっている。因子gを掛けることには必然性がないような印象を受けるかもしれない。だが、その値は電子が光子を放出する確率にかかわっていて、物理学ではきわめて重要な意味を持つ。つまり、電磁力の大きさを決めるのだ。

万有引力の実際の計算に万有引力定数Gの値が必要なように、因子gの値は電磁力の計算に必要で、専門用語としては、その二乗を円周率の四倍で割った値、すなわち、$g^2/4\pi$は「微細構造定数」と呼ばれる。

つづいて、図10・1の二番目のグラフに注意を向けよう。そこに描かれているのも、はじめの二個の電子が位置Xと位置Yに到達する過程の一つだ。このグラフは最初のグラフにきわめてよく似ていて、電子が光子を放出する場所と時間、吸収する場所と時間しか違わない。そのため、この過程をあらわす時計もまったく同じ手順で計算できる。

このような手順は、光子の放出と吸収が可能なすべての場所と時間の組み合わせについて、何回も繰り返さなければならない。さらに、電子の出発点がさまざまに異なる場合もそれぞれ計算する必要がある。重要な点は、電子が位置Xと位置Yに到達する過程をもれなく考慮し、どれにも一つの時計を対応させることだ。時計がそろったら、全部を単純に加算すればいい。最終的な時計で針の長さを二乗すると、電子が位置Xと位置Yで同時に見つかる確率になる。二個の電子の相互作用は、これですべて解明される。粒子の存在する確率がわかったら、それ以上の知識はいくら望んでも得られない。

以上が量子電磁力学の要点だ。そして、自然界のほかの力についても、すぐに話題にするように、同様のグラフでじつにうまく説明できる。だが、その前に、いくつか補足をしておこう。

まず、電子がスピンの違いによって二種類に分類されることは、説明を簡単にするために無視した。また、ボース粒子に属する光子も、やはりスピンによって三種類に分類される。だが、いずれのスピンの違いも、粒子の移動や放出、吸収における組み合わせの数が増え、計算が面倒になるだけにすぎない。

つぎに、図10・1を注意深く眺めた読者は、四番目と五番目のグラフの前にプラスではなくマイナスの記号があることに気づいたはずだ。この二つのグラフで位置Xと位置Yに到達する電子は、はじめの位置がほかのグラフと異なっている。つまり、高いほうの電子が位置Yに、低いほうの電子が位置Xに移動するのだ。

第七章で説明したように、電子が入れ替わった状況に対応する時計を加算するときには、ふつうに加算する操作の前に針の向きを反転させなければならない。この反転をマイナスの記号があらわしている。

さらに、粒子の相互作用の計算には特有の難しさがあることを、読者は指摘するかもしれない。それは、電子が位置Xと位置Yに到達するまでに、光子の放出と吸収を無限に繰り返す可能性があることだ。

だが、幸運なことに、粒子の経路の分岐と合流のたびに、縮小の因子gが掛けられて時計はどんどん小さくなる。つまり、グラフが複雑なほど、対応する時計の重要性が最終的な加算においての低下する。

因子gの値は約〇・三なので、縮小の効果はきわめて大きい。そのため、たいていの場合には、光子の放出と吸収が一回ずつの過程、すなわち、図10・1の五番目のグラフまでを考慮すればじゅうぶんだ。その結果、計算はかなり楽になる。

粒子が見つかる可能性をあらわす時計は、専門用語では「確率振幅」と呼ばれている。この

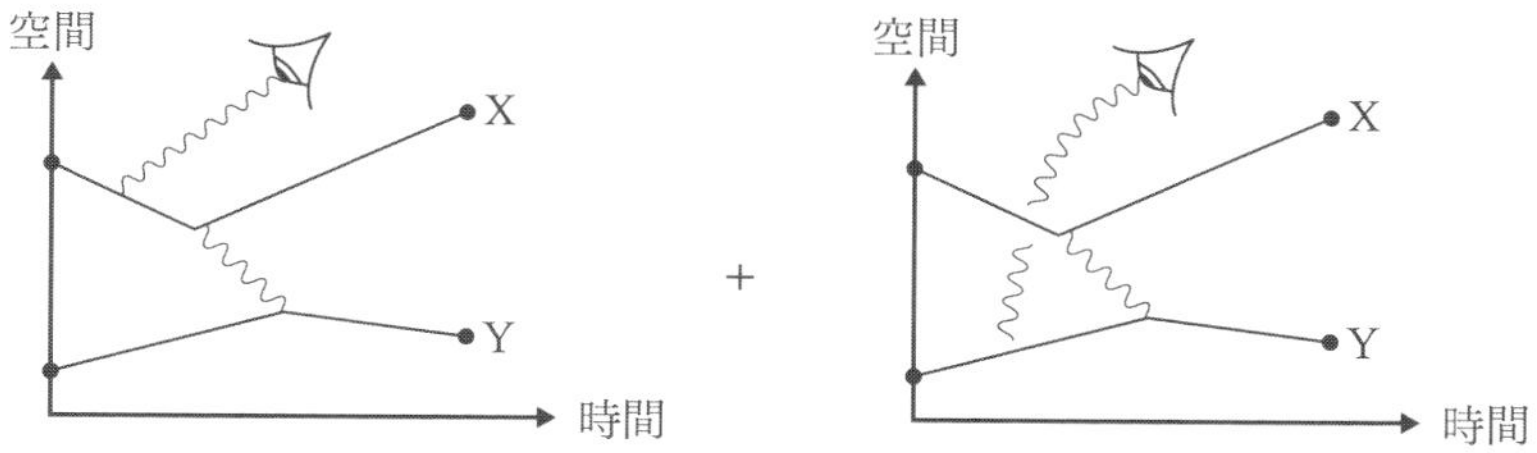

図 10.2　人間の目による観測。

時計をファインマン・ダイアグラムごとに求め、すべてを加算して、針の長さを二乗する手順は、現代の素粒子物理学において確率を計算するための常套手段だ。

だがその裏側には、ある魅力的な問題が隠れている。その問題がきわめて悩ましいか、あるいは、まったく悩ましくないかは、物理学者が世界をどう解釈するかによって異なってくる。

観測との相互作用

二重スリットの実験においては、電子が蛍光板に到達するまでのあらゆる経路を考慮することで、干渉縞が発生することを説明できた。粒子の相互作用の計算においても、正しい答えを得るためには、可能なすべての過程に対応する時計を加算しなければならない。そうすれば、最後に得られた時計の針の長さを二乗することで、問題にしている相互作用の起こる確率がわかる。簡単なことだ。そう思うなら、図10・2を見てほしい。

いま、「電子が位置Xと位置Yに移動する」という現象を観測しようとすると、どうなるのだろうか？　観測するためには、量子電磁力学の法則にのっとって、粒子との相互作用に参加するしかない。いまの場合には、電子と光子が分岐する経路の一部になる必要がある。

では、いずれかの電子が放出する光子の一個と相互作用して、その光子を人間がそなえている検出器、すなわち、目で観測するものとしよう。このとき、現象が変わることに注意してほしい。つまり、これは「電子が位置Xと位置Yに、そして、光子の一個が目に移動する」という現象なのだ。

この新しい現象が起こる確率は、これまでと同様の手順で計算できる。二個の電子が出発点から位置Xと位置Yに到達し、一個の光子が「目」に到達する過程のすべてについて、対応する時計を加算すればいい。

ところが、より正確には、光子と目の相互作用も考慮する必要がある。すると、はじめは簡単に思われた計算は、途端に手におえなくなる。たとえば、光子が目の内部にある原子の電子をはじき、それをきっかけに一連の反応が起こるので、最後には光ったという認識が生まれる。この反応を完全に記述するためには、脳内にいたるまでの関係するすべての粒子の情報を必要とする。このような面倒な事態は、量子力学の「観測の問題」と呼ばれるものの一つだ。

歴史の干渉

　この本では、量子力学で確率を計算する方法について、いくらか詳細に説明してきた。何かの実験をおこなったとき、特定の結果が観測される確率は、理論によって予測できると仮定した。手順にしたがって確率を計算することだけに専念していれば、答えにあいまいなところはない。

　だが、少し気になる点もある。たとえば、結果がイエスかノーかの二つしかない実験をするものとしよう。かならず片方だけが起こり、けっして両方は起こらない。そんなありふれた実験だ。

　つぎに、そのあとでおこなう第二の実験を考える。どんな実験でもいいが、やはり結果は二つしかなく、「押す」か「押さない」かのどちらかになる。量子力学の法則では、第二の実験が「押す」になる確率は、それにいたるすべての状況に対応する時計を加算して計算される。

　考慮しなければならない状況は、はじめの実験がイエスになる場合と、ノーになる場合とに完全にわかれる。この二種類の状況に分類される時計をすべて加算しないと、第二の実験が「押す」になる正しい確率は得られない。

だが、本当にそうなのか？　はじめの実験の結果が観測されたあとでも、観測される前と同じように、すべての可能性を考える必要があるのか？　それとも、はじめの実験がイエスかノーかに決まったら、その結果だけに未来は左右されるのか？　たとえば、はじめの実験がイエスになったとき、第二の実験が「押す」になる場合を考えよう。第二の実験の結果を、イエスとノーの両方の可能性が干渉したものと考えるか、イエスの結果から進展したものと考えるかによって、計算の方法は異なってくる。どちらが妥当かを判断しなければ、この現象が起こる確率を正しく計算できない。

判断の基準は、はじめの実験の観測という行為に、何か世界を変える要素があるかどうかにある。世界が変わるのなら、はじめの実験で観測されなかったほうの結果から生成される時計は、もはや加算の必要がない。世界が変わらないのなら、さまざまな可能性が複雑にからんだ糸は、以前と同じ状態を維持しているので、すべての時計を加算する必要がある。

人間の常識としては、ある結果は取り返しがつかない影響を残す。これが正しいなら、もはやイエスとノーの両方の結果が同じ未来に進展することはない。だが、未来は本当に過去に左右されないのか？　理屈をこねれば、どんな過去であっても同じ未来に影響を与える可能性が考えられる。それならば、量子力学の法則を適用するとき、ある未来が出現する確率を両方の結果の干渉として計算するしかない。

このような計算も奇妙だが、何よりも奇妙なのは、世界が「もしもの可能性を含めた歴史の干渉」として解釈されるという理論だ。その奇妙さは、量子力学の法則を、たとえば人間の行為など、あらゆる現象に厳格に適用しようとすることにある。実はこの解釈には、観測の問題は発生しない。イエスかノーかの結果によって世界が変わることはないから、判断するまでもなく、時計をすべて加算するのが妥当だ。

量子力学の古典的な解釈では、人間または装置によって観測がおこなわれるたびに、自然界の可能性は特定の一つの現実に収束する。それを否定する主張が、いま話題にしている「多世界解釈」だ。この考えには、粒子のふるまいを決定する規則がすべての現象に厳密に適用できる点で、かなりの説得力がある。だが、その意味は衝撃的だ。現実の宇宙はあらゆる可能性が重なり合った結果で、何かを観測するたびに干渉が消えるように見えるのは、人間の認識の限界による錯覚にすぎない。べつの表現をすれば、いかに想像が難しくても、起こらなかった過去がすべて同じ現在につながっている。

干渉が観測によって本当に消滅しないなら、ある意味で、人類は一つの巨大なファインマン・ダイアグラムの内部で生きていることになる。あるできごとが発生したとき、それには過去の正反対の結果がともに必要だと気づくことは、ありえるのだろうか？

あきらかに、その過去のできごとはささいなことだ。「仕事につく」と「仕事につかない」のような違いは人生を大きく変えるので、両方からまったく同一の現在にいたる筋書は想像しにくい。どうしても、人間には一方だけが起こったように認識される。だが、過去のできごとの違いがさほど劇的でなければ、筋書はどうにでもなる。これまでに理解したように、少数の粒子のふるまいを説明するためには、異なる可能性の加算が絶対に欠かせない。

このような観測の問題よりも、差し当たって重要なのは、実験で検証できる何かの現象について、それが起こる確率を予測することだ。そのための規則はよくわかっているので、まったく問題なく計算できる。だが、いずれ事情が変わるだろう。いまのところ、過去のできごとの干渉が未来のできごとにおよぼす影響は、はっきり言って実験できない。自然の本質を追求する試みは、物理学の「黙って計算しろ」という立場によって、科学の進歩から巧妙に隔離されている。

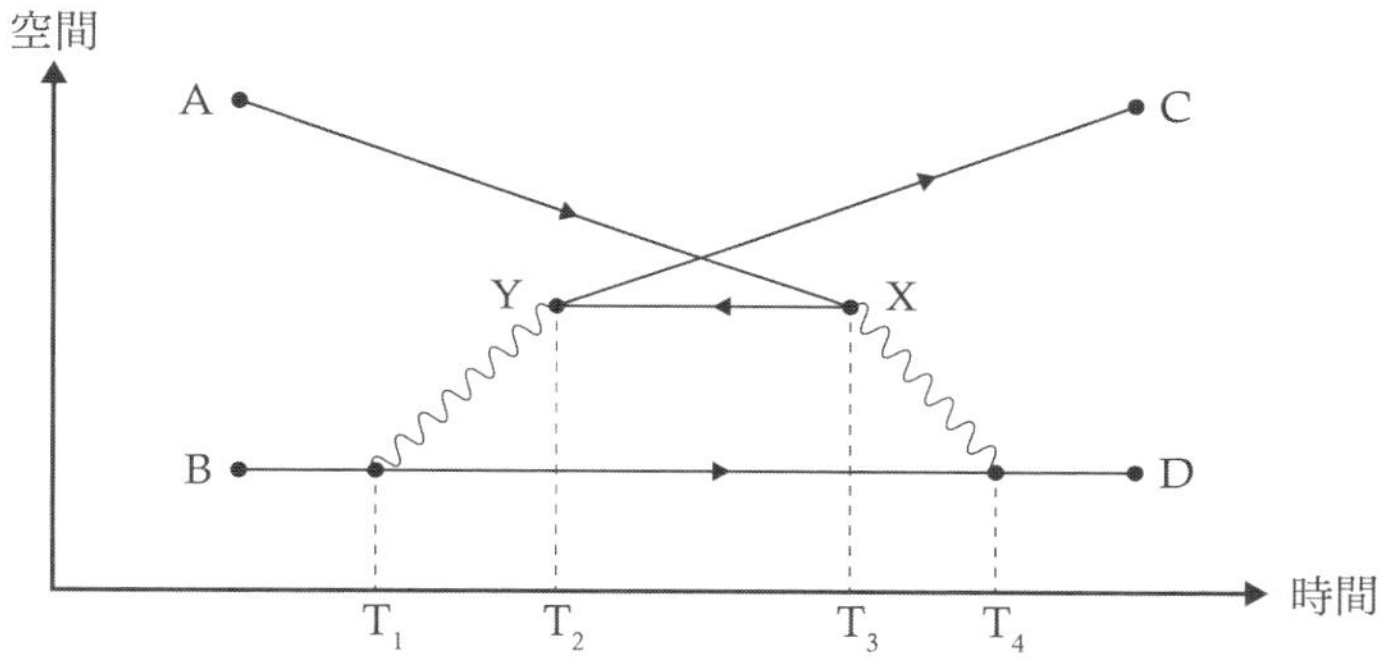

図 10.3　時間を過去にさかのぼる電子、すなわち、反粒子の一種。

反粒子のタイムトラベル

二個の電子が相互作用する世界に戻ろう。べつの例を図10・3に示す。一方の電子が位置Aから位置Xに移動し、光子を放出する。ここまでは問題ない。だが、つぎの瞬間、この電子は時間を過去にさかのぼりはじめる。そして、位置Yでべつの光子を吸収したあとは、ふたたび未来へと向かい、最後には位置Cで検出される。このファインマン・ダイアグラムは、粒子が移動したり、その経路が分岐したり合流したりする規則に反していない。電子は決められたとおりに光子を放出し、吸収しているだけだ。

この経路は理論的に可能だし、量子力学においては、起こる可能性があれば実際に起こる。だが、電子が時間をさかのぼっている点で常識に反している。サイエンスフィクションとしては面白いが、因果律が破れる世界は現実には成立しない。率直に言って、この相互作用はアインシュタインの特殊相対性理論と矛盾しないのか?

驚くことに、この特殊なタイムトラベルは、一九二八年にディラックが提案したように、まったく禁じられていない。図10・3の粒子のふるまいにも、時間の進行の観点から解釈し直せば、さほどの不都合はないことがわかる。

そこで、できごとの流れを左から右へと追ってみよう。時刻ゼロにおいて、世界には二個の電子があり、位置Aと位置Bに存在している。電子が二個だけの状態は時刻T_1までつづき、そのとき、位置Bから出発した電子が光子を放出する。時刻T_1から時刻T_2までは、世界に二個の電子と一個の光子が存在する。時刻T_2において光子は消滅し、最後には位置Cに到達する電子と、いずれは位置Xに到達する第二の粒子が取って代わる。

この第二の粒子を電子とは呼びたくない。これは「時間をさかのぼる電子」だからだ。では、時間が未来に向かって進む人間の目には、過去に向かって進む電子の姿がどう映るのか?

この問題に答えるために、電子が磁石のそばで図10・4のように動くところをビデオカメラで録画するものとしよう。電子があまり高速では動いていない場合、専門的に言えば、電子が動いてもほぼ同じ大きさの磁力を受けつづける場合には、その典型的な軌道は円になる。電子

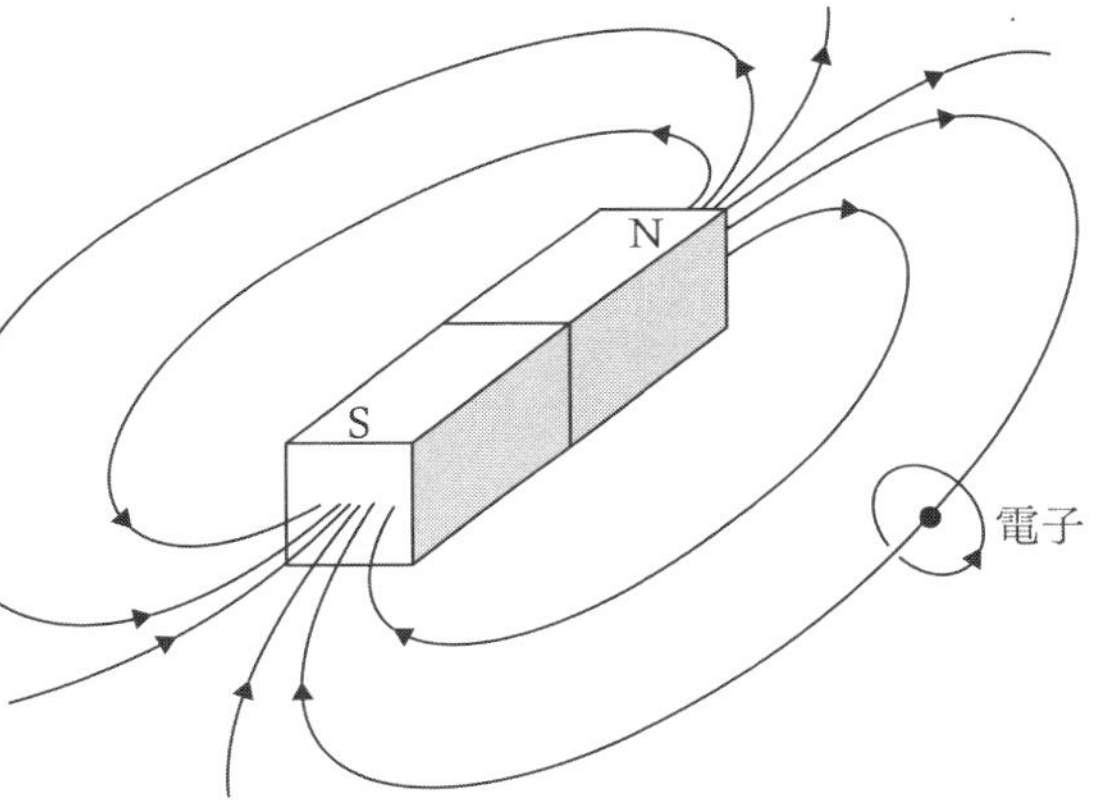

図 10.4　磁石のそばで周回する電子。

の進路が磁石によって曲がる現象は、旧式のテレビのブラウン管とか、もっと派手な例としては、大型ハドロン加速器とかが動作する原理だ。

つぎに、録画したビデオを巻き戻しで再生しよう。その映像は、「時間をさかのぼる電子」を「未来に向かって進む人間の目」で見たものになる。いまの場合には、通常とは「反対の向きにまわる電子」だ。物理学者の視点では、映像は巻き戻しではなく時間が進むとおりに再生されていて、動いている粒子はただ一つの性質を除いて電子そのものに見える。その唯一の違いとは、粒子が正の電荷を帯びていることだ。これで問題の答えが得られた。

時間をさかのぼる電子とは、「正の電荷を帯びた電子」にほかならない。電子が実際に過去に向かってタイムトラベルをするなら、それは正の電荷を帯びた電子として観測されるはずだ。

このような粒子は実際に存在して、「陽電子」と呼ばれている。その理論的な概念は、一九二八年にディラックが電子を量子力学の方程式で表現したとき、そこにあらわれる問題を解決するために提案された。もっと具体的に言えば、方程式から予測される粒子に負のエネルギーを持つものがあったのだ。のちに、ディラックは自分の思考の流儀と、とりわけ、計算の正しさへの強い確信について、素晴らしい洞察を残している。「負のエネルギーの状態が数式から除外できないという事実をわたしは受け入れた。だから、そのような状態に物理的な説明を与えることに挑戦した」

一九三二年、どうやらディラックの予測を知らないまま、カール・アンダーソンは宇宙線を観測していて、装置の内部に奇妙な粒子の痕跡を発見した。その粒子は、「正の電荷を帯びていて、質量が電子と同じと考えるしかない」ものだった。

またもや、数学による推論の強力さが見事に示された。数式に意味を持たせるために、ディラックは新しい粒子、すなわち、陽電子の概念を導入した。わずか数年ののち、その粒子は高エネルギーの宇宙線の衝突によって発生することがわかった。陽電子の発見は、サイエンスフィクションでおなじみの「反粒子」との最初の出合いだった。

タイムトラベルをする電子の正体が陽電子だとわかったところで、図10・3を解釈し直す仕事に戻ろう。時刻T_2において位置Yに到達した光子は、電子と陽電子に分裂する。どちらも時間が未来に向かって進み、時刻T_3において陽電子は位置Aから出発した電子と融合して、べつの光子が出現する。その光子は時刻T_4まで飛びつづけたあと、最後に位置Dで検出される電子に吸収される。

この新しい解釈はこじつけの印象を与えるかもしれない。反粒子が登場したのは、時間をさかのぼる粒子の存在が許容されたからだ。粒子が移動したり、相互作用したりする規則では、時間が未来にも過去にも向かうことが許される。だが、いかに先入観が邪魔をしようと、粒子が時間をさかのぼることは、ただ許容されるだけではなく、絶対に許容されなければならない。なぜなら、きわめて皮肉なことに、「粒子の過去への移動を禁じることは因果律に反する」と判明したからだ。これほど奇妙な、あべこべに思われる結果もない。

粒子の相互作用がうまく説明できることは偶然ではなく、より深遠な理論の存在を暗示している。じつのところ、この章の説明を読んだだけでは、粒子の移動や相互作用の規則に必然性が感じられないかもしれない。たとえば、相互作用の新しい規則を考えたり、移動の規則を改変したりすれば、うまくいく場合がほかにもあるのではないか？　残念ながら、ほとんど確実に間違った理論が生まれ、たいてい、因果律を破る結果になる。

粒子の移動と相互作用の規則は、量子力学が特殊相対性理論と両立するための唯一の方法として、場の量子論から導かれるものだ。場の量子論の制約があるために、粒子の移動と相互作用の規則はほかに選択の余地がない。物理学の基本法則を追求するためには、この結果はきわめて重要だ。

そこで使われる「対称性」という制約は、宇宙の構造にいかにもふさわしく、その理解がいかにも進んだと感じられる。アインシュタインの相対性理論も、空間と時間の構造に対称性の制約を課すものにほかならない。ほかの対称性が粒子の移動と相互作用の規則をさらに制約することは、つぎの章で手短に触れる。

量子電磁力学の説明を終える前に、残っている問題を片づけよう。シェルター島での会議で報告されたラム・シフトを思い出してほしい。水素から発生する光のスペクトルが、ヴェルナー・ハイゼンベルクとエルヴィーン・シュレーディンガーの理論から予測される結果と、わ

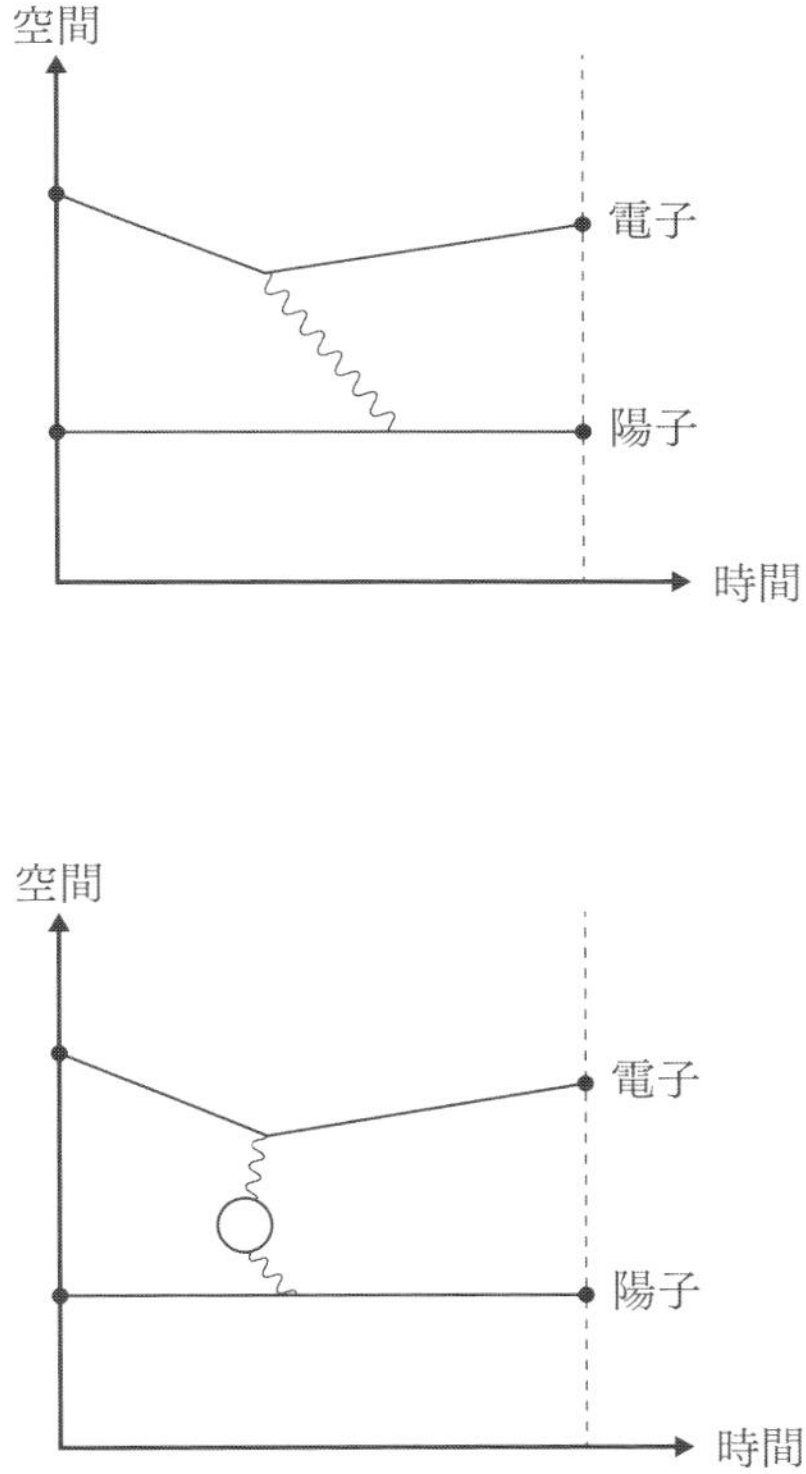

図 10.5　水素原子のファインマン・ダイアグラム

ずかに違っているという問題だ。

会議から一週間も経過しないうちに、ハンス・ベーテが概算によって最初の説明に成功した。図10・5に水素原子のファインマン・ダイアグラムを示す。陽子と電子を結びつけている「電磁相互作用」は、図10・1に示した二個の電子による相互作用とまったく同じように、どんどん複雑になっていく多数のグラフによって表現される。そのうちのもっとも単純な二つが、図に描かれているものだ。

量子電磁力学が登場するまでは、電子のエネルギー準位の計算には上側のグラフだけが含まれていた。この場合の電子は、陽子によって生成される井戸型ポテンシャルに捕らわれている。だが、すでに説明したように、さまざまな現象が相互作用によって発生する。

図10・5の下側のグラフでは、光子がしばらくのあいだ電子と陽電子の対に変化している。この現象や、ほかのさまざまな現象を計算に含めると、一九一三年にすでにニールス・ボーアによって予測されていた結果に、少しだけ修正がくわわる。ベーテは図のように輪が一つ生じる過程を正しく考慮することで、エネルギー準位がわずかにずれ、発生する光のスペクトルが変わることを発見した。しかも、その結果はラムによる測定に一致する。量子電磁力学によれば、水素原子の内部では、泡が噴き出して破裂するように、粒子の発生と消滅が繰り返されている。ラム・シフトは、人間がはじめて明確に出合った粒子の霊妙な揺らぎだった。

ベーテの計算は、会議の参加者のリチャード・ファインマンとジュリアン・シュウィンガーによって、ただちに引き継がれた。そして、二年のうちに、量子電磁力学は現在のような理論として確立した。場の量子論の先駆けとなり、すぐに発見される「弱い相互作用」と「強い相互作用」の原型となった。この成果によって、ファインマンとシュウィンガーは、一九六五年、日本の物理学者の朝永振一郎とともにノーベル賞を受賞した。受賞の理由は、「量子電磁力学の基礎研究によって、素粒子物理学の発展に多大に貢献」したことだ。

では、素粒子物理学のその後の発展へと話を進めよう。

真空は粒子で満ちている

11

自然界の現象のなかには、電荷を帯びた粒子の相互作用からは発生しないものもある。量子電磁力学では、陽子と中性子の内部のクオークを結びつけている強い核力や、太陽が燃えつづけるために必要な弱い核力を説明できない。基本的な四つの力の半分を無視したままでは量子力学の本として不完全だから、この章では、まず、二種類の核力について概説しよう。そのあと、真空という面白い空間において、粒子がいかに発生したり、進行をさまたげられたりしているかを詳説する。

最初に強調しておきたいのは、量子電磁力学の場合とまったく同じように、強い核力と弱い核力の説明においても場の量子論が使えることだ。その意味でも、リチャード・ファインマン、ジュリアン・シュウィンガー、朝永振一郎の功績は大きい。電磁力を合わせた三つの力の理論は、素粒子物理学では「標準モデル」という気取らない名前で呼ばれている。標準モデルがどこまで正しいかは、ヨーロッパ原子核研究機構の大型ハドロン加速器、つまり、人類が組み立てたもっとも巨大で精巧な装置によって、現在も検証の真っ最中だ。この装置によって陽子をほとんど光速まで加速して衝突させたとき、新しい何かが発見されないと、標準モデルではエネルギーの高い状況において意味のある予測ができないことになる。

具体的には、規則によって生成される時計の針の長さが一を超えはじめる。つまり、一〇〇パーセントを超える確率で弱い核力にかかわる特定の相互作用が発生することになり、あきらかにおかしい。そこで、大型ハドロン加速器の実験では、未知の何かがかならず発見されるものと期待されている。ジュラ山脈のふもとの丘陵において、地下一〇〇メートルの深さで一秒ごとに一億回の陽子の衝突が繰り返されているのは、その何かの存在を確認するためだ。

確率が異常な値になる問題を解決する鍵は標準モデルにも用意されていて、「ヒッグス機構」という名前で呼ばれている。この機構が正しいなら、大型ハドロン加速器の実験において、自然界の新しい粒子として「ヒッグス粒子」が観察されるはずだ。そして、真空の概念が根底からくつがえされる。ヒッグス機構はこの章の後半で取りあげるが、その前に、これまで大成功をおさめてきた標準モデルについて、簡単に紹介しておこう。

素粒子物理学の標準モデル

存在がわかっている粒子をそれぞれの記号で図11・1に示す。この本が書かれた二〇一一年九月の時点では、宇宙の構成要素はこれですべてだ。だが、存在を予想されている粒子なら、ほかにもある。

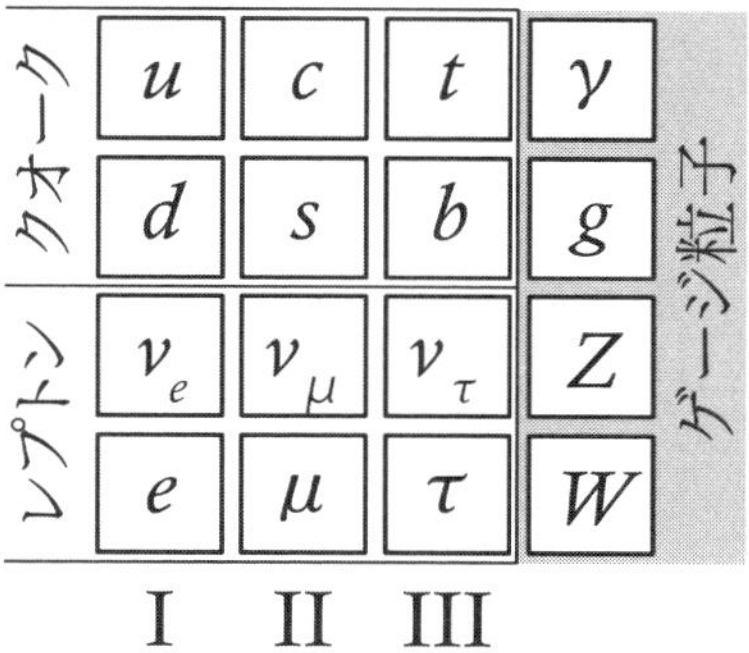

図 11.1　自然界の粒子。

たとえば、ヒッグス粒子はもちろん、宇宙に豊富に存在するはずなのに正体がわからない暗黒物質にかかわる粒子とか、「超ひも理論」で予想されている超対称性をそなえた粒子とか、「カルツァ・クライン励起状態」を発生させる異次元の空間の粒子とか、テクノクオークとか、レプトクオークとか……憶測も含めるとかぎりがない。誤った理論を除外して、今後の研究の道筋を示すのも、大型ハドロン加速器の実験にたずさわる科学者のつとめだ。

人間が見たり触れたりできる物質は、すべて図11・1のもっとも左側のIの列に並ぶ粒子から構成される。生命のない機械も、生命のある動植物も、地球の岩石や大気も、観測できる宇宙の三五〇〇億の銀河を形成する恒星や惑星も、まったく例外ではない。人間はたった三種類の粒子、すなわち、アップクオーク（u）、ダウンクオーク（d）、電子（e）からなる。クオークが原子核を構成し、それを電子が化学結合でつなげる。

残りの電子ニュートリノ（ν_e）は、ほかの三つほどは知られていないが、太陽から大量に飛来していて、人間の体表の一平方センチメートルあたりを一秒ごとに六〇〇億個がつらぬいている。そのほとんどは身体ばかりか地球までもあっさりと突き抜けてしまうので、見ることも触れることもできない。だが、あとで説明するように、太陽が燃える過程で重要な役割を果たすので、その意味では生命にとって不可欠の存在だ。

この四種類の粒子は、まとめて「第一世代」と呼ばれていて、そこに基本的な四つの力がくわわれば、宇宙は完全に構成できるものと思われている。ところが、なぜか、自然界にはさらに二つの世代の粒子が存在する。いずれも第一世代と同様の性質をそなえるものの、その質量はもっと大きい。図11・1では左から二番目と三番目のⅡとⅢの列に示されている。第二世代はチャームクオーク（c）、ストレンジクオーク（s）、ミューニュートリノ（ν_μ）、ミュー粒子（μ）からなり、第三世代はトップクオーク（t）、ボトムクオーク（b）、タウニュートリノ（ν_τ）、タウ粒子（τ）からなる。

とくに、トップクオークはほかの粒子よりもかなり重い。この粒子は一九九五年にシカゴの近郊にあるフェルミ国立加速器研究所のテバトロン加速器によって発見され、質量が陽子の一八〇倍を超える。電子と同じように大きさを持たないのに、怪物のような重さを持っている理由は、いまのところ謎に包まれている。第二世代と第三世代の粒子は、宇宙のふつうの現象に直接には関与しない。ただし、ビッグバンの直後には、かなり重要な役割を果たしたと考えられる。だが、それはまたべつの話だ。

図11・1のもっとも右側の列には、力を伝達する「ゲージ粒子」が並んでいる。重力を伝達する粒子は、標準モデルにうまく適合するものが見つかっていないので、掲げられていない。超ひも理論では重力も統一的に表現しようとしているが、まだ成功の範囲はかぎられている。重力はきわめて弱いので、素粒子物理学の実験では、重要な役割を果たすかどうかの検証ができていない。

前章で説明したように、電荷を帯びた粒子のあいだに働く電磁力は、光子（γ）の放出と吸収によって伝達される。弱い核力ではW粒子（W）とZ粒子（Z）が、強い核力ではグルーオン（g）が、光子と同じ役割を果たす。力の種類による根本的な違いは、粒子の分裂と融合の規則にある。

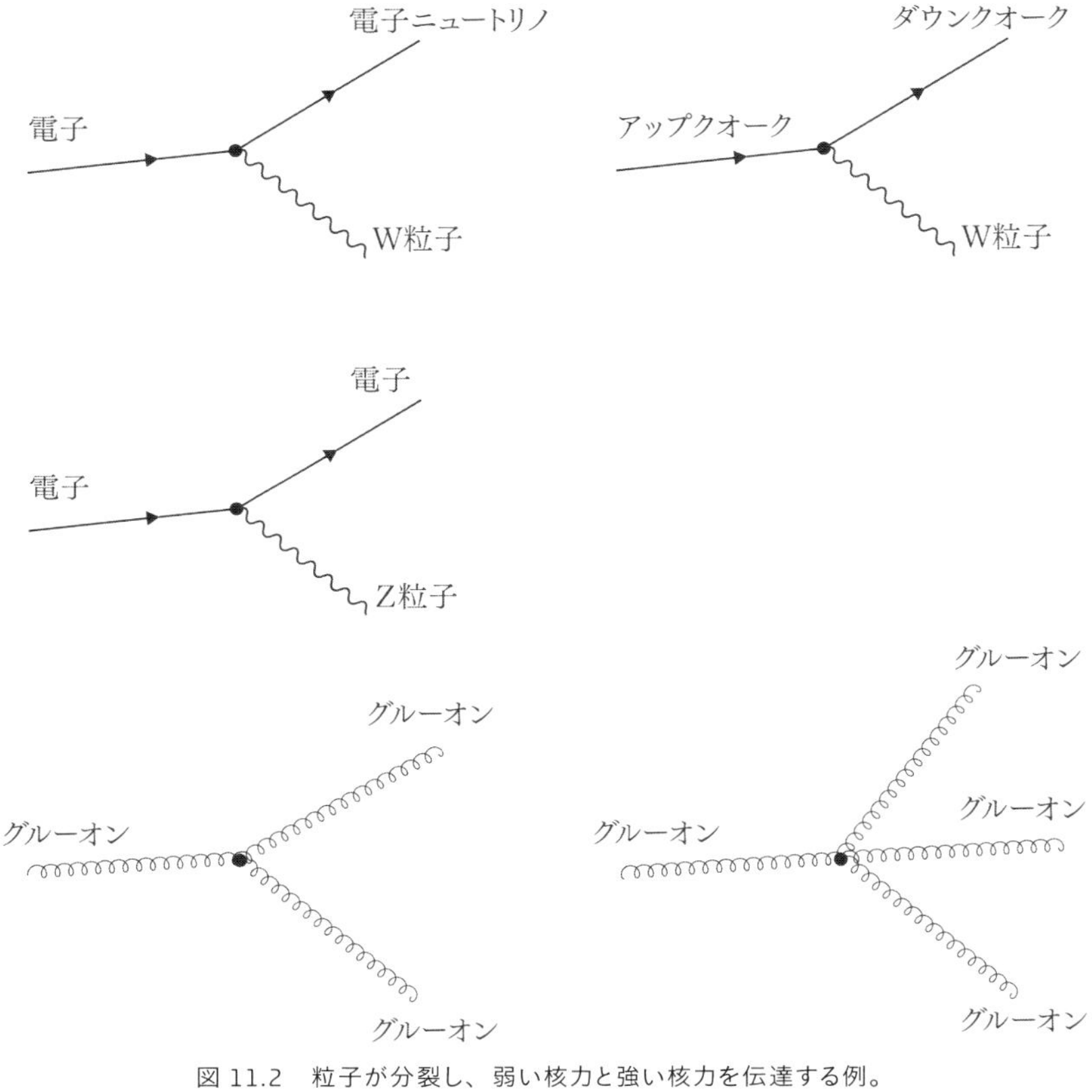

図 11.2　粒子が分裂し、弱い核力と強い核力を伝達する例。

図11・2に示すように、核力についての規則も実に単純だ。量子電磁力学の場合と似ているので、基本原理は理解しやすい。粒子が分裂したり融合したりする過程は、ファインマン・ダイアグラムに

描くことができる。ありがたいことに、分裂と融合の規則を変えるだけで、物理的にまったく異なる現象を表現できる。

素粒子物理学の教科書なら、図11・2のそれぞれのグラフや、ほかのさまざまな過程について、粒子の分裂と融合の規則を概説するだろう。

このような規則は「ファインマンの規則」と呼ばれていて、前章の電子の相互作用でさわりを説明したように、ある過程が起こる確率を知りたいとき、人間やコンピューターに計算の手段を提供する。この世界の基本的な性質が数少ない単純なグラフと規則に要約できることは、たいへん気持ちがいい。

だが、この本は教科書ではないので、図11・2の右上のグラフだけに注目しよう。この分裂の規則は、地球の生命にとってきわめて重要なものだ。アップクオークがW粒子を放出してダウンクオークに変わる過程は、太陽の中心部において劇的な効果を発揮する。

太陽の内部では、陽子、中性子、電子、光子が飛びまわっている。体積が地球の一〇〇万倍もあるので、自分自身の重力によってつぶれようとする。激しい圧縮による発熱で中心部の温度は一五〇〇万度にあがり、陽子が核融合してヘリウムの原子核を形成しはじめる。核融合によって解放されるエネルギーは外側の層を押しあげ、重力によってつぶれるのを防ぐ。この不安定な平衡状態はエピローグで取りあげるので、ここでは「陽子が核融合しはじめる」ことの意味を考えよう。

言葉で「核融合」と表現するのは簡単だが、太陽の中心部で正確に何が起こっているのかは、一九二〇年代から三〇年代にかけて、科学者のあいだに大きな論争を巻き起こした。太陽のエネルギーが核融合によって発生するという理論は、イギリスの天文学者アーサー・エディントンによって提唱された。だが、当時の知見では、太陽の温度は核融合が起こるほど高くなかった。その点を指摘されてもエディントンは一歩も譲らず、有名な反論を残している。「ヘリウムがいつかどこかで形成されたのは間違いない。恒星の温度が低いと文句を言う前に、もっと高温の場所を探したらどうだ」

高速で飛びまわる二個の陽子が近づいても、電磁力によってたがいに反発する。これは、量子電磁力学では、光子のやり取りの結果だと説明される。核融合が起こるためには、重なるくらいまで近づく必要がある。だが、太陽の温度では陽子の速度がじゅうぶんではなく、電磁力の反発にかなわない。そのことは、エディントンをはじめ、核融合を支持する科学者も理解していた。

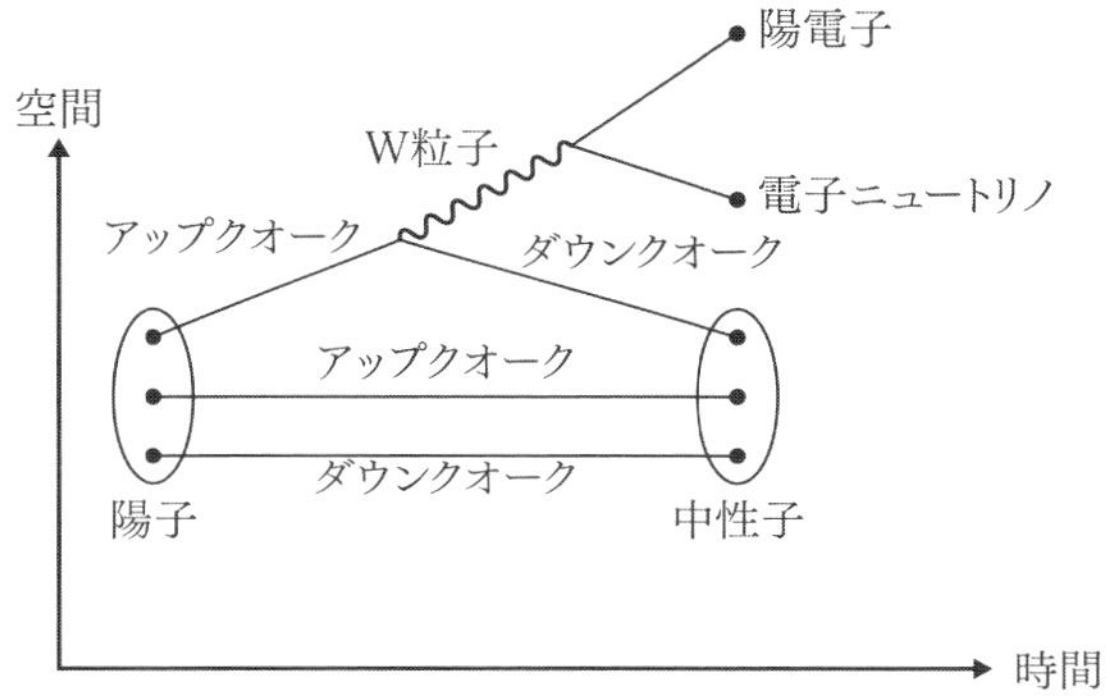

図 11.3　陽子が中性子に変わり、陽電子と電子ニュートリノを放出する。この過程がないと、太陽は燃えることができない。

この窮地を脱することができたのは、W粒子が登場したからだ。衝突しようとしている陽子の一方から飛び出して、図11・2の右上のグラフに示すように、アップクオークの一個をダウンクオークに変える。すると、その陽子は中性子に変わって電荷を持たなくなるので、もう一方の陽子にいくらでも近づける。

量子電磁力学によれば、中性子と陽子のあいだでは両者を引き離す光子のやり取りが発生しない。電磁力による反発から解放されて、中性子と陽子は強い核力によって核融合し、「重陽子」になる。そして、すぐにヘリウムを形成し、同時にエネルギーを放出することで恒星の活動を支える。

陽子が中性子に変わる過程を図11・3に示す。W粒子はあまり長くは存在しないで、陽電子と電子ニュートリノに分裂する。人間の身体を突き抜けていく大量のニュートリノは、このときに発生したものだ。エディントンのけんか腰の反論は、ある意味で正しかった。

もっとも、こんな機構で核融合が可能になることなど、当時は予想もつかなかっただろう。肝心かなめのW粒子は、同じく弱い核力を伝達するZ粒子とともに、ようやく一九八〇年代にヨーロッパ原子核研究機構で発見された。

標準モデルの簡単な紹介の最後に、強い核力を取りあげよう。この力を伝達するグルーオンは、クォークのあいだだけを行き来する。さらに言うなら、クォークの相互作用のなかでは、グルーオンのやり取りの多さが突出している。そのため、強い核力という名前が示すとおり、電磁力に打ち勝つことができ、正の電荷を帯びた陽子が反発しても、原子核が飛び散るのを防ぐ。ただし、強い核力はあまり遠くまでおよばない。グルーオンがそのままで移動できる距離は、せいぜい一フェムトメートル、すなわち、10^{-15}m 程度だ。

光子は宇宙の果てまで飛んでいくのに、グルーオンがそれほど近くにしか届かない理由は、図11・2のもっとも下側に描かれている。グルーオンは複数のグルーオンへとすぐに分裂してしまう。この性質のために、強い核力は電磁力とまったく異なるものになり、好都合なことに、影響の範囲が原子核の内部にかぎられる。

光子が分裂しないのはきわめて幸運だ。もしもグルーオンのように分裂したら、目に向かって飛んでくるはずの光子が四散してしまい、この世界を見ることができない。光子のあいだに相互作用がほとんどなく、ともかく何でも見られることは、自然界の驚異の一つだ。

いま見つかっている規則や粒子は、なぜ宇宙に存在するのだろうか？　その答えは、じつのところわかっていない。この世界を構成している電子、ニュートリノ、クオークは、壮大な宇宙のドラマの主役だ。だが、現在のところ、その配役が選ばれた理由は説明できない。

だが、いったん粒子がそろえば、分裂と融合の規則として記述される相互作用が部分的には予測できる。相互作用の規則は、物理学者が想像をたくましくして生み出したものではない。場の量子論において「ゲージ対称性」を満たすという条件から得られた結果だ。実際に規則を導くことは、この本の目的から大きくそれるので、基本的な規則がきわめて単純なことだけをふたたび強調しておく。

宇宙は粒子で構成されていて、その移動と相互作用の規則はかぎられている。この規則を適用し、何かが起こる可能性の一つ一つに時計を対応させると、その時計をすべて加算することで実際に起こる確率が計算できる。

質量の正体

量子電磁力学の紹介をはじめるとき、粒子は移動するだけではなく、分裂したり融合したりすると考えた。じつのところ、理論はそれですべてだと言ってもいい。だが、質量のことはあえて話題にしなかった。なぜなら、もっともおいしい部分を最後に残したかったからだ。

現代の素粒子物理学は、「質量とは何か?」という問題に答えることを目指している。そのために、謎めいた新しい粒子が導入された。新しいというのは、この本でまだ紹介していないという意味でもあり、だれもまだ実物を見ていないという意味でもある。その粒子は「ヒッグス粒子」と呼ばれていて、大型ハドロン加速器での発見が熱望されている。

この本が書かれた二〇一一年九月の時点では、観測されているデータにおおいに期待できる。だが、じゅうぶんな回数の事象を起こすことができないので、いまのところ判断がくだせない。ここでの事象とは、陽子と陽子の一回の衝突だ。量子力学の理論は確率でしか得られないので、めったに起こらないヒッグス粒子の生成を検証するためには、陽子の衝突を延々とつづける必要がある。何回のデータが集まればじゅうぶんかは、研究者が誤った測定値を除外する技量にかかっている。この本が読まれる時点では、ヒッグス粒子がすでに発見されているかもしれない。あるいは、データの精査によって存在が否定されているかもしれない。

質量とは何かという問題がとりわけ面白いのは、予測されている答えが質量だけに関係するのではなく、はるかに不思議な宇宙の本質を暗示しているからだ。では、もったいぶった前置きはここまでにして、質量の詳しい説明に入ろう。

前章で光子と電子の相互作用を量子電磁力学によって説明したとき、両者の移動の規則が異なることに触れた。そして、時間TのあいだにA位置から位置Bへと移動する規則を、電子の場合にはP(A, B, T)、光子の場合にはL(A, B, T)と表現した。

さて、この規則の違いは何によってもたらされるのだろうか？「スピン」の違いによって電子は二種類あり、光子は三種類ある。だが、それは重要ではない。ここで問題になるのは、電子には質量があるが、光子には質量がない点だ。

図11・4に、質量のある粒子が移動するときに許される経路の一つを示す。その経路は折れ線になっていて、いくつかの区間がつながっている。はじめの区間では位置Aから位置1へ、つぎの区間では位置1から位置2へと進み、最後の区間で位置6から位置Bにいたる。この経路が面白いのは、それぞれの区間では質量のない粒子と同じ規則で移動することになる点だ。

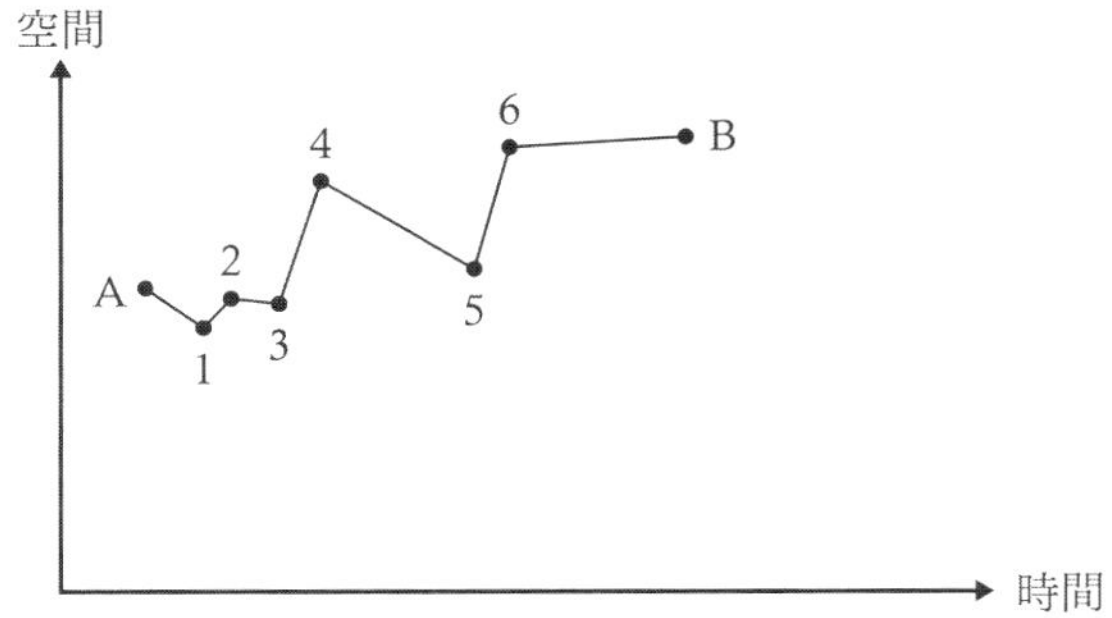

図 11.4　質量のある粒子が位置Aから位置Bへと移動する例。

　ただし、重要な規則も追加される。それは、粒子が方向を変えるたびに、時計を縮小しなければならないことだ。その縮小の度合いは、粒子の質量に反比例する。つまり、重い粒子ほど、方向を変えても時計は縮小されない。

　この規則は理由もなく決められたものではない。ジグザグの進路も、時計の縮小も、何も仮定することなくファインマンの規則から直接に導かれる。図11・4の粒子では、位置Aを出発してから位置Bにいたるまでに、六回にわたって方向を変えるたびに時計が縮小される。位置Aから位置Bへの移動に対応する時計を最終的に計算するためには、可能なジグザグの経路のすべてについて、無限に多くの時計を加算しなければならない。もっとも単純な経路は、出発点から到達点まで一直線に進むものだ。

だが、方向を何度も変える経路も考慮する必要がある。

質量のない粒子にも、この規則の適用が可能だ。だが、その場合には時計が無限に縮小され、針の長さがゼロになる。つまり、あらゆるジグザグの経路を選ぶ確率がゼロなので、真っ直ぐに進むしかない。これはまさに期待どおりのふるまいだ。結果的に真っ直ぐに移動するというだけで、規則は質量のある粒子の場合と同じである。

質量のある粒子は方向を変えられるが、きわめて軽い場合には時計の縮小の度合いがかなり大きい。よって、あまり何度も方向を変えることはできない。逆に、重い粒子の場合には、方向を変えても時計があまり縮小されないので、ジグザグの多い経路を選ぶ確率が高くなる。だが、粒子が軽かろうと重かろうと、真っ直ぐに進む動きは質量のない粒子と変わらない。そこで、この方向を変える回数こそが、質量の正体だと提唱されている。

この解釈には、粒子の質量を説明する新しい視点として、まったく申し分がない。図11・5に質量の異なる三種類の粒子が位置Aから位置Bへと移動する様子を示す。

いずれの粒子の場合にも、経路を構成する真っ直ぐな区間のそれぞれでは、質量のない粒子の移動の規則にしたがう。そして、方向を変えることがあれば、そのたびに時計の縮小という代償を払う。だが、質量が説明できたと喜ぶのは早計だ。この解釈は何か本質的な説明をした

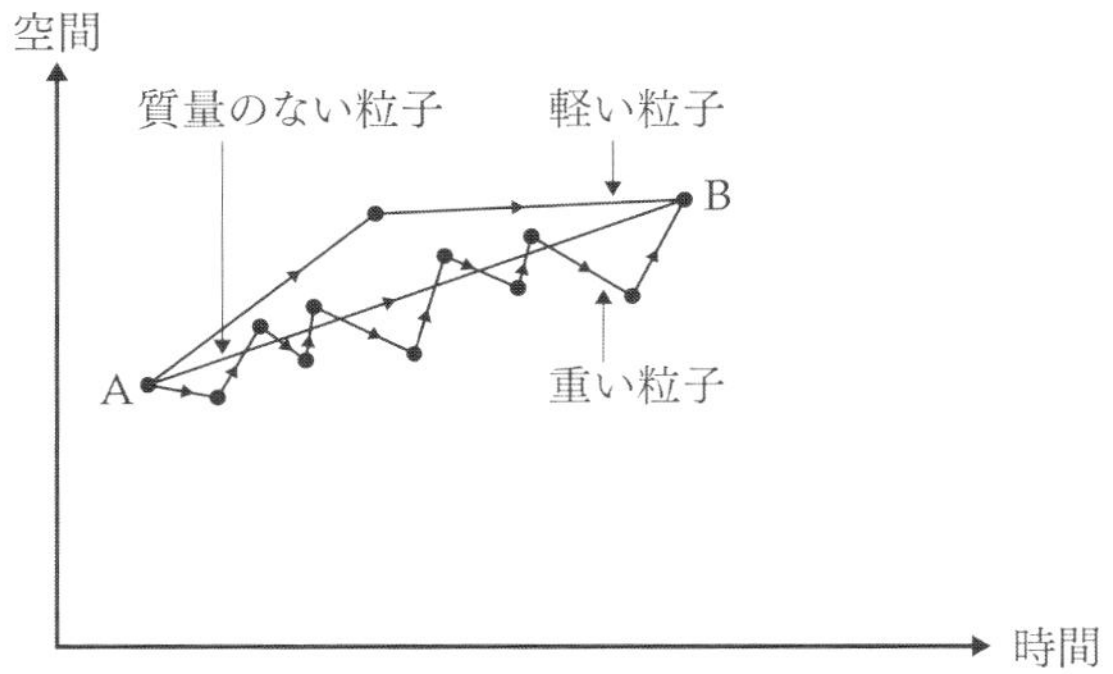

図11.5　質量の異なる粒子が位置Aから位置Bへと移動する例。粒子が重いほどジグザグになる。

のではなく、「質量」という言葉を「ジグザグに動く傾向」に置き換えただけにすぎない。質量のある粒子の移動の表現としては、どちらも数学的に同等なのだ。それでも、これから説明するように、単なる数学を超えた奇妙な面白い違いがある。

ヒッグス機構

ここからの説明は憶測の領域に入る。もっとも、この本が読まれる時点では、これから概説するヒッグス機構は実証されているかもしれない。大型ハドロン加速器では、七兆電子ボルトのエネルギーを持つ陽子が衝突を繰り返している。このエネルギーの大きさは、電子を七兆ボルトの電圧で加速したときの運動エネルギーに等しい。

ビッグバンから一兆分の一秒が経過したときの粒子

は、これとほぼ同じ大きさのエネルギーを持っていた。アルベルト・アインシュタインの方程式$E=mc^2$にしたがえば、七〇〇〇個の陽子に相当する質量を虚空から生み出す。このエネルギーの二倍まで出力できるように大型ハドロン加速器は設計されている。必要とあれば、さらなる実力を発揮できる。

世界じゅうの八五か国が協力し、巨大で野心的な実験装置を建造・運営している第一の理由は、粒子に質量をもたらしている機構の解明にある。質量の正体としてもっとも有望な理論は、粒子がジグザグに動く理由を説明しないと成立しない。そのために、ほかの粒子と衝突し、相手の進路を変える粒子の存在が仮定された。

その粒子こそヒッグス粒子だ。標準モデルによれば、ヒッグス粒子が存在しないと粒子はジグザグな経路を取ることがなく、宇宙の姿はまったく違ったものになる。だが、もしも真空がヒッグス粒子で満ちているなら、進路を妨害してジグザグに動かすことで、先ほど説明したような質量が発生する。混み合ったバーの店内を歩くときのように、ほかの粒子とちょっと動けばぶつかるので、もまれながらジグザグに進むしかない。

ヒッグス機構は、その理論を一九六四年に提唱したエディンバラ大学の理論物理学者ピーター・ヒッグスにちなんで名づけられた。だが、当時から理論としては成熟していて、同じ時期に何人かの研究者が発表している。ヒッグスはもちろん、ブリュッセル自由大学のロバート・ブラウトとフランソワ・エングラート、ロンドン大学のジェラルド・グラルニク、カール・ヘイゲン、トム・キブルといった面々だ。その研究の礎をきずいた科学者も数多くいて、ヴェルナー・ハイゼンベルク、南部陽一郎、ジェフリー・ゴールドストーン、フィリップ・アンダーソン、スティーヴン・ワインバーグなどの名前があげられる。完成された理論は標準モデルにほかならず、その功績でシェルドン・グラショー、アブダス・サラム、ワインバーグの三人は、一九七九年にノーベル賞を受賞した。

ヒッグス機構の概念は、きわめて理解しやすい。つまり、真空は何もない空間ではなく、ヒッグス粒子で満ちているので、粒子はジグザグに移動して、質量が発生する。

だが、もっとていねいな説明が必要だろう。どうすれば、真空がヒッグス粒子でいっぱいになるのか？　このような日常生活では気づかない奇妙な状態は、そもそもなぜ発生するのか？だが、この途方もない問題の答えを説明する前に、少なくとも見た目にはもっと簡単な問題を片づけておこう。なぜ、光子のような粒子には質量がなく、W粒子やトップクオークのような粒子には金や銀の原子ほどの質量があるのか？

粒子の相互作用は、分裂と融合の規則だけにしたがい、時計の縮小をつねにともなう。このことは、ヒッグス粒子が相手でも例外ではない。トップクオークにはヒッグス粒子との相互作用の規則がある。このときに時計が縮小される度合いは、軽い粒子の時計よりもはるかに小さい。そのため、トップクオークはアップクオークよりもかなり重くなる。一方、光子にはヒッグス粒子との相互作用の規則がない。そのため、ジグザグに進むことがなく、質量を持たないという結果になる。

では、なぜヒッグス粒子との相互作用の有無や、時計の縮小の度合いに違いがあるのか？　残念ながら、現在のところは「そうなっているから」と答えるしかない。同じことは、「なぜ粒子の世代は三つあるのか？」とか、「なぜ万有引力はそれほど弱いのか？」などの疑問にも当てはまる。

このように、ある段階から先の疑問には答えることができないが、それでも、いくらかは自然のふるまいが解明できると思われる。それに、もしも大型ハドロン加速器でヒッグス粒子が検出され、ほかの粒子との相互作用が予想どおりだったら、また一つ、人間の深い洞察が勝利を得たことになる。

はじめの問題、つまり、なぜ真空がヒッグス粒子でいっぱいになるのかという問題は、答えるのがやや面倒だ。まず、明確にしておこう。量子力学においては、何もない空間という概念は存在しない。「真空」と呼ばれる空間は、実際には粒子が激しく渦を巻いていて、それを消し去ることはできない。この概念をいったん理解すれば、真空がヒッグス粒子で満ちていることには、なんの抵抗も感じないだろう。だが、説明は一歩ずつ進めるのが肝要だ。

どんな天体からも一〇〇万光年は離れた宇宙の小さな領域を想像しよう。そのような何もない空間でも、時間の経過とともに粒子があらわれたり消えたりする。なぜだろうか？　それは、粒子と反粒子を対にして、両者の生成と消滅を許す規則があるからだ。

たとえば、図10・5の下側のグラフでは、電子と陽電子の対が自然に出現し、自然に消滅している。この過程は量子電磁力学のいかなる規則にも反していないので、現実に起こることを認めなければならない。起こる可能性があれば、すべて実際に起こる。電子と陽電子の対の生成は、真空から粒子が泡立つ無限の可能性の一つだ。量子力学によって世界を正しく予測するためには、すべての可能性を考慮しなければならない。真空がからっぽでないという規則は、どんな粒子にも公平に適用されるので、あらゆる粒子が出現と消滅を繰り返している。だが、いくら粒子が泡立っていても、そこに質量が発生する機構はない。

そこで登場したのがヒッグス機構だ。ヒッグスの論文では、のちにヒッグス粒子と呼ばれる新しい粒子の存在だけが主張され、詳しい理由は説明されていない。真空に存在するヒッグス粒子は、質量のある粒子がジグザグに進む機構を提供する。粒子との相互作用を休むことなくつづけ、相手の種類に応じて動きを遅らせて、質量を発生させる。その結果、宇宙は構造のない空間の広がりではなく、さまざまな素晴らしい恒星や銀河や人間に満ちた生き生きとした世界になる。

ヒッグス粒子などというものは、そもそも、どうやって宇宙に誕生したのか？　この大きな疑問には、はっきりとした答えが得られていない。だが、ビッグバンの直後に起こった相転移のなごりと考えられている。冬の夜に気温がさがっていくとき、部屋の窓ガラスを辛抱強く眺めていると、夜気の湿気によって出現する美しい氷晶が見られるだろう。冷たいガラスの表面で水蒸気が氷に変化する現象は、相転移の一種だ。

気温が低下するために、自由に飛びまわる水蒸気の対称性が破れ、氷の結晶が自然に形成される。その構造のほうがエネルギーが低く、状態として安定するからだ。同じ理由から、ボールは坂を転がり落ちて谷間に止まり、電子は原子核のまわりで共有されて分子を形成する。水分子のエネルギーは、気体の水蒸気よりも美しく結晶した雪片のほうが低い。

宇宙が誕生したばかりの時期にも、同じ現象が起こったと考えられる。初期の宇宙を構成していた高温の気体が膨張して冷たくなると、真空のエネルギーはヒッグス粒子がない状態よりも満ちた状態のほうが安定するようになった。水蒸気が水滴に凝縮したり、冷たい窓ガラスに氷晶が出現したりする過程と同じだ。そして、水滴や氷晶が無からではなく水蒸気から発生するように、ヒッグス粒子も無から生み出されたのではない。

ビッグバンの直後の宇宙が高温の状態では、真空に粒子が泡立っていた。ファインマン・ダイアグラムに輪として描かれるように、粒子と反粒子の対が出現と消滅を繰り返していた。だが、宇宙が冷たくなるにしたがい、激的な変化が起こった。水滴や氷晶が発生するように、突然、ヒッグス粒子が「凝縮」して出現したのだ。それと同時に、ほかの粒子の移動をさまたげる相互作用がはじまった。

真空を満たしていた粒子は、ビッグバンの直後に宇宙が冷却されるとともに、夜明けに朝露が降りるように、万物をはぐくむ巨大な空間に凝縮した。ヒッグス粒子だけではなく、宇宙がさらに冷たくなると、クオークとグルーオンも凝縮した。

　この二種類の粒子の存在は実験によって立証されていて、強い核力の説明に重要な役割を果たす。それだけではなく、陽子と中性子の質量のほとんどは、クオークとグルーオンが凝縮した結果だ。一方、ヒッグス粒子の凝縮はほかの粒子に質量をもたらした。クオーク、電子、ミュー粒子、タウ粒子、W粒子、Z粒子に観測される質量は、すべてヒッグス粒子によって発生すると考えられている。


　クオークがいくつか結合して陽子や中性子を構成する機構は、クオークの凝縮によって説明される。面白いことに、陽子や中性子、さらに重い原子核の質量の説明には、ヒッグス機構はあまり重要ではない。だが、同じように重い粒子でも、W粒子とZ粒子では事情がまったく異なる。ヒッグス粒子が存在しないなら、この二種類の粒子の質量はクオークとグルーオンの凝縮から約一ギガ電子ボルトになるはずだ。ところが、実験によって観測される質量はその一〇〇倍に近い。

　大型ハドロン加速器は、W粒子やZ粒子が持つエネルギーを発生させて、いくぶん重い質量の機構も探求できるように設計されている。その質量が熱烈に期待されているヒッグス粒子によるものか、予想もされていないべつの機構によるものかは、いずれ粒子の衝突があきらかにしてくれるはずだ。

ちょっと驚くような数値を紹介しよう。クオークとグルーオンが凝縮した結果、一立方メートルの真空には一〇の三五乗ジュールもの膨大なエネルギーが蓄えられている。さらに、ヒッグス粒子の凝縮がもたらしたエネルギーは、その一〇〇倍も大きい。両方を合わせると、太陽が一〇〇〇〇年のあいだに生み出すエネルギーの総量に匹敵する。だが、正確に表現するなら、この真空のエネルギーは負のエネルギーで、宇宙に粒子がまったく存在しない状態よりも低い。凝縮が起こったとき、空間のエネルギーが奪われたからだ。エネルギーが負の状態は、少しも不可解ではない。

むしろ不可解なのは、この大きな負のエネルギーの密度を額面どおりに受け取ると、宇宙が激しい勢いで膨張し、恒星も人間も誕生しなくなることだ。宇宙はビッグバンの直後に間違いなく吹き飛んでいただろう。このような結論は、予測されるエネルギーの値をアインシュタインの一般相対性理論の方程式に代入することで得られる。

これは「宇宙定数の問題」と呼ばれていて、未解決の主要な問題の一つだ。その答えが得られるまでは、真空とか万有引力とかを理解したとは主張できない。間違いなく、何か根本的な法則が理解されないままに残っている。

この本の本編を以上で終える。なぜなら、現状の知識の限界に達したからだ。これから先の領域は、科学者がまだ探索をつづけている。量子力学では粒子のふるまいをかなり偏見なく受け入れているにもかかわらず、第一章の冒頭で指摘したように、難しいとか奇妙だとかの評判がつきまとう。だが、この本で説明した内容は、この最後の章を除いては、すべて実証され、じゅうぶんに理解されている。常識ではなく証拠から導かれた理論によって、熱した原子が発する光の色の分布から、恒星の内部で進行する核融合まで、さまざまな現象が明確にわかる。量子力学を応用してトランジスターもつくられた。これは二〇世紀の最大の発明になった。

だが、量子力学がおさめた成功は、単なる現象の説明にとどまらない。相対性理論と両立しなければならないという要請から、反粒子の存在が理論的に予測され、のちには実際に発見された。同じように、粒子のスピンという基本的な性質も、もともとは原子の安定性の理論に一貫性を与えるために導入されたものだ。量子力学の歴史が第二の世紀を迎えた現在では、大型ハドロン加速器が真空という未知の世界を探求している。

これが科学の進歩というものだ。予測と検証の実績を少しずつ着実に積み重ねていき、最後には人間の生活を変える。科学という学問の目的は、単に新しい見解を示すことではなく、真実を究明することにある。自然が想像を絶する姿をしていて、とても現実とは思えなかったとしても、それが本当の姿なのだ。

科学の手法がいかに強力かを証明するために、量子力学ほど適切な材料はない。理論の確立には、精度の高い綿密な実験が不可欠だ。実験の結果と一致しないなら、いかに有望な理論でも生き残ることはできない。真空のエネルギーの謎は、たぶん、量子力学の新しい理論の前兆だろう。大型ハドロン加速器の実験からは、おそらく、説明のつかない新しいデータが得られるだろう。そして、世界がより深く理解されたあかつきには、この本の内容はさらに深遠な理論の序章にすぎなくなるかもしれない。

この本の執筆を考えはじめたとき、どんな話題で締めくくるかを著者の二人は話し合った。量子力学が理論的にも実用的にも強力であることを示したい。自然のふるまいが科学によって微細に記述できることを、もっとも疑り深い読者にも納得させたい。そのような実例はきっとある。だが、説明のために簡単な代数学を使うことになるだろう。

本編はここで終わるが、つぎのエピローグでは、量子力学の強力さを見事な実例によって紹介する。数式を理解しなくても、議論の流れを追えるように最大限に工夫してある。だから、もう少し、量子力学の世界を楽しんでほしい。

エピローグ
恒星の最期

白色矮星とチャンドラセカール限界

恒星が燃え尽きると、その多くは「白色矮星」になり、きわめて密度の高い原子核と大量の電子が混じり合った状態で残る。五〇億年後の太陽も、銀河系の恒星の九五パーセント以上も、この運命からのがれられない。紙とペンによる計算で、この姿になる恒星の最大の質量がわかる。それを一九三〇年にはじめて計算したスブラマニヤン・チャンドラセカールは、量子力学と相対性理論にもとづいて、二つの明確な予測を立てた。

第一に、白色矮星は必然的に存在する。この天体が自分の重さでつぶれないのは、ヴォルフガング・パウリの排他律のおかげだ。第二に、白色矮星の質量には上限がある。いくら夜空を注視しても、太陽の質量の一・四四倍を超えるものは「けっして」見つからない。

現在、約一万個の白色矮星が見つかっている。その質量は太陽の〇・六倍がもっとも多く、最大でも太陽の一・四四倍を「ちょうど」下まわる。この「一・四四」という数値も、科学の勝利の一つだ。二〇世紀の物理学を代表する原子物理学、量子力学、特殊相対性理論の知見が含まれている。つまり、このエピローグの最後で導かれるように、白色矮星の最大の質量は、陽子の質量をm_pとすると、つぎの式で決まる。

$$\left(\frac{hc}{G}\right)^{3/2}\frac{1}{m_p^{\,2}}$$

ここには、プランク定数h、真空での光速c、万有引力定数Gと、この本で取りあげた基礎定数の三つがあらわれている。

白色矮星の質量の上限を予測するために、いくつかの基礎定数が必要なことは面白い。粒子のふるまい、相対性理論、万有引力の三つが組み合わさった$(hc/G)^{1/2}$は、「マックス・プランクの質量」と呼ばれている。

その値を実際に計算すると約五五ミリグラムになり、砂粒くらいの質量だ。つまり、チャンドラセカール限界は、驚くことに、砂粒ほどの質量と一個の陽子の質量から得られる。このきわめて小さな数値から、死にゆく恒星の質量という自然界の巨大な尺度が出現する。

チャンドラセカール限界を導く方法について、大筋だけを説明してもつまらない。むしろ、がんばって実際に計算するほうが、ぞくぞくする興奮を味わってもらえるはずだ。太陽の質量の一・四四倍という値を正確に求めるのは無理だが、ほぼ同じ数値は得られる。その過程で、物理学者が深遠な結論を引き出すために、物理学の既知の原理を使い、論理を入念に展開する様子がわかるだろう。思い込みを避け、冷静に厳然と思考を進めることで、もっとも刺激的な結論に着実に近づくことができる。

恒星の命運と質量

まず、「恒星とは何か?」を説明しよう。目に見える宇宙の成分は、ほとんどが水素とヘリウムと言っていい。このもっとも単純な二種類の元素は、ビッグバンのあとの数分間で形成された。宇宙が約五億年にわたって膨張し、温度がじゅうぶんに低くなると、雲のように漂う気体のうち、密度の高い部分が万有引力によって凝集しはじめる。これが銀河の起源で、気体のやや小さな塊は最初の恒星へと成長していく。

この原始星の内部では、気体の収縮によって温度がどんどん高くなる。自転車の空気入れを使えばわかるように、気体の圧縮によって熱が発生するからだ。温度が約一〇万度に達すると、もはや電子は原子核の周囲の軌道に捕らわれた状態ではいられない。水素とヘリウムの原子は引き裂かれ、原子核も電子も自由に動きまわる高温のプラズマになる。プラズマは膨張しようとするので、さらなる収縮が食い止められる。だが、気体のじゅうぶんに大きな塊では、万有引力がまさる。陽子は正の電荷を帯びているのでたがいに反発するが、収縮が進み温度があがるにしたがって速度をどんどん増していく。

温度が一〇〇万度の何倍かに達すると、高速の陽子がじゅうぶんに近づくので、弱い核力が優勢になる。この状態では二個の陽子の反応が可能で、まさに図11・3に描かれているように、一方の陽子が陽電子とニュートリノを放出し、中性子に変わる。陽子と中性子は電気的に反発しないので、強い核力によって核融合し、重陽子を形成する。このとき、大量のエネルギーが生み出される。二個の水素原子から水素分子が形成されるときと同じように、何かの結合はエネルギーの放出をともなう。

陽子と陽子の核融合によって発生するエネルギーは、日常の尺度ではわずかにすぎない。一〇〇万回の核融合が起こっても、おおよそ、蚊が飛んでいるときの運動エネルギーか、一〇〇ワットの電球が一〇億分の一秒だけ輝くのと同じ程度だ。

だが、原子の尺度ではきわめて大きいし、恒星の中心部では密度がかなり高い。一立方センチメートルに 10^{26} 個の陽子がつまっているので、そのすべてが重陽子に核融合すれば、10^{13} ジュールのエネルギーが解放され、小さな町なら消費するのに一年はかかる。

二個の陽子が重陽子を形成したあとも、核融合は連鎖的につづく。重陽子はさらに一個の陽子と核融合し、光子を放出して質量数が三のヘリウムの原子核になる。このふつうよりも軽いヘリウムの原子核は、二個が核融合して二個の陽子を放出し、質量数が四のありふれたヘリウムの原子核になる。さらに正確を期しておくなら、はじめの核融合で飛び出した陽電子は、周囲のプラズマの電子とすぐに結合し、二個の光子に変わる。

こうして解放されたエネルギーの助けによって、高温で飛びまわる光子、電子、原子核は落ちてくる物質を押し返し、恒星のさらなる収縮を止める。これが燃えている恒星の正体だ。中心部の核融合によって外向きの圧力が発生し、万有引力で押しつぶされるのを防いでいる。

もちろん、燃料の水素の量は無限ではないから、いつかは枯渇する。エネルギーの放出がなければ外向きの圧力もなく、万有引力がふたたび猛威をふるって、恒星の収縮が再開される。

恒星がじゅうぶんに大きければ、中心部の温度は約一億度にあがる。すると、水素が燃焼する過程では燃えかすだったヘリウムに、この段階で火がつく。核融合によって炭素と酸素が生成され、発生するエネルギーによって収縮がふたたび中断する。

だが、恒星がさほど大きくなく、ヘリウムの核融合がはじまらなければどうなるのか？　質量が太陽の約半分に満たないと、恒星はこの状態になり、ヘリウムが燃える代わりにきわめて劇的な現象が発生する。

押しつぶされるのにしたがって温度があがるが、一億度に達する前にべつの圧力によって収縮が止まるのだ。その圧力は、電子がパウリの排他律からのがれられないために発生する。これまでに説明したように、排他律は原子の安定性を保ち、元素に化学的な性質を与える。だが、さらに一つの重要な役割がくわわった。こぢんまりした恒星が核燃料を使い果たしたあとも、つぶれずに存在することを許すのだ。では、その機構を説明しよう。

恒星が収縮するのにしたがい、内部の電子は小さな体積に押し込められる。この電子の運動量をpとすると、ルイ・ド・ブロイの方程式から、その波長は h/p になる。粒子が存在する可能性のある範囲、すなわち、波束の幅は、少なくとも波長と同じ長さの広がりがある。

このため、恒星の密度が高くなると、波束はたがいに離れていられない。すると、電子のふるまいは量子力学の法則、とりわけ、パウリの排他律の影響を受ける。つまり、恒星が押しつぶされ、二個の電子が同じ空間を占めることへの抵抗がはじまる。こうして、死にゆく恒星では電子がたがいを断固として避けることで、万有引力による収縮が止まる。

これが軽い恒星の運命だ。だが、太陽くらいの質量があれば、どうなるのか？　ヘリウムが燃焼し、炭素と酸素が生成されるところまでは説明した。では、ヘリウムが枯渇するとどうなるのか？　やはり、万有引力による収縮が再開され、電子が押し込められる。そして、軽い恒星とまったく同じように、パウリの排他律によって収縮が止まる。

ところが、もっと重い恒星では、パウリの排他律さえも歯が立たない。恒星が収縮するのにしたがい、中心部の温度はどんどんあがって、電子も高速になっていく。そして、その速度がついに光速に近づくと、困ったことが起こる。電子の速度が限界に達し圧力の上昇が鈍るので、それ以上の万有引力の増加に対抗できないのだ。つまり、もはや恒星は自身の収縮を止められない。このエピローグの目的は、そのような状態になる恒星の質量を計算することだ。結果はすでに予告している。質量が太陽の一・四四倍を超えていれば、電子が負けて、万有引力が勝つ。

恒星の活動の概説は以上だ。この先は核融合のことを忘れていい。計算に必要な情報は燃えている恒星ではなく、死んだ恒星の内部の状態から得られる。押し込められた電子の圧力は、いかに万有引力と平衡を保つのか？　電子の速度が光速に近づくと、どうして圧力の上昇が鈍るのか？　運命の鍵は、平衡が保たれるかどうかにある。平衡が保たれれば、白色矮星が残る。平衡が失われれば、破滅が待っている。

計算に必要がなくても、この悲劇的な結末を紹介しないわけにはいかない。重い恒星の収縮がつづいたあとには、さらに二つの選択肢が用意されている。あまり重くなければ、陽子と電子が押しつけられて中性子に変わる。具体的には、ここでも弱い核力によって、一個の陽子と一個の電子から中性子とニュートリノが一個ずつ生成される。この反応には容赦がなく、最後には恒星は中性子の小さな塊になってしまう。

ソビエトの物理学者レフ・ランダウの表現によれば、恒星は「一個の巨大な原子核」に変化する。この言葉が書かれた一九三二年の論文「恒星についての仮説」は、ジェームズ・チャドウィックによる中性子の発見とまったく同じ月に発表された。

ランダウが「中性子星」の存在を予見していたと考えるのは、たぶん買いかぶりだ。もちろん、同じような天体を想像する先見の明は認めるとしても、中性子星を予測した功績はヴァルター・バーデとフリッツ・ツヴィッキーにあると考えたほうがいい。

なぜなら、一九三三年の論文で、「完全な証拠には欠けているが、超新星は通常の恒星が中性子星に変化する段階にあるものと主張する。最終的には、恒星は中性子が極度に稠密に圧縮された状態になる」と書いたからだ。この主張はきわめて奇妙な考えと見なされ、ロサンジェルス・タイムズ紙の漫画でもちゃかされた。中性子星の発見は、一九六〇年代まで待たなければならない。

一九六五年、アントニー・ヒューイシュとサミュエル・オコイエは、「カニ星雲に強い異常な電波源がある証拠」を発見したが、それを中性子星とは確認できなかった。最初に確認したのは一九六七年のヨシフ・シクロフスキーで、より詳しく観測したジョスラン・ベルとヒューイシュがそれにつづいた。はじめて発見された宇宙でもっとも風変わりな天体の一つは、やがて「ヒューイシュ・オコイエ・パルサー」と名づけられた。

面白いことに、この中性子星は一〇〇〇年前の天文学者が観測した超新星の残骸だ。歴史に記録されているかぎりでは、一〇五四年の超新星はもっともあかるく輝き、中国の天文学者に観測されるとともに、アメリカのニューメキシコ州にあるチャコキャニオンには、この爆発を描いたとされる有名な壁画が残っている。

どうやって中性子が万有引力に対抗し、恒星の収縮を防いでいるのかは、まだ説明していない。だが、読者はたぶん推測できるだろう。中性子も電子と同じくフェルミ粒子なので、パウリの排他律にしたがい、収縮を食い止めることができるのではないだろうか？　そのとおり。中性子星も白色矮星と同じく、恒星が行き着くなれの果てなのだ。

このエピローグの目的からは中性子星の説明は余計だが、謎に満ちた宇宙でもかなり特殊な天体なので、もう一つ補足しておこう。中性子星は都市ほどの大きさしかないが、密度がきわめて高いためにスプーン一杯で山と同じくらいの質量がある。それでも、フェルミ粒子がたがいを嫌う力は、この重さを支えている。

中性子でさえも支えられないほど質量が大きい恒星には、最後の一つの運命しか残っていない。中性子が動きまわる速度さえも光速に近づき、もはや万有引力に対抗するだけの圧力が発生しないので、あとは破滅を待つだけだ。質量が太陽の三倍を超える恒星は、収縮を止めるための万策が尽きたあと、ブラックホールになる。その内部では、物理学の既知の法則は成り立たない。おそらく、なんらかの法則はあるのだろう。だが、ブラックホールの内部を正しく理解するためには、万有引力の量子論が必要になる。現在のところ、そのような理論は存在しない。

電子の圧力

そろそろ本来の目的に戻り、白色矮星が存在する条件、すなわち、チャンドラセカール限界の計算をはじめよう。基本的な方針はわかっている。電子の圧力と万有引力が等しくなる条件を求めればいい。頭のなかで計算できるような簡単な問題ではないので、はじめにきちんと手順を整理するのが得策だ。実際の計算は、そのあとでも遅くない。

まず、恒星の内部で極度に圧縮された電子の圧力を求める。ほかの粒子、つまり、原子核と光子については、考える必要がない。なぜだろうか？　光子はパウリの排他律に支配されないので、万有引力と戦ってはくれない。

原子核のほうは、質量数が奇数なら排他律に支配される。だが、質量が大きいので、あとで説明するように、電子ほどの圧力が発生しない。よって、その影響は安心して無視できる。このように、電子の圧力だけを考えればいいことは、問題をいちじるしく簡単にする。

電子の圧力を計算したら、それを万有引力と平衡させる。その方法は少し面倒に感じられるかもしれない。「万有引力が引き込み、電子が押し戻す」と言うのは簡単だが、数値によって表現することは、まったくべつの話だ。

恒星の内部の場所によって、電子の圧力は異なる。中心に近いほど高く、表面に近いほど低い。この圧力の違いが重要な役割を果たす。いま、恒星の内部で、図12・1に示すような立方体の領域を考えよう。この領域を占める物質は、万有引力によって恒星の中心に引き寄せられる。電子の圧力はこれに対抗しなければならない。

立方体の六つの面は、どれも圧力による力を受ける。その力の大きさは、圧力の値に面の面積を掛けたものに等しい。この表現は厳密なものだ。これまでは、「圧力」という言葉を感覚的にとらえてきた。「圧力が高いほど押す力が強い」ことくらいなら、タイヤに空気を入れた経験があればわかる。

だが、圧力を正確に理解しないとその値は計算できない。そこで、ちょっとわき道にそれるが、身近な例で説明しよう。物理学者の視点では、タイヤが路面に当たって変形するのは、車両の重さを支えるためだ。いま、自動車の質量を一五〇〇キログラムとして、図12・2のように、タイヤが五センチメートルにわたってへこんでいるものとしよう。このとき、内部の空気の圧力はいくらだろうか？　さあ、教室の思い出がよみがえる時間だ。

タイヤの幅を二〇センチメートルとすると、道路と接触している面積は、20×5＝100から一〇〇平方センチメートルと計算される。タイヤの内部の空気が地面を押す力は、空気の圧力と、それが作用する面積を掛けたものに等しい。つまり、まだわからない圧力をPとすれば、P

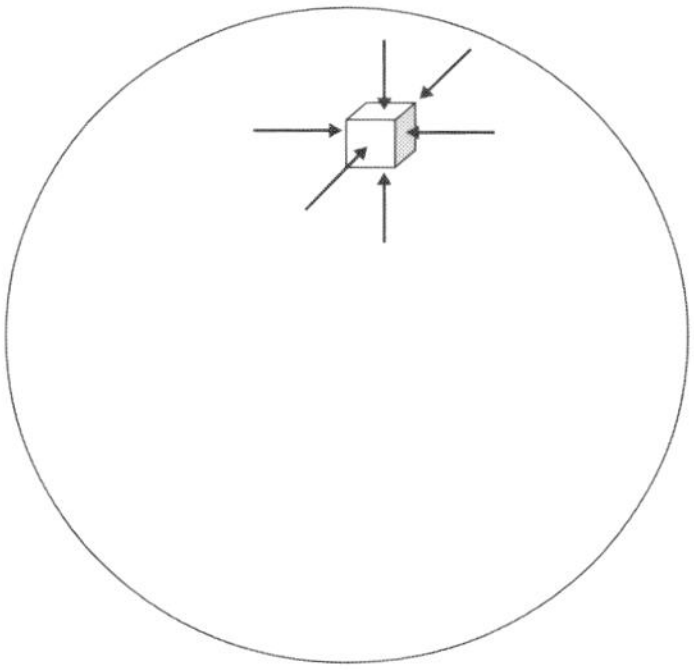

図 12.1　恒星の内部の小さな立方体の領域。矢印は電子がおよぼす圧力をあらわす。

$\times 100\mathrm{cm}^2$ とあらわされる。

　ただし、ふつうの自動車には四個のタイヤがあるので、これを四倍して、$P \times 400\mathrm{cm}^2$ の力で押しているものとしよう。これが車両の重さを支えている力のすべてだ。タイヤの内部で空気の分子が跳ねまわり、地面に当たることで発生する。実際に当たる対象は、地面に接触しているタイヤのゴムだが、そんな違いは気にしなくていい。

　ふつうの道路は頑丈だ。タイヤで押されたくらいでは動かない。その場合には、ニュートンの運動の三法則における第三法則の働きによって、地面はタイヤを押し返す。その力は、空気の圧力による力と大きさが同じで、向きが正反対になる。自動車は地面から押しあげられ、重力によって押しさげられるが、地面に沈むことも、空中に飛ぶこともない。よって、上下を向

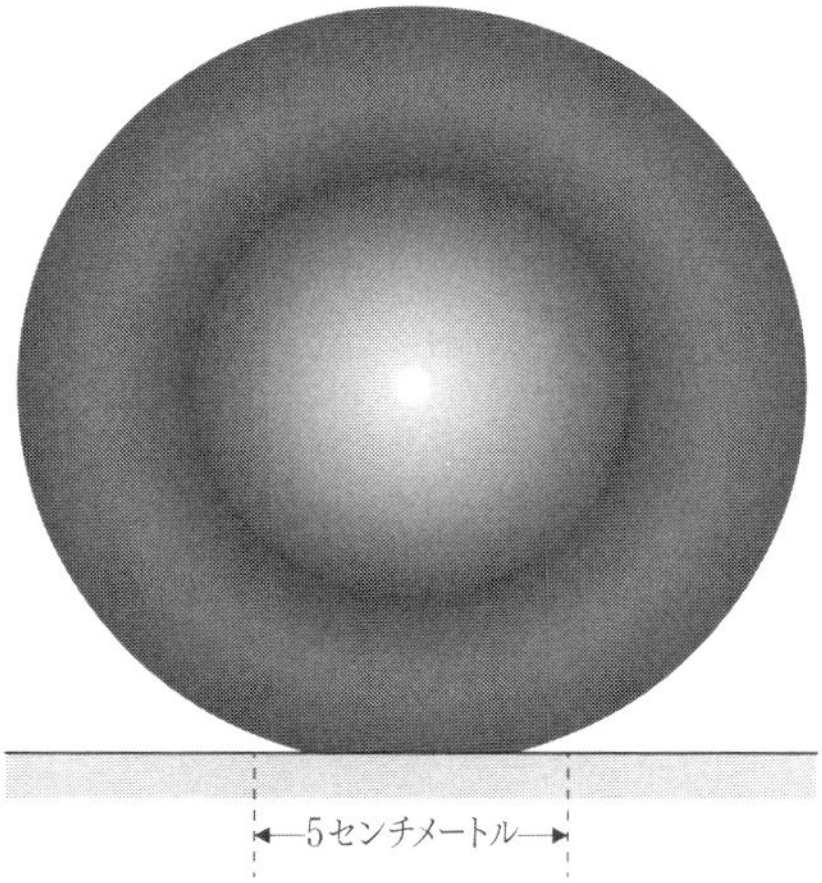

図 12.2　車両の重さを支えるために変形したタイヤ。

いた二つの力は平衡している。つまり、自動車が受ける重力も$P \times 400\text{cm}^2$に等しい。

重力の大きさは、運動の三法則における第二法則から計算できる。力がF、質量がm、加速度がaのとき、$F = ma$が成り立つことを思い出そう。いまの場合には、加速度として地表での重力加速度9.81m/s^2が使えるので、重力は$1500\text{kg} \times 9.81\text{m/s}^2 \fallingdotseq 14700\text{N}$になる。ここで、Nは力の単位で「ニュートン」と読む。$1\text{N} = 1\text{kg m/s}^2$の関係にあり、一ニュートンは一個のリンゴが地表で受ける重力にほぼ等しい。空気の圧力による力と重力が平衡するための条件から、つぎの方程式が導かれる。

$$P \times 400\mathrm{cm}^2 = 14700\mathrm{N}$$

この方程式を解くのは簡単で、$P = (14700/400)\mathrm{N/cm}^2 \fallingdotseq 36.8\mathrm{N/cm}^2$ になる。

一平方センチメートルあたり三六・八ニュートンという表現では、あまり圧力らしくない。よって、もっと実用的な単位の「バール」に換算しよう。一バールは、一平方メートルの面積が一〇万ニュートンの力を受ける圧力に等しい。このとき、一平方センチメートルの面積は一〇ニュートンの力を受けるから、Ｐの値は三・六八バールになる。

なお、方程式からわかるように、空気の圧力が半分に減れば、タイヤが道路に接触する面積は二倍に増えなければならない。これはタイヤの空気がいくらか抜けた状態に相当するので、理屈に合っている。では、圧力についての補習はこれくらいにして、図12・1の小さな立方体に囲まれた恒星の物質に戻ろう。

立方体の下面が恒星の中心を向いていれば、その面が受ける圧力は、上面が受ける圧力よりもわずかに大きい。この圧力の差によって生じる力は、立方体を恒星の中心から引き離そうとする。だが、立方体には恒星の中心に引き込もうとする万有引力もかかっている。

この二つの力が平衡を保つ条件を計算すれば、白色矮星についての知見が得られる。だが、言うのは簡単でも、実際に計算するのは難しい。それでも、立方体の側面を押す圧力のことは気にしなくていい。この四つの面は恒星の中心から同じ距離にあるので、受ける圧力の大きさがすべて等しくなり、左と右、前と後ろというように、反対側の面とのあいだで相殺されるからだ。

立方体に働く万有引力を計算するためには、ニュートンの万有引力の法則を使う必要がある。つまり、恒星のあらゆる部分が立方体を引っ張っていると考えるのだ。その力は遠くの部分ほど弱い。なんとやっかいなことだろうか。だが、少なくとも原理的には、計算の方法がわかっている。恒星を数多くの小さな断片に分割し、それぞれの断片と立方体とのあいだの力を求めるのだ。

じつは、幸運なことに、恒星をわざわざ切り刻まなくても、「ガウスの法則」の見事な結論が使える。有名なドイツの数学者カール・フリードリヒ・ガウスの発見によれば、まず、恒星の中心との距離を比較したとき、立方体よりも中心から離れている部分については、万有引力の影響を完全に無視できる。そして、中心からの距離が立方体と同じか、立方体よりも短い部分による万有引力の総計は、その部分の質量がすべて恒星の中心に集中していると考えた場合と同じになる。

ガウスの法則と万有引力の法則を組み合わせると、立方体が恒星の中心に向かって引かれる大きさはつぎの式に等しい。

$$G\frac{M_{in}M_{cube}}{r^2}$$

ここで、rは恒星の中心から立方体までの距離、M_{in}は恒星の中心からの距離がr以内の部分だけの質量、M_{cube}は立方体の質量をあらわし、Gはもちろん万有引力定数だ。たとえば、立方体が恒星の表面にあるときには、M_{in}は恒星の質量のすべてになる。立方体の場所が恒星の内部なら、M_{in}はつねに恒星の質量の一部でしかない。

いまや、立方体に働く力の平衡を方程式で表現できる。恒星が膨張も収縮もしないで安定しているためには、どの場所の立方体も動いてはならない。よって、つぎの関係を満たす必要がある。

$$(P_{bottom}-P_{top})S=G\frac{M_{in}M_{cube}}{r^2}\quad\cdots\cdots(1)$$

ここで、P_{bottom}とP_{top}は、それぞれ立方体の下面と上面において、電子の気体から受ける圧力をあらわす。Sは立方体の各面の面積で、これを圧力に掛けることで力の大きさになる。この数式はきわめて重要で、あとでも使うので、(1)という番号をつけておく。

数式(1)が得られたからには、紅茶でも飲みながら、満足な気分にひたろう。いやいや、実際の仕事はまだ終わっていない。左辺にあらわれる圧力を計算する必要がある。

恒星の内部に粒子が押し込められた状況を考えよう。そのなかで、電子はどのように散らばっているのだろうか？　ふつうの状況では、パウリの排他律の制約から、同じ種類のフェルミ粒子は空間の同じ領域を占めることができない。同種の電子は、まさに「電子の気体」という表現にふさわしく、たがいに離れて存在している。そこで、架空の小さな立方体を考え、その内部には同種の電子が一個しか入れないものとしよう。

電子にはスピンアップとスピンダウンの二種類があり、異種の粒子はいくら近づいてもかまわない。よって、この架空の立方体には二個の電子が入る。

もしも電子がパウリの排他律にしたがわないなら、かなり違った状況になる。電子は仮想的な容器で隔てられている必要がなく、はるかに広い空間を自由に飛びまわってかまわない。ほかの電子や粒子との相互作用を無視すれば、恒星の内部をどこまでも移動できる。

かぎられた領域に閉じ込められた粒子のふるまいは、ヴェルナー・ハイゼンベルクの不確定性原理によって規定される。動ける範囲が狭いほど高速で飛びまわるようになる。白色矮星になる運命の恒星が収縮するにつれて、どんどん電子は押し込められ、勢いを増していく。この勢いによる圧力で、やがては万有引力による収縮が止まる。

言葉で説明するよりも、電子の典型的な運動量を実際に計算したほうが早いだろう。いま、電子が立方体の領域に閉じ込められているとき、その立方体の一辺の長さをΔx、電子の運動量をpとすると、不確定性原理から$p \sim h/\Delta x$の関係が成り立つ。記号「$\sim$」は「だいたい等しい」という意味だが、第四章で説明したように、正確には、$h/\Delta x$はpの最大値をあらわしていて、典型的な運動量はいくらか小さくなる。この情報はあとで使うので、覚えておいてほしい。

運動量の概念を持ち出すと、ただちに理解できることが二つある。第一に、もしも電子が排他律に支配されないなら、Δxでかぎられた領域に押し込められることはなく、はるかに広い範囲を動きまわる。すると、その速度はかなり遅くなり、きわめて低い圧力しかもたらさない。こうしてパウリの排他律の役割があきらかになる。電子を圧迫し、不確定性原理と協力して圧力を高める。

その圧力の計算をはじめる前に、第二に理解できることを紹介しておく。粒子の質量をm、速度をvとすると、運動量はmvとあらわされる。つまり、運動量が一定なら、速度は質量に反比例する。原子核は電子よりも重いので、速度が遅く、そのためにあまり大きな圧力をもたらさない。

では、電子が発生させる圧力を運動量から計算しよう。まず、二個の電子が含まれる立方体の大きさを求める。その体積は$(\Delta x)^3$だが、恒星の内部の電子がすべていずれかの立方体に含まれる条件を使うと、べつの表現ができる。

いま、恒星の体積をV、存在する電子の総数をNとする。立方体が過不足のない状態ですべての電子を含むためには、その総数として$N/2$個あればいい。この数に恒星を分割すると、一個の立方体の体積は、Vを$N/2$で割って$2V/N$と計算される。ここで、V/Nの逆数のN/Vは、恒星の単位体積あたりに存在する電子の個数に等しい。この値は今後も頻繁に使うので、nという記号であらわそう。すると、立方体の体積は$2/n$になる。

立方体の体積をあらわす二つの表現から、$(\Delta x)^3 = 2/n$ が得られる。この式の左辺と右辺の立方根も等しいから、つぎの関係が成り立つ。

$$\Delta x = \sqrt[3]{2/n} = (2/n)^{1/3}$$

この式を不確定性原理の$p \sim h/\Delta x$に代入すれば、押し込められている電子のだいたいの運動量は、つぎの式であらわされる。

$$p \sim h(n/2)^{1/3}$$

電子の質量をm、だいたいの速度をvとすると、運動量を質量で割って、つぎの関係が導かれる。

$$v \sim h(n/2)^{1/3}/m \quad \cdots\cdots(2)$$

もちろん、すべての電子が同じように動きまわるわけではない。高速のものもあれば低速のものもある。不確定性原理からは、式(2)のようなだいたいの速度がわかるだけだ。だが、いまの場合には、どの電子も $h(n/2)^{1/3}/m$ の速度で動いているものと仮定しよう。もっと正確な動きを考えようとすると、高度な数学が必要になる。電子の速度を不確定性原理による最大値に統一することで正確さは少し失われるが、作業はかなり楽になる。それに、このように概算しても、導かれる圧力の本質的な特徴は変わらない。

電子の速度が得られれば、その情報だけで立方体の各面が受ける圧力を計算できる。まず、電子が一団となって同じ方向に同じ速度で進み、平らな壁に衝突する状況を考えよう。衝突した電子は跳ね返り、正反対の方向に以前と同じ速度で進むものとする。このとき、壁はどれだけの力を受けるだろうか？

その計算が終わってから、もっと現実に即して、電子がばらばらの方向に進む場合を考える。これは物理学の常套手段だ。はじめから本来の問題に着手するのではなく、とりあえず単純化した問題を解いてみる。そうやって自信をつけてから難問に取り組むことで、身のほど知らずの挑戦による失敗を避けられる。

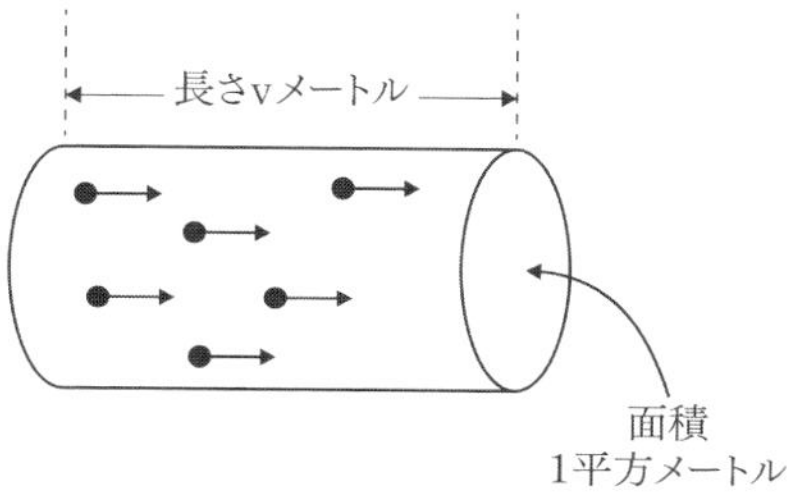

図 12.3　小さな黒丸で示される電子が一斉に右へと進んでいく。この円柱に含まれている電子は、すべて1秒のあいだに右側の底面に到達する。

では、一立方メートルあたりn個の電子が存在し、図12・3に示すように、横になった円柱の領域を一斉に右へと移動する状況を考えよう。計算を簡単にするために、底面の面積は一平方メートルとする。

電子の速度が毎秒vメートルなら、一秒のあいだに右側の底面に到達する電子の個数は、右側の底面からの距離がvメートル以内の電子の個数に等しい。つまり、高さがvメートルの円柱に含まれる電子の総数になる。この円柱の体積は、底面の面積に高さを掛けたものだから、v立方メートルと計算される。単位体積あたりにはn個の電子が存在するので、円柱に含まれる電子の総数はnv個になる。

右側の底面の場所に平らな壁があり、衝突した電子は跳ね返って、衝突する前と同じ速度で左へと進む。電子の質量をmキログラムとすると、その運動量は一個あたり2mvだけ変化する。よって、一秒のあいだに変化する電子の運動量の総計は2mv

$\times nv$ になる。

たとえば、動いているバスを止め、さらに後退させるためには、力が必要だ。同じように、電子の運動量を変化させるときにも、力をくわえなければならない。その大きさは、やはりニュートンの運動の法則によって計算できる。第二章では、物体にくわわる力と発生する加速度の関係で第二法則を説明した。つまり、物体の質量をm、加速度をa、力をFとすると、$F = ma$ が成り立つ。

だが、加速度は単位時間あたりの速度の変化で、速度と質量の積は運動量だから、力は単位時間あたりの運動量の変化にも等しい。すると、$F = 2mv \times nv = 2mnv^2$ が成り立ち、これが壁におよぼす力をあらわす。圧力は単位面積あたりの力だが、円筒の底面の広さはちょうど単位面積なので、圧力の値も同じになる。

同じ方向に進む電子の一団の圧力がわかれば、その電子が自由に飛びまわる場合の圧力を計算するのは簡単だ。そのような電子の移動の向きには、上下、左右、前後の六つの成分があるが、どの成分も立方体は六つの面のどれかで受ける。よって、一つの方向に進んでいた電子の圧力が六つの面に分散されると考えれば、それぞれの面は六分の一ずつの圧力を受けるので、その値は $(2mv \times nv)/6 = mnv^2/3$ になる。

さらに、すべての電子の速度は式(2)の $h(n/2)^{1/3}/m$ に等しいと仮定しているので、電子の気体の圧力をPとすると、つぎの結果が得られる。

$$P = \frac{1}{3}mn\frac{h^2}{m^2}\left(\frac{n}{2}\right)^{2/3} = \frac{1}{3}\left(\frac{1}{2}\right)^{2/3}\frac{h^2}{m}n^{5/3}$$

なお、この式の変形では、一般的な指数法則の $x^a x^b = x^{a+b}$ を使っている。

一方、このような概算ではなく、電子の速度をもっと正確に与えて、はるかに高度な数学を駆使すれば、圧力はつぎのようになる。

$$P = \frac{1}{40}\left(\frac{3}{\pi}\right)^{2/3}\frac{h^2}{m}n^{5/3} \quad \cdots\cdots(3)$$

この二つの結果のどちらにも、見事な関係が示されている。恒星の内部では、どの場所における圧力も、そこでの単位体積あたりの電子の個数を三分の五乗したものに比例する。概算と正確な計算で比例定数が異なることは、まったく気にする必要はない。むしろ、比例定数のほかは完全に一致していることのほうが重要だ。概算においては、電子の速度として正確な値ではなく最大値を使っている。そのため、圧力が実際の値より大きくなる。

圧力を単位体積あたりの電子の数で表現できたことは、満足のいく成果だ。だが、ここからの計算をさらに進めるには、もっと実際的に、単位体積あたりの質量、すなわち、恒星の密度で表現したほうがいい。そのために、いたって無難な仮定をいくつか導入する。

まず、恒星は全体として電荷を帯びていないので、存在する電子と陽子の数は同じになる。陽子は電子の約二〇〇〇倍の質量があり、中性子の質量も陽子とほとんど変わらないので、密度の計算では電子を無視して、原子核に含まれる陽子と中性子だけを考えればいい。核融合では副産物として中性子が発生するので、その存在を忘れないことは重要だ。

恒星の密度を計算するために、単位体積あたりの陽子と中性子の数を求めよう。軽い白色矮星の中心部は、質量数が四のヘリウムによって占められている。これは水素の核融合によって最終的に生成される物質で、含まれている陽子と中性子の数が等しい。いま、質量数、すなわち、陽子と中性子を合わせた総数をA、陽子だけの個数をZという記号であらわそう。質量数が四のヘリウムでは、当然ながらA＝4、Z＝2になる。

このとき、恒星の密度をρ（ρはギリシア文字で、「ロー」と読む）とすると、単位体積あたりの電子の数をあらわす n とのあいだには、つぎの関係が成り立つ。

$$n = Z\rho / Am_p$$

ここで、m_p は陽子の質量だが、中性子の質量も同じ値と見なしている。そのため、Am_p は原子核の質量に等しい。密度とは、単位体積あたりの質量だ。これを原子核の質量で割った ρ/Am_p は、単位体積あたりの原子核の数をあらわしている。原子核に含まれる陽子の数をさらに掛け、$Z\rho/Am_p$ にすると、単位体積あたりの陽子の数になる。そして、その値は単位体積あたりの電子の数に等しい。数式はこの関係を意味している。

では、式(3)における単位体積あたりの電子の数を恒星の密度で置き換えよう。n は ρ に比例するという関係から、n の三分の五乗に比例する圧力は、ρ の三分の五乗にも比例する。つまり、要点だけを強調すれば、圧力はつぎのようにあらわされる。

$$P = \kappa\rho^{5/3} \quad \cdots\cdots(4)$$

比例定数のκ（κはギリシア文字で、「カッパ」と読む）の具体的な値については、あまり気にする必要はない。だからこそ、一つの記号にまとめたのだ。κがZとAの比によって変わり、そのため、白色矮星の種類によって異なることにも、まったく意味はない。

このように、数式の一部を一つの記号で表現すると、本当に重要なものが「見えて」くる。式(4)においては、ごちゃごちゃとした式にまどわされることなく、圧力と密度の関係がはっきりとわかる。

計算を進める前に、恒星の温度を無視していることに触れておこう。排他律による粒子の圧力は、温度にまったく関係なく、どれだけ押し込められるかで決まる。それとはべつに、電子は温度にも応じて動きまわり、結果として圧力が発生する。そして、恒星の温度が高いほど、電子の勢いは激しい。だが、圧力への影響については、もしもわざわざ計算しても、排他律よりかなり小さいとわかるだけだ。

電子の圧力と万有引力をバランスさせる

ようやく、電子の圧力を万有引力と均衡させる準備が整った。両者が等しくなる条件を示す式(1)は重要なので、もう一度ここに記載しておこう。

$$\left(P_{bottom} - P_{top}\right)S = \frac{GM_{in}M_{cube}}{r^2} \quad \cdots\cdots(1)$$

もっとも、小さな立方体の上面と下面が受ける圧力の差は、それほど簡単には計算できない。式(1)は恒星の密度を使って完全に書き直すことになるが、密度そのものも、場所によって変化する。むしろそうでなければ、立方体の上下で圧力の差が発生しない。密度の分布を計算するために、恒星の中心からの距離に応じた変化を方程式で表現し、それを解くという方法もある。だが、前提として微分方程式の知識が必要で、かなり高度な数学を使うことになる。

そこでもっとうまい方法を考えよう。ちょっと頭をひねれば、難しい計算をしなくても、式(1)から白色矮星の質量と半径の関係を導くことができる。

立方体の位置とか大きさとかには、いっさいの条件が課されていない。いま導いているのは恒星の全体としての性質で、どんな立方体かに左右されるようでは困ることになる。そう考えると、立方体の位置と大きさを恒星の大きさで表現することに、まったく不自然な点はない。

まず、恒星の半径をRとしよう。すると、恒星の中心から立方体までの距離を示すrは、$r = aR$のように表現できる。ここで、aは次元のない数値で、ゼロから一までの値を取る。物理学で「次元がない」とは、「長さ、質量、時間などの単位をまったく持たない」という意味だ。たとえば、立方体が恒星の表面に存在するときには、aの値が一になる。立方体が恒星の中心と表面のちょうど中間なら、aの値は二分の一だ。

同じように、立方体の大きさを恒星の半径であらわそう。立方体の辺の長さをLとすると、$L = bR$のように表現できる。ここで、bも次元のない数値で、立方体が恒星に比べてじゅうぶんに小さいなら、ゼロよりわずかに大きいだけだ。この二つの表現は単純そのもので、いまの段階では、当たり前すぎて無意味に思えるかもしれない。一つだけ強調しておけば、長さの基準としてRを選ぶのは当然のことだ。恒星のような球体を特徴づける長さは、半径のほかには存在しない。

さらには、立方体が存在する場所での物質の密度をあらわすとき、恒星の平均密度を基準にしてみよう。特定の場所での密度をρ、平均密度を$\bar{\rho}$とすると、$\rho = f\bar{\rho}$と表現できる。ここで、fは関数だが、次元のない数値を取る。すでに指摘したように、恒星の密度は場所によって異なる。中心に近いほど物質の密度は高い。平均密度の$\bar{\rho}$は位置に無関係だから、fの値が中心からの距離rに応じて変化しなければならない。つまり、fの値はaRの値に依存する。

ここで、以降の計算の根拠になる重要な概念を提示する。fは次元のない数値を取る関数で、aの値にも次元がないが、Rは恒星の半径なので長さという単位を持っている。このような場合には、fの値はaの値だけで決まり、Rの値にまったく影響されない。その理由は、つぎのように考えると理解できる。

一般的には、fはrにどれだけ複雑に依存してもかまわない。だが、とりあえず、もっとも単純にrに比例するものと仮定しよう。つまり、Bを定数として、f＝Brの関係にある。

このとき、fが次元のない値を取るためには、rの単位が長さだから、Bの単位は長さのマイナス一乗でなければならない。すると、Bの値がなんであっても、Rの逆数に次元のない数値を掛けたものとして表現できる。この数値をCとすればB＝C/Rが成り立つ。これをf＝Brに代入すると、f＝Cr/Rと変形され、fはr/R、すなわち、aに比例する。

つぎに、fがrの二乗に比例すると仮定しても、最後にはaの二乗に比例するという結論が導かれる。このようにして、fがどのようにrに依存しても、結局はaの値によって決まる。

関数fがaだけに依存することを明確にするために、この関数をf(a)とあらわそう。辺の長さがLの立方体の体積はL^3だから、恒星の中心からの距離に応じて変わる質量は$M_{cube} = f(a)L^3\bar{\rho}$と表現される。

また、恒星の全体の質量をMとすると、同じようにして$M_{in} = g(a)M$とあらわすことができ、このg(a)もaだけで値が決まる関数だ。そして、たとえば、aが二分の一なら、恒星と中心が同じで、半径が恒星の半径の半分に等しい球体を考えるとき、その球体の質量が恒星の質量に占める割合をあらわす関数になる。その割合は球体の半径が白色矮星の半径の何パーセントかによって決まり、半径そのものの値には依存しない。

式(1)におけるさまざまな記号が次元のない数値をあらわすa、b、f、gに着々と置き換えられ、恒星の全体の質量と半径だけが残っていくことに気づいただろうか？　平均密度の$\bar{\rho}$も、$\bar{\rho} = M/V$という関係と$V = 4\pi R^3/3$という球の体積の公式から、MとRに変換される。

最後に、電子の圧力の差を置き換えよう。式(4)を使うことで、$P_{bottom} - P_{top} = d(a, b)\kappa\bar{\rho}^{5/3}$と表現できる。ここで、d(a, b)は次元のない値を取る関数で、aとbの両方に依存する。圧力の差は、aによって表現される立方体の位置だけでなく、bによって表現される立方体の大きさによっても変わる。当然ながら、立方体が大きいほど圧力の差も大きい。だが、重要なのは、f(a)やg(a)

と同じように、$d(a, b)$ も恒星の半径には依存しないことだ。

これまでに導いた関係をすべて代入すると、式(1)はつぎのようになる。

$$(h\kappa\bar{\rho}^{5/3}) \times (b^2R^2) = G\frac{(gM) \times (fb^3R^3\bar{\rho})}{a^2R^2}$$

この式は複雑そうに見えるが、恒星の質量と半径の関係を示していることに注意しよう。うまく式を変形すれば、関係はきわめて明確になる。いま、恒星の平均密度の $\bar{\rho}$ も $\bar{\rho} = M/(4\pi R^3/3)$ で置き換えると、つぎの単純な式が得られる。

$$RM^{1/3} = \kappa/\lambda G \quad \cdots\cdots(5)$$

ただし、λ はつぎのとおり。

$$\lambda = \left(\frac{4\pi}{3}\right)^{2/3}\frac{bfg}{ha^2}$$

λは次元のない数値をあらわすa、b、f、g、hだけに依存するので、恒星を特徴づけるMとRの値には左右されない。つまり、あらゆる白色矮星で同じ値になる。

aやbの値を変える、つまり、立方体の位置や大きさを変えると、どうなるのだろうか？ λの値も変わると思うなら、これまでの説明が理解できていない。たしかに、式だけを見れば、aやbが変わるとλも変わり、$RM^{1/3}$も変わるような気がする。だが、$RM^{1/3}$は恒星として決まっている値だから、小さな立方体に限定された性質によって変わることは、どう考えても不可能だ。つまり、aやbの変化は、それにともなうf、g、hの変化によって相殺されなければならない。

白色矮星が存在することは、式(5)によって保証される。なぜなら、これは式(1)において万有引力と電子の圧力が平衡する条件をあらわしているからだ。MとRをどのように選んでも式(1)を満たさない可能性もあるわけだから、けっして平凡な結論ではない。さらに、式(5)は$RM^{1/3}$が一定の値になることを予測している。つまり、夜空を見あげ、どの白色矮星の半径と質量を測定しても、質量の立方根に半径を掛けたものがすべて同じになる。これはきわめて大胆な予測だ。

いま導いた式(5)は、λの値を正確に計算することでさらに発展させられる。だが、そのためには、密度の計算において二階微分方程式を解かなければならない。そのような数学は、この本のレベルをはるかに超える。だが、λは定数であり、やや高度な数学を使えば計算できる。それを計算できなくても、まったく落胆する必要はない。むしろ、白色矮星が存在することを証明し、その質量と半径の関係を予測したことは、かなり重要な成果だ。

λを計算し、κとGの値を代入すると、式(5)はつぎのようになる。

$$RM^{1/3} = (3.5 \times 10^{17}\mathrm{kg}^{1/3}\mathrm{m}) \times (Z/A)^{5/3}$$

白色矮星を構成する物質がヘリウム、炭素、酸素の場合には、$Z/A = 1/2$なので、式の値は$1.1 \times 10^{17}\mathrm{kg}^{1/3}\mathrm{m}$に等しい。鉄の場合には、$Z/A = 26/56$なので、$1.0 \times 10^{17}\mathrm{kg}^{1/3}\mathrm{m}$になる。天文学の文献を調べ、天の川に散らばる一六個の白色矮星のデータを集めたところ、どの$RM^{1/3}$の値もほぼ$0.9 \times 10^{17}\mathrm{kg}^{1/3}\mathrm{m}$だった。この理論と観測の結果の一致には感動を覚える。パウリの排他律、ハイゼンベルクの不確定性原理、ニュートンの万有引力の法則を使って、白色矮星の質量と半径の関係が予測できたのだ。

もちろん、理論と観測が完全に一致したわけではない。科学の世界では、差が生じた原因について、ここから分析がはじまる。だが、この本の目的としてはそこまでの分析は不要だろう。一〇パーセントの誤差というのは、じつは驚くほど精度が高い。恒星や量子力学のまずまずの理解をしたと、胸を張って自慢できる。

物理学者や天文学者は、さらに追及をつづける。理論をできるだけ詳細に検証して、ここで紹介しているような数式を改良する。とくに、温度が恒星の構造に与える影響については、再考の余地があるだろう。さらに、飛びまわる電子のあいだには、正の電荷を帯びた原子核も存在する。ここでの計算では、電子と原子核の相互作用や、電子と電子の相互作用を無視した。その理由として、影響がさほど大きくないことをあげた。その主張が正しいことは、もっと正確な計算によって検証できる。だが、簡単な計算の結果が観測とよく一致することも、影響の小ささを示している。

これまでに立証したことをまとめておこう。電子の圧力は、白色矮星を支えることが可能だ。その質量と半径のあいだには、一定の関係がある。燃焼をつづける「ふつう」の恒星と異なり、質量が大きいほど半径は小さい。物質が多ければ万有引力が強くなり、ますます収縮するからだ。

式(5)を見たかぎりでは、恒星を無限に小さくするためには、無限に大きな質量が必要なように思われる。だが、そうではない。なぜなら、エピローグのはじめの部分で説明したように、圧縮された電子の速度が光速に近づきはじめるからだ。その状況では、電子の圧力の計算に、ニュートンの運動の法則ではなく、アインシュタインの特殊相対性理論を使わなければならない。すると、まったく違った結果になる。

白色矮星では、電子の圧力が密度の三分の五乗に比例して増加する。だが、結論から言えば、重い恒星における電子の圧力は、もっと低い割合でしか増加しない。このことが破滅的な結果をもたらすことは、容易に想像がつく。質量が増したとき、万有引力は白色矮星と同じ割合で大きくなるのに、圧力は同じ割合では大きくならない。電子の速度が光速に近づいたとき、発生する圧力が密度の増加よりどれだけ遅いかによって、恒星の運命が決まる。では、特殊相対性理論にもとづく電子の圧力の計算をはじめよう。

幸運なことに、アインシュタインの複雑な理論と格闘する必要はない。電子の速度が光速に近づいたときの圧力は、ゆっくり動く電子の場合とほとんど同じ方法で計算できる。

図12・3のように動く電子を考えたとき、壁におよぼす力のFが$F = 2mv \times nv$であらわされたことを思い出そう。この式の右辺は、電子の運動量の二倍に相当する$2mv$に、単位時間あたりに単位面積の壁に衝突する電子の個数のnvを掛けたものだ。

電子が光速で動く場合の最大の違いは、もはや運動量のpに$p = mv$が成り立たないことにある。だが、電子が壁におよぼす力は、依然として電子の運動量が変化する割合に等しい。そこで、mvという運動量をpに戻し、電子の速度のvを高速のcで置き換えると、$F = 2p \times nc$が得られる。

電子が恒星の内部で自由に動きまわるときの圧力は、やはり、この値を六で割らなければならない。よって、電子の速度が光速に近づいたときの圧力のPは、$P = 2p \times nc/6 = ncp/3$になる。さらに、前とまったく同じように、電子が押し込められた領域として、体積が$n/2$の立方体を仮定しよう。すると、ハイゼンベルクの不確定性原理から、電子のだいたいの運動量は$h(n/2)^{1/3}$になり、つぎの式が得られる。

$$P = \frac{1}{3}nch\left(\frac{n}{2}\right)^{1/3} \propto n^{4/3}$$

ここでも、概算ではなく高度な数学を駆使すれば、正確な圧力はつぎのようになる。

$$P = \frac{1}{16}\left(\frac{3}{\pi}\right)^{1/3} hcn^{4/3}$$

最後も以前と同じ手順にしたがい、$n = Z\rho/Am_p$ という関係を使って、恒星の密度を導入すれば、つぎの式が得られる。

$$P = \kappa'\rho^{4/3}$$

ここで、κ' は $hc \times (Z/Am_p)^{4/3}$ に比例する。予告したとおりに、密度の増加に対して、圧力の増加が小さくなる結果になった。電子の速度が遅いときには、圧力は密度の三分の五乗に比例する。電子の速度が光速に近づくと、圧力は密度の三分の四乗にしか比例しない。

　圧力の増加が小さくなる原因は、電子の速度が光速を超えられないことにある。つまり、圧力の計算において、単位時間あたりに単位面積の壁に衝突する電子の個数をあらわす nv には、nc という最大値があるのだ。このため、押し返す圧力を $\rho^{5/3}$ に比例して増加させつづけることができない。

光速で動く電子の圧力が万有引力と平衡を保つ条件も、式(1)を使ってまったく同じように計算できる。その結果、つぎの関係が得られる。

$$\kappa' M^{4/3} \propto GM^2$$

式(5)と異なり、Rが含まれていないことに注意しよう。つまり、この条件は恒星の半径に依存しない。さらに重要なことに、電子が光速で飛びまわっている恒星は、その質量が特定の値に決まってしまう。κ'がhc×$(Z/Am_p)^{4/3}$に比例するという関係を適用すると、その特定の質量はつぎの条件を満たす。

$$M \propto \left(\frac{hc}{G}\right)^{3/2} \left(\frac{Z}{Am_p}\right)^2$$

このエピローグの冒頭で紹介した白色矮星の最大の質量は、まさにこの式があらわしている。

チャンドラセカールの発見は、あと一歩で再現される。残っている仕事は、この値が最大値だと示すことだけだ。

さほど重くない白色矮星は、半径があまり小さくなく、電子がそれほど押し込められることはない。そのため、過度に動きまわることもなく、速度は光速に比べて低いままに保たれる。このような場合には、すでに導いたように、質量の立方根に半径を掛けたものが一定という関係に落ち着く。では、質量がもう少し大きかったら、どうなるだろうか？　質量と半径の関係が示すように、白色矮星は収縮し電子が押し込められるので、その速度が増す。質量がさらに大きくなると、収縮はいっそう進む。このように、質量が大きくなるとともに、電子の速度が増していき、やがては光速と同じくらいになる。

光速に近づくとともに、電子の圧力が比例する値は、密度の三分の五乗から三分の四乗へと徐々に変化していく。そして、ちょうど三分の四乗に比例するときの質量で安定した状態に落ち着く最大値を迎える。この最大値を少しでも質量が超えると、$k'M^{4/3} \propto GM^2$ という関係は、「∝」の右側が左側よりも大きくなり、もはや平衡を保てない。この左側の値は電子の圧力に相当し、右側の値は恒星の中心に引き込もうとする万有引力に相当する。つまり、電子の圧力が万有引力に対抗できないので、恒星はつぶれるしかない。

電子の運動量を正確に表現し、高度な数学を駆使すれば、実際の比例定数を計算して、白色矮星の最大の質量を具体的に予測できる。その値を示すMは、つぎの式で与えられる。

$$M = 0.2\left(\frac{hc}{G}\right)^{3/2}\left(\frac{Z}{Am_p}\right)^2 = 5.8\left(\frac{Z}{A}\right)^2 M_{sun}$$

ここで、M_{sun} は太陽の質量をあらわしている。つまり、この式の最後の表現は、さまざまな物理定数を一つにまとめ、太陽の質量の何倍になるかを示したものだ。ここでは省略した高度な計算からは、結局のところ、〇・二という比例定数が得られる。そして、太陽を基準にして換算した質量は、$Z/A = 1/2$ のときに約一・四四倍になり、求めていたチャンドラセカール限界に等しい。

これにて、量子の世界の探検を本当に終える。このエピローグでおこなった計算は、この本のほかの部分よりも数学のレベルが高い。だが、そのなかには、現代の物理学の偉大さが見事に示されている。この例で導かれたことは実用的な成果ではないが、間違いなく人間の知性の勝利だ。相対性理論と量子力学を使い、数学にもとづく推論を慎重に進めた結果、排他律によって万有引力に対抗している球体の最大の質量を計算できた。この事実は理論が正しいことの証拠だ。量子力学は、どれほど奇妙な考えに思われても、現実の世界をありのままに記述している。

クオンタムユニバース 量子

発行日　2016年6月20日　第1刷

Author　ブライアン・コックス&ジェフ・フォーショー
Translator　伊藤文英
Book Designer　小口翔平 + 三森健太 + 岩永香穂 (tobufune)

Publication　株式会社ディスカヴァー・トゥエンティワン
〒102-0093　東京都千代田区平河町2-16-1 平河町森タワー 11F
TEL　03-3237-8321（代表）
FAX　03-3237-8323
http://www.d21.co.jp

Publisher　干場弓子
Editor　堀部直人

Marketing Group
Staff　小田孝文　中澤泰宏　吉澤道子　井筒浩　小関勝則　千葉潤子
飯田智樹　佐藤昌幸　谷口奈緒美　山中麻吏　西川なつか　古矢薫
米山健一　原大士　郭迪　松原史与志　中村郁子　蛯原昇
安永智洋　鍋田匠伴　榊原僚　佐竹祐哉　廣内悠理　伊東佑真
梅本翔太　奥田千晶　田中姫菜　橋本莉奈　川島理　倉田華
牧野類　渡辺基志　庄司知世　谷中卓
Assistant Staff　俵敬子　町田加奈子　丸山香織　小林里美　井澤徳子
藤井多穂子　藤井かおり　葛目美枝子　竹内恵子　伊藤香
常徳すみ　イエン・サムハマ　鈴木洋子　松下史　永井明日佳
片桐麻季　板野千広

Operation Group
Staff　松尾幸政　田中亜紀　福永友紀　杉田彰子　安達情未

Productive Group
Staff　藤田浩芳　千葉正幸　原典宏　林秀樹　三谷祐一　石橋和佳
大山聡子　大竹朝子　井上慎平　林拓馬　塔下太朗　松石悠
木下智尋　鄧佩妍　李瑋玲

Proofreader　文字工房燦光
DTP　朝日メディアインターナショナル株式会社
Printing　共同印刷株式会社

ISBN978-4-7993-1914-7